Reichel, Grundlagen der Lebensversicherungstechnik

Professor Dr. Georg Reichel

Grundlagen der Lebensversicherungstechnik

GABLER

CIP-Kurztitelaufnahme der Deutschen Bibliothek

Reichel, Georg:
Grundlagen der Lebensversicherungstechnik / Georg Reichel. – Wiesbaden: Gabler, 1987.

ISBN 3-409-18503-8

Druck. Lengericher Handelsdruckerei, Lengerich/Westf.
Buchbinder: Langelüddecke, Braunschweig

Printed in Germany

ISBN 3-409-18503-8

Vorwort

Der gewählte Titel „Grundlagen der Lebensversicherungstechnik“ soll deutlich machen, welche Ziele wir uns gesetzt haben:

Lebensversicherung:	*Bewußt beschränken wir uns auf dieses Teilgebiet des Versicherungswesens, weil die zugehörige Technik sehr weit ausgebaut ist. Selbstverständlich wollen wir hierdurch die Bedeutung anderer Zweige (wie der Krankenversicherung oder der Schadenversicherung) nicht schmälern.*
Technik:	*Wir wollen (vielleicht etwas überbetont) zwischen Versicherungsmathematik und Versicherungstechnik trennen – wie zwischen Theorie und Praxis. Da jede Praxis durch die Theorie begründet wird, sind gelegentliche Ausflüge in die Versicherungsmathematik nicht zu vermeiden.*
Grundlagen:	*Es liegt uns daran, erkennen zu lassen, welche Grundgedanken die gebräuchliche Lebensversicherungstechnik gestaltet haben.*

In gewisser Weise sollen die einzelnen Kapitel die in Jahrzehnten gewachsenen Erfahrungen aus Lehre und Praxis wiedergeben. Dabei sollen kritische Anmerkungen nicht zu kurz kommen – dankenswerter Weise äußert sie mitunter Peregrinus Stochasius, den wir uns vielleicht als einen Kollegen, dem die beruflichen Sachzwänge ein wenig Weitblick ließen, vorstellen können.

Wen wünscht sich der Autor als Leser?

Wir denken besonders an Absolventen von Fachhochschulen und Hochschulen, die sich während ihres Studiums mit der Versicherungsmathematik befassen oder die nach einem Studium der Mathematik ihren beruflichen Weg im Versicherungswesen beginnen. Ihnen soll vor allem das erste, wie uns scheint, nicht übliche Kapitel Motivationen vermitteln und zum weiteren Lesen anregen.

Aber auch bereits im Versicherungswesen tätigen Mathematikern sollte diese „Lebensversicherungstechnik“ von Nutzen sein. Ihnen sollen insbesondere die Aufgaben zur Auffrischung und Vertiefung ihres Wissens dienen. Die angesprochenen kritischen Anmerkungen sollen sie darauf hinweisen, daß auch die oftmals klassisch genannte Mathematik der Lebensversicherung genug Probleme zur Bearbeitung anbietet.

Dank abzustatten habe ich allen, die mir halfen. So Frau Renate Bode für die Herstellung des Manuskriptes, die durch die Einfügung der ab 1987 geltenden neuen Rechnungsgrundlagen erschwert wurde. Ferner meinen Studenten und Mitarbeitern, die mich zum Nachdenken anregten. Meinen Kollegen bin ich für viele fruchtbare Gespräche dankbar. Es wäre schön, wenn sie und die Leser aus der Übermittlung der Grundlagen unseres Berufes in dieser Form die Ideale wiederfinden würden, denen wir unser berufliches Leben gewidmet haben.

Schließlich danke ich meiner Frau, die oftmals mit einem gedanklich abwesenden Mann vorlieb nehmen mußte.

Göttingen, im Dezember 1986 *Georg Reichel*

Inhalt

1 Einleitung . . . 9

Stochasius' Randbemerkung 1 . . . 12

2 Prinzipien der Lebensversicherung und ihrer Mathematik . . . 13

2.1 Das Zufallsgeschehen in einem beispielhaften Versicherungsbestand . . . 14
2.2 Wege zu einer praktikablen Beitragsberechnung . . . 20
2.3 Der rechnungsmäßige finanzielle Verlauf unseres Versicherungsbestandes . . . 26
2.4 Ein realer finanzieller Verlauf unseres Versicherungsbestandes . . . 27
2.5 Die Prinzipien . . . 30
2.6 Aufgaben . . . 31

Stochasius' Randbemerkung 2 . . . 33

3 Algorithmus der Lebensversicherungsmathematik . . . 34

3.1 Die Bezeichnungsweise und die Rechnungsgrundlagen . . . 34
3.2 Barwerte von Verbleibsleistungen . . . 41
3.3 Barwerte von Ausscheideleistungen . . . 43
3.4 Zusammenhang zwischen den Barwerten für Verbleibs- und Ausscheideleistungen . . . 45
3.5 Numerische Beispiele . . . 48
3.6 Aufgaben . . . 50

Stochasius' Randbemerkung 3 . . . 51

4 Beiträge und Deckungsrückstellungen . . . 53

4.1 Bestimmung allgemeiner Versicherungsbeiträge . . . 54
4.2 Definition und Eigenschaften der Deckungsrückstellung . . . 61
4.3 Die Zerlegung des Versicherungsbeitrags in seine Bestandteile . . . 72
4.4 Die Transformation von Cantelli . . . 76
4.5 Zur Bedeutung der Deckungsrückstellung . . . 81
4.6 Aufgaben . . . 83

Stochasius' Randbemerkung 4 . . . 85

5 Versicherungsformen der Praxis 87

5.1 Zur Wahl der Rechnungsgrundlagen erster Ordnung 88
5.2 Versicherungen mit Todesfallcharakter 94
5.3 Versicherungen mit Erlebensfallcharakter 108
5.4 Versicherungen mit wechselndem Charakter 113
5.5 Die Versicherung medizinisch erhöhter Risiken in der Kapitalversicherung . . . 119
5.6 Die Zahlung des Jahresbeitrags in unterjährigen Raten 124
5.7 Aufgaben 131

Stochasius' Randbemerkung 5 134

6 Vom Überschuß in der Lebensversicherung 136

6.1 Grundsätzliches zur Gewinnverteilung 137
6.2 Arten der Gewinnverwendung 142
6.3 Beispielrechnungen und Finanzierbarkeitsnachweis 147
6.4 Aufgaben 153

Stochasius' Randbemerkung 6 154

7 Ausblick in eine weiterführende Lebensversicherungsmathematik 155

7.1 Beschreibung einer flexiblen Lebensversicherungstechnik 155
7.2 Grundzüge eines stochastischen Modells 162
7.3 Aufgaben 180

Stochasius' Randbemerkung 7 182

Literaturhinweise 185

Anhang

Anhang 1: Rechnungsgrundlagen 1. Ordnung für Versicherungen mit Todesfallcharakter 191
1.1: Männliche Personen 191
1.2: Weibliche Personen 193
Anhang 2: Versicherungsmathematische Barwerte 195
Anhang 3: Rechnungsgrundlagen 1. Ordnung für Versicherungen mit Erlebensfallcharakter 197
3.1: Männliche Personen 197
3.2: Weibliche Personen 199
3.3: Altersverschiebungen zur Sterbetafel G 1950 201
Anhang 4: Kommutationswerte für verbundene Leben 203
Anhang 5: Schema einer Gewinn- und Verlustrechnung 205
Anhang 6: Lösung der Aufgaben 207

1 Einleitung

> Eben darum habe ich bey dieſer Einleitung eine zwiefache Abſicht gehabt. Zunächſt für diejenigen ſie brauchbar zu machen, die ſich mit den Anfangsgründen begnügen, und die in Hinſicht des übrigen bloſs die practiſchen Vorſchriften kennen lernen wollen. Dann aber auch für die, welche weiter gehen wollen. Was für die erſten gehört, ſteht beyſammen in den Capiteln, ſo daſs ſie nicht nöthig haben, unter dem nicht unmittelbar Practiſchen es heraus zu ſuchen. In den Zuſätzen ſind die Gründe der practiſchen Methoden, und die etwas ſchweren Beweiſe der Sätze, die nicht unmittelbar, oder nahe aus den erſten Elementen folgen, und andere weiter führende Betrachtungen enthalten. Hier kann einiges bloſse Speculation zu ſeyn ſcheinen. Aber ich bitte den, der es dafür hält, nur näher es anzuſehen. Man wird viel öfterer finden, daſs es nicht weit genug gehe, als daſs es zu weit gehe. Die kürzeſte Praxis erfordert jedesmal die meiſte Theorie.
>
> *Joh. Nicol. Tetens, S. XI*

Der Vorspruch, den wir der auch heute noch lesenswerten Vorrede von *Joh. Nicol. Tetens*, die er seiner nun fast zweihundert Jahre alten *„Einleitung zur Berechnung der Leibrenten und Anwartschaften“* [1.1][1] vorausgeschickt hat, entnommen haben, beschreibt unser Vorhaben, eine Einführung in die Lebensversicherungsmathematik zu geben, so zutreffend, daß wir diese Einleitung mit diesem Zitat beginnen möchten – und eigentlich auch weiter nichts hinzuzusetzen brauchten.

---

1 Zahlen in eckigen Klammern verweisen auf das Literaturverzeichnis.

Wenn wir trotzdem noch einige Bemerkungen anfügen, so hat dies mehrere Gründe:

1. Wir haben oben von einer „Einführung in die Lebensversicherungsmathematik" gesprochen. Noch vor kurzem hätten wir auch kürzer von einer „Einführung in die Versicherungsmathematik" sprechen können, denn wir wären in Übereinstimmung mit vielen Autoren von Lehrbüchern zu diesem Thema gewesen. Wir nennen nur *Broggi, Loewy, Saxer, Wolff* und *Zwinggi* ([1.2]). In diesen und anderen Lehrbüchern wird nur die Mathematik der Lebensversicherung behandelt. Nun gliedert sich das Gebiet der Versicherungsmathematik grob gesehen in die Gebiete

- Lebensversicherungsmathematik,
- Krankenversicherungsmathematik,
- Sachversicherungsmathematik,

wobei die Krankenversicherungsmathematik zwischen den beiden anderen Disziplinen steht, sich aber doch stärker an die Lebensversicherungsmathematik anlehnt (dies kommt bei *Wolff* durch ein Kapitel über Krankenversicherungsmathematik innerhalb seines sich mit der Lebensversicherung beschäftigenden Buches zum Ausdruck). Lebensversicherungen und Sachversicherungen unterscheiden sich aber wesentlich:

Die Lebensversicherungen sehen als Leistungen fest vereinbarte Versicherungssummen oder Renten vor. Die Verträge laufen in der Regel über viele Jahre, ohne daß für das Versicherungsunternehmen die Möglichkeit einer Beitragskorrektur gegeben ist. Daher spielen Fragen der über einen längeren Zeitraum hinweg sicheren Finanzierbarkeit der vertraglich zugesicherten Leistungen die ausschlaggebende Rolle.

Die Sachversicherungen sehen Leistungen vor, die ihrer Höhe nach beim Eintreten des versicherten Ereignisses (z. B. Kraftfahrzeug-Haftpflichtschaden, Brand eines Hauses) von der Schwere des Schadens abhängen. Die Versicherungsverträge werden über vergleichsweise kurze Dauern abgeschlossen, so daß die Unternehmen die Möglichkeit haben, Beiträge in kürzeren Abständen dem Verlauf der Schadenanzahlen und Schadenhöhen anzupassen.

Beide Zweige sind daher in ihrer Versicherungstechnik ganz unterschiedlich zu behandeln, was den Rahmen dieser Einführung sprengen würde.

Wir beschränken uns deshalb auf die Lebensversicherung, weil hier eine ausgedehnte Versicherungsmathematik und Versicherungstechnik vorliegt, die im engen Zusammenhang mit der Praxis steht. Dies sieht in der Sachversicherung leider (noch) ganz anders aus, wie sich auch aus den Anzahlen der im Versicherungswesen tätigen Versicherungsmathematiker ergibt. Man findet sie nämlich überwiegend im Bereich der Lebensversicherung (vgl. hierzu auch [1.3]).

2. Auch ohne versicherungsmathematische Kenntnisse wird der Leser dieser Einführung erwarten, daß viel vom Zufall und seinen Gesetzen gesprochen werden muß. Die wesentlichen Leistungsgründe für eine Lebensversicherung wie z.B. Erleben, Tod, Invalidisierung und Heirat einer versicherten Person sind schließlich stochastischer Natur. Um so mehr muß man verwundert sein, daß Zufallsprozesse und wahrscheinlichkeitstheoretische Methoden in Betrachtungen über eine praxisnahe Versicherungstechnik kaum zu finden sind. Unserer Meinung nach kommt die naheliegende Frage, warum dies so ist, in uns bekannten Einführungen zu kurz. Wir haben deshalb den eigentlichen versicherungsmathematischen Kapiteln ein einführendes Kapitel vorausgestellt. In ihm wollen wir anhand eines einfachen numerischen Beispiels zum einen in die Gedankenwelt des Lebensversicherungswesens einführen und zum anderen deutlich machen, warum die Mathematik der Lebensversicherung nicht in einem stochastischen Modell

sondern zunächst und fast ganz in einem deterministischen Modell entwickelt wird. Aus dieser Bemerkung geht aber auch hervor, daß wir voll und ganz die Praxis der Lebensversicherung im Auge haben. Allerdings sollen, wie das Inhaltsverzeichnis zeigt, neuere Entwicklungen (wie z.B. die Frage nach der Finanzierbarkeit der heutigen Überschußbeteiligung bei Fortdauer der bestehenden Verhältnisse) nicht übergangen werden.

Die Einführung wird dann mit einem Ausblick auf eine mehr im theoretischen liegende Lebensversicherungsmathematik beschlossen.

Bekanntlich begrüßen es viele Autoren, wenn ein Kollege ihres Faches in ihr Manuskript hereinsieht. Das trifft auch in diesem Fall zu. Ein besonderer Zufall wollte es, daß sich *Peregrinus Stochasius* – ein Versicherungsmathematiker der Praxis, der offenbar noch anonym bleiben möchte – Gedanken zu dieser Einführung machen konnte. P. S. ist zwar vermutlich bislang nur mit einer einzigen Veröffentlichung (nämlich [1.4]) hervorgetreten. Wie wir aber seinerzeit erfuhren, wurde diese Betrachtung des P. S. von manchen seiner Leser immer wieder gelesen und bedacht – der Verfasser schließt sich hiervon nicht aus.

Wer seine „Anwendung des Grand Théorème de Schilda“, das sich mit der kürzlich erfolgten Auseinandersetzung unter den Versicherungsmathematikern über den sogenannten Finanzierbarkeitsnachweis – wir werden auf ihn in Kapitel 6 zurückkommen – befaßt, gelesen hat (oder sie nun lesen wird), wird sicher auch seine Randbemerkungen (sind es wirklich nur solche?) kennen lernen wollen. Deshalb waren wir der Meinung, sie nicht unterdrücken zu sollen, obwohl sie sich über den für diese Einführung gedachten Leserkreis hinaus an schon einige Zeit in der Versicherungspraxis tätige Mathematiker wenden. Hier folgt nun seine erste Bemerkung:

Stochasius' Randbemerkung 1

Sehr geehrter Herr!

„Die Mehrzahl der versicherungstechnischen Handbücher entspricht entweder in der einen oder in der anderen Hinsicht nicht ganz allen Anforderungen. Wenn die Theorie hauptsächlich das Wort hat, gründet sie sich allzuoft auf Voraussetzungen, welche in der Praxis nicht, oder nicht in der betreffenden Form erscheinen. Und wo die Praxis den Ton angibt, zeigt es sich öfters, daß der Verfasser nicht weiß, wie man die Vorschriften der Theorie mit der Praxis in Einklang bringen soll."

Diese Feststellung schrieb ich nicht, sondern sie wurde im Jahr 1895 von S. R. J. van Schevichaven in seinem Vorwort zu Corneille L. Landré's „Mathematisch-Technische Kapitel zur Lebensversicherung" getroffen. Der „Landré" ist auch heute noch nach beinahe 100 Jahren ein bekanntes Nachschlagewerk. – Sie werden es auch kennen, also auch die zitierte Kritik. Ihre eigene Einleitung klingt ganz so, als ob Sie diesem Vorwurf ausweichen wollen. Lassen Sie sich daher an ihm messen.

So wie Sie meine Ausführungen gelesen haben, so werde ich die Ihren lesen.

Doch vorab dies:

Ihr Vorhaben, mit einem numerischen Beispiel in die „Gedankenwelt des Lebensversicherungswesens" einzuführen, mit ihm aber auch auf die Diskrepanz zwischen Theorie und Praxis hinzuweisen, begrüßt Stochasius sehr. Aber zwei Bedenken sind es, die am Rande bemerkt werden müssen:

1. *Ein numerisches Beispiel muß vereinfachen. Meinen Sie nicht, daß Leser auch die folgenden Kapitel für einfach halten können, und daß Fachkollegen die Ansicht äußern werden, diese Einfachheit sei ihrem Gebiet nicht angemessen?*
2. *Stochasius sieht die Gefahr, daß Einfachheit der Gedankenführung Klippen übersehen läßt.*

Darauf achten wird

Ihr ergebener *P. S.*

2 Prinzipien der Lebensversicherung und ihrer Mathematik

Man sieht nicht besser, was der Theorie noch fehlt,
als wenn man sie zur Anwendung bringen soll.

Joh. Nicol. Tetens, S. III

In diesem einleitenden Kapitel wollen wir mit einem einfachen Beispiel die Aufgabenstellungen der folgenden Kapitel erarbeiten. Dabei geht es uns darum, Prinzipien zu erkennen, die dem Versicherungswesen und insbesondere der Lebensversicherung zugrunde liegen. Diese Grundsätze steuern dann auch die zur Durchführung von Lebensversicherungen notwendige Mathematik und Technik, eben die Lebensversicherungsmathematik und die Lebensversicherungstechnik.

Zu diesem Zweck nehmen wir an, daß uns die folgende Aufgabe gestellt werde:

Eine Gruppe von 1000 männlichen Personen, die alle 40 Jahre alt und von gleichem Gesundheitszustand sind, schließt sich im Jahr 1981 zusammen, um die finanziellen Auswirkungen eines vorzeitigen Ablebens innerhalb der nächsten drei Jahre durch gleichgeartete Lebensversicherungen einheitlicher Höhe abzufangen.

Wir haben bewußt einen Zeitraum von drei Jahren gewählt, weil z.B. eine Betrachtung über zwei Jahre nicht alle Erkenntnisse gewinnen läßt, die für uns wünschenswert sind.

Diese Problemstellung wollen wir in mehreren Schritten angehen:

1.1 In einer Vorbetrachtung werden wir uns überlegen, was in einem solchen Bestand von Versicherten, wie wir diese Gruppe von Personen nennen wollen, wahrscheinlichkeitstheoretisch geschehen kann.

1.2 Aus den gewonnenen Erkenntnissen werden wir Konsequenzen ziehen, die uns zu einer praktikableren Behandlung unseres Problems auch über den hier betrachteten einfachen Fall hinaus führen.

1.3 Der soeben eingeschlagene Weg, der von einem wahrscheinlichkeitstheoretischen Modell zu einem deterministischen Modell und zum Grundprinzip der Lebensversicherungspraxis, nämlich zum Äquivalenzprinzip, leitet, erlaubt uns eine eingehende Schilderung des modellmäßigen, oder des – wie wir sagen werden – rechnungsmäßigen Ablaufs unseres Versicherungsgeschehens.

1.4 Die Realität sieht anders aus. Deshalb untersuchen wir, indem wir einen wirklichen Verlauf simulieren, die Abweichungen von unseren Modellannahmen. Aus diesen ergeben sich weitere Konsequenzen.

1.5 Die Betrachtungen führen zur Aufstellung von Prinzipien, die Richtschnur für die Aufgaben der folgenden Kapitel sein werden.

Wir gehen nun an die Durchführung dieses Plans.

2.1 Das Zufallsgeschehen in einem beispielhaften Versicherungsbestand

Betrachten wir unseren Bestand von 1000 männlichen Personen, so liegt aufgrund unserer Annahmen, die wir in der Aufgabenstellung formuliert haben, für jede einzelne Person die gleiche Situation vor:

1. Es handelt sich um männliche Personen des Alters 40 mit gleichem Gesundheitszustand.
2. Jede Person besitzt daher die gleichen Sterbenswahrscheinlichkeiten, nämlich im Alter 40 die Wahrscheinlichkeit q_{40}, die uns angibt, mit welcher Wahrscheinlichkeit ein 40-jähriger im Lauf des nächsten Lebensjahres sterben wird, im Alter 41 die Wahrscheinlichkeit q_{41} und im Alter 42 die Wahrscheinlichkeit q_{42}.
3. Jede Versicherung unseres Bestandes ist von gleicher Art und gleicher Höhe. Dies bedeutet, daß die gesamte Versicherungsleistung aus unserem Bestand im wesentlichen von der Anzahl der Todesfälle abhängt.

In jedem der drei zu betrachtenden Jahre liegt somit für jede Person ein Zufallsversuch mit zwei möglichen Ausgängen, nämlich Tod oder Erleben, vor. Über solche Versuche, die man Bernoulli-Versuche nennt, kann man sich z. B. in [2.1], Kapitel 8, näher informieren. Wird ein Bernoulli-Versuch n mal unabhängig voneinander unternommen, so wird dieser Prozeß durch die Binomialverteilung gesteuert.

Betrachten wir n Personen, die unabhängig voneinander sind und denen die gleiche Sterbewahrscheinlichkeit q aufgeprägt ist, dann beträgt bekanntlich die Wahrscheinlichkeit, daß im kommenden Jahr genau $k\,(0 \leqslant k \leqslant n)$ Personen sterben

$$b(k; n, q) = \binom{n}{k} q^k (1-q)^{n-k},$$

dabei ist

$$n! = 1 \cdot 2 \ldots n,$$

$$\binom{n}{k} = \frac{n!}{k!\,(n-k)!} = \frac{n(n-1)\ldots(n-k+1)}{1 \cdot 2 \ldots k}.$$

Insbesondere gilt für die Wahrscheinlichkeit, daß kein Todesfall innerhalb des nächsten Jahres eintritt,

$$b(o; n, q) = (1-q)^n.$$

Wir verifizieren dann leicht die Rekursionsformel

$$b(k+1; n, q) = \frac{n-k}{k+1} \cdot \frac{q}{1-q}\, b(k; n, q) \qquad (k = 0, \ldots, n-1).$$

Gehen wir zu dekadischen Logarithmen über, so erhalten wir das rekursive System

$$\begin{aligned} \log b(0; n, q) &= n \log(1-q) \\ \log b(k+1; n, q) &= \log b(k; n, q) + \log(n-k) - \log(k+1) + \log \frac{q}{1-q}. \end{aligned}$$

Schließlich bezeichnen wir mit $B(k; n, q)$ die Wahrscheinlichkeit des Ereignisses, daß im kommenden Jahr **höchstens** k Sterbefälle auftreten. Es ist also

$$B(k; n, q) = \sum_{\mu=0}^{k} b(\mu; n, q)$$

mit $$\sum_{\mu=0}^{k} a_\mu = a_0 + a_1 + \ldots + a_k.$$

Wollen wir nun diese Wahrscheinlichkeiten explizit berechnen, so gelingt dies mit Hilfe des logarithmischen Rekursivsystems, wenn wir hinsichtlich der großen Anzahl n (bei uns $n = 1000$) den Logarithmus $\log(1 - q)$ mit genügender Stellenzahl vorliegen haben. Wollen wir die Rechnung mit siebenstelligen Logarithmen durchführen, so muß $n \log(1 - q)$ auch sieben Stellen nach dem Komma besitzen; in unserem Beispiel muß also $\log(1 - q)$ mit zehn Stellen nach dem Komma vorliegen. Da die Sterbenswahrscheinlichkeiten erfreulich (und dies natürlich nicht nur des Rechnens wegen) klein sind, liegt $1 - q$ nahe bei 1, so daß man die erforderliche Rechengenauigkeit leicht mit Hilfe der logarithmischen Reihe

$$\log(1 - q) = M \ln(1 - q)$$

$$= -M\left(q + \frac{q^2}{2} + \frac{q^3}{3} + \frac{q^4}{4} + \ldots\right) \qquad |q| < 1$$

$$M = 0{,}43429448190 \ldots (= \log e; \text{z. B. aus [2.2], S. 112})$$

gewinnen kann.

Auf diese Weise kann man die Binomialverteilung in dem von uns benötigten Rahmen ohne allzu großen Aufwand mittels eines Taschenrechners oder einer einfachen Tischrechenmaschine ermitteln, wobei noch eine siebenstellige Logarithmentafel (z. B. [2.3]) benötigt wird.

Wir müssen zunächst die Sterbenswahrscheinlichkeiten

q_{40}, q_{41} und q_{42}

festlegen, die für männliche Personen in den Jahren

1981, 1982 und 1983

galten. Selbstverständlich haben wir diese Beobachtungszeit nicht zufällig gewählt. Eigentlich war in der Bundesrepublik Deutschland für das Jahr 1981 eine Volkszählung geplant, die dann zur Aufstellung einer Sterbetafel geführt hätte. Leider mußte diese Zählung verschoben werden. Für den Zeitraum von 1981 bis 1983 existiert aber eine – wie man sagt – abgekürzte Sterbetafel, die vom Statistischen Bundesamt veröffentlicht worden ist (vgl. [2.4]). Einer ausgeglichenen Version (vgl. Anhang 1.1,

Spalte 2) entnehmen wir die folgenden Wahrscheinlichkeiten, die genau genommen ausgeglichene relative Häufigkeiten sind:

Alter zu Beginn des Jahres[2] x	Wahrscheinlichkeit im nächsten Jahr zu sterben nach der St 81/83 M q_x
40	0,00268
41	0,00293
42	0,00321

Diese Werte besagen offenbar, daß in unserem Bestand von 1000 Personen in jedem Jahr etwa drei bis vier Personen sterben werden. Wir bestimmen nun die Logarithmen dieser Wahrscheinlichkeiten, wobei wir beispielhaft nur das erste Jahr betrachten und für die Folgejahre nur die Ergebnisse angeben:

$$q = 0{,}00268 \qquad -q = -0{,}00268000000$$

$$q^2 = 0{,}00000718240 \qquad -\frac{q^2}{2} = -0{,}00000359120$$

$$q^3 = 0{,}00000001925 \qquad -\frac{q^3}{3} = -0{,}00000000642$$

$$q^4 = 0{,}00000000005 \qquad -\frac{q^4}{4} = -0{,}00000000001$$

$$q^5 = 0{,}00000000000 \qquad -\frac{q^5}{5} = -0{,}00000000000$$

$$\ln(1-q) = -0{,}00268359763$$

$$\log(1-q) = M\ln(1-q) = -0{,}00116547164$$

$$q = 0{,}00293 \qquad \log(1-q) = -0{,}00127435067$$

$$q = 0{,}00321 \qquad \log(1-q) = -0{,}00139632760$$

Schließlich teilen wir noch die Hilfswerte $\log q_x/(1-q_x)$ mit:

Alter x	Sterbenswahrscheinlichkeit q_x	$\log \frac{q_x}{1-q_x}$
40	0,00268	−2,5707000
41	0,00293	−2,5318580
42	0,00321	−2,4920987

Wir beginnen mit der Ermittlung der Wahrscheinlichkeiten. Für die ersten Werte im **ersten Jahr** erhalten wir

Alter $x = 40$, Anzahl $n = 1000$:

$$\log b(0; n, q_{40}) \quad = -1{,}1654716$$

$$b(0; n, q_{40}) \quad = \quad 0{,}068317$$

$$k = 0$$

2 Wir bedienen uns hier bereits der im nächsten Kapitel einzuführenden internationalen Bezeichnungsweise in der Versicherungsmathematik.

$$\log b(0; n, q_{40}) = 1000 \log(1 - q_{40}) = -1{,}1654716 \quad (+)$$
$$\log(n - k) = \log 1000 = 3{,}0000000 \quad (+)$$
$$\log(k + 1) = \log 1 = 0{,}0000000 \quad (-)$$
$$\log \frac{q_{40}}{1 - q_{40}} = \underline{-2{,}5707000} \quad (+)$$
$$\log b(1; n, q_{40}) = -0{,}7361716$$
$$b(1; n, q_{40}) = 0{,}183581$$
$$k = 1$$
$$\log b(1; n, q_{40}) = -0{,}7361716 \quad (+)$$
$$\log(n - k) = \log 999 = 2{,}9995655 \quad (+)$$
$$\log(k + 1) = \log 2 = 0{,}3010300 \quad (-)$$
$$\log \frac{q_{40}}{1 - q_{40}} = \underline{-2{,}5707000} \quad (+)$$
$$\log b(2; n, q_{40}) = -0{,}6083361$$
$$b(2; n, q_{40}) = 0{,}246413$$

Diese elementare Rechnung setzen wir dann solange fort, bis sich für einen k-Wert erstmals

$$\log b(k; n, q_{40}) < -7$$

ergibt. Auf diese Weise erhalten wir die folgende Tabelle:

Binomialverteilung
für $n = 1000$ und $q_{40} = 0{,}00268$

k	$b(k; n, q_{40})$	$B(k; n, q_{40})$
0	0,068307	0,068307
1	0,183581	0,251898
2	0,246413	0,498311
3	0,220279	0,718590
4	0,147539	0,866129
5	0,078977	0,945106
6	0,035194	0,980300
7	0,013430	0,993730
8	0,004479	0,998209
9	0,001327	0,999536
10	0,000353	0,999889
11	0,000085	0,999974
12	0,000019	0,999993
13	0,000004	0,999997
14	0,000001	0,999998
15	0,000000	0,999998
16	0,000000	
17	0,000000	

Wir wir sehen, kontrolliert sich unsere Berechnung selbständig: Sie muß von einem genügend großen k an bei $B(k; n, q) = 1$ enden, geringfügige Abweichungen hiervon – wie oben – sind natürlich auf Rundungsfehler zurückzuführen. Dank der relativ niedrigen Sterbenswahrscheinlichkeiten genügen trotz der relativ großen Anzahl verhältnismäßig wenige Rechenschritte. Wir sehen dieses Ergebnis an und stellen fest, daß die Wahrscheinlichkeit z. B.

von höchstens 4 Todesfällen rd. 86,6 %

und

von höchstens 8 Todesfällen rd. 99,8 %

beträgt. Wenn unsere noch festzulegende Beitragseinnahme beispielsweise nur Versicherungsleistungen für 4 Todesfälle decken kann, so würde sie mit einer Wahrscheinlichkeit von 13,4 % nicht ausreichen. Unterstellen wir den Fall, daß unserer zu schaffenden Einrichtung keine weiteren Deckungsmittel zur Verfügung stehen, und denken wir daran, daß diese Personengruppe eine Absicherung für den Todesfall allein beabsichtigt, so müssen wir also von einem Beitragsniveau ausgehen, das uns eine ausreichende Sicherheit läßt. Halten wir eine Sicherheit von 99,9 % für ausreichend – und mit weniger dürfen wir uns sicherlich nicht zufrieden geben, wenn man an die Folgen einer Zahlungsunfähigkeit für die Hinterbliebenen unserer Personengruppe denkt –, so müssen wir nach unserer Tabelle von 9 Todesfällen ausgehen.

Die Wahrscheinlichkeit, daß mehr als 9 Todesfälle auftreten werden, beträgt nämlich

$$\begin{aligned} P_1(\text{Anzahl der } \dagger > 9) &= 1 - P_1(\text{Anzahl der } \dagger \leqslant 9) \\ &= 1 - B(9; n, q_{40}) \\ &= 1 - 0{,}999536 \\ &= 0{,}000464 \\ &\sim 0{,}5\,‰ . \end{aligned}$$

Mit angenommenen neun Todesfällen beginnen wir das **zweite Jahr** mit

$$n = 991 \quad \text{und} \quad q_{41} = 0{,}00293.$$

Unsere rekursive Berechnung können wir nun genauso durchführen. Die resultierende Tabelle lautet jetzt

Binomialverteilung
für $n = 991$ und $q_{41} = 0{,}00293$

k	$b(k; n, q_{41})$	$B(k; n, q_{41})$
0	0,054591	0,054591
1	0,158977	0,213568
2	0,231250	0,444818
3	0,224026	0,668844
4	0,162606	0,831450
5	0,094325	0,925775
6	0,045551	0,971326
7	0,018835	0,990161
8	0,006808	0,996969
9	0,002185	0,999154
10	0,000631	0,999785
11	0,000165	0,999950
12	0,000040	0,999990
13	0,000009	0,999999
14	0,000002	1,000001
15	0,000000	1,000001

Auch für das zweite Jahr gilt, daß mehr als 9 Todesfälle nur mit einer Wahrscheinlichkeit

$$\begin{aligned} P_2(\text{Anzahl der } \dagger > 9) &= 1 - P_2(\text{Anzahl der } \dagger \leqslant 9) \\ &= 1 - B(9; n, q_{41}) \\ &= 1 - 0{,}999154 \\ &= 0{,}000846 \\ &\sim 1\,‰ \end{aligned}$$

auftreten können. Genügt uns diese Sicherheit, so führt eine nochmalige Annahme von neun Todesfällen zu einem Eintreten des restlichen Bestandes mit nun

$$n = 982 \quad \text{und} \quad q_{42} = 0{,}00321$$

in das **dritte Jahr.**

Die wiederum vorzunehmende Berechnung der Binomialverteilung mit den angegebenen Hilfsmitteln führt zu folgendem Resultat

Binomialverteilung
für $n = 982$ und $q_{42} = 0{,}00321$

k	$b(k; n, q_{42})$	$B(k; n, q_{42})$
0	0,042541	0,042541
1	0,134530	0,177071
2	0,212500	0,389571
3	0,223545	0,613116
4	0,176193	0,789309
5	0,110984	0,900293
6	0,058198	0,958491
7	0,026131	0,984622
8	0,010256	0,994878
9	0,003574	0,998451
10	0,001120	0,999572
11	0,000319	0,999891
12	0,000083	0,999974
13	0,000020	0,999994
14	0,000004	0,999998
15	0,000001	0,999999
16	0,000000	0,999999
17	0,000000	0,999999

Wollen wir wieder eine Sicherheit von mindestens 99,9 % erreichen, so müssen wir jetzt eine pessimistische Annahme von 10 Todesfällen setzen. Es ist nämlich

$$\begin{aligned} P_3(\text{Anzahl der } \dagger > 10) &= 1 - P_3(\text{Anzahl der } \dagger \leqslant 10) \\ &= 1 - B(10; n, q_{42}) \\ &= 1 - 0{,}999572 \\ &= 0{,}000428 \\ &\sim 0{,}5\,‰ . \end{aligned}$$

Wir kommen damit zu einer ersten **Feststellung**:

Wenn unser Versicherungsbestand lebensfähig, d. h. zahlungsfähig bleiben soll, so müssen unseren Berechnungen, die primär einer Beitragsermittlung dienen sollen, vorsichtig getroffene Annahmen über die Zahl der Todesfälle zugrunde gelegt werden. Es können dies in unserem Beispiel sein:

Jahr	Alter	Anzahl zu Beginn	Anzahl der †	Sterbehäufigkeit in ‰	Sicherheits-wahrscheinlichkeit in %
1	40	1000	9	9,00	99,9536
2	41	991	9	9,08	99,9154
3	42	982	10	10,18	99,9891

Sicherheitswahrscheinlichkeit für drei Jahre als Produkt der jährlichen Werte: **99,8582**

Nach diesen vorbereitenden Betrachtungen wollen wir uns nun mit einer praktikablen Beitragsberechnung befassen.

2.2 Wege zu einer praktikablen Beitragsberechnung

Für die uns am Anfang dieses Kapitels gestellte Aufgabe genügt es offenbar, wenn wir durch eine Beitragszahlung die Leistungen

für 9 Todesfälle im ersten Jahr,
für 9 Todesfälle im zweiten Jahr und
für 10 Todesfälle im dritten Jahr

finanzieren. Dies gilt natürlich **nur** für die vorliegende Gruppe und für die Vereinbarung gleichhoher Todesfallsummen. Bereits unterschiedliche Versicherungssummen können das Bild verändern. Hierzu ein einfaches **Beispiel**:

Wir betrachten der Einfachheit halber einen Bestand von nur 6 Versicherten, die für das kommende Jahr eine Sterbenswahrscheinlichkeit von 0,1 haben mögen. Die Versicherten seien numeriert, die auf den Tod versicherten Summen seien wie folgt vorgegeben:

Versicherter	Versicherte Summe in DM	
	Fall A	Fall B
1	300	200
2	300	200
3	300	200
4	300	400
5	300	400
6	300	400

Wir fragen unter anderem danach, welche Sicherheit ein für Todesfallleistungen zur Verfügung stehender Betrag in Höhe von 600 DM gewährt.

Der **Fall A** entspricht völlig einer Binomialverteilung, weil es wegen der Gleichheit der versicherten Summen nur auf die Zahl der Sterbefälle ankommt. Die anhand der mitgeteilten Formeln ausgeführte direkte Berechnung ergibt folgende Wahrscheinlichkeitsverteilung:

Anzahl der Todesfälle k	Todesfalleistung k · 300	Wahrscheinlichkeiten b (k; n, q)	B (k; n, q)
0	0	0,531441	0,531441
1	300	0,354294	0,885735
2	600	0,098415	0,984150
3	900	0,014580	0,998730
4	1200	0,001215	0,999945
5	1500	0,000054	0,999999
6	1800	0,000001	1

Der **Fall B** ist etwas umständlich zu behandeln. Hier muß zunächst an Hand der möglichen Todesfälle festgestellt werden, mit welchen Wahrscheinlichkeiten welche Summen fällig werden. Gleiche Summen müssen dann zusammengefaßt werden, um die Wahrscheinlichkeitsverteilung der Todesfalleistungen zu erhalten. Die Liste der möglichen Todesfälle hat auszugsweise folgendes Aussehen:

Zahl der Todesfälle k	Nr. der Versicherungen	Todesfalleistung	Wahrscheinlichkeit $0{,}1^{k} \cdot 0{,}9^{6-k}$
0	–	–	0,531441
1	1	200	0,059049
	2	200	0,059049
	3	200	0,059049
	4	400	0,059049
	5	400	0,059049
	6	400	0,059049
2	1, 2	400	0,006561
	1, 3	400	0,006561
	1, 4	600	0,006561
...	...	...	...
5	...	...	...
	1, 3, 4, 5, 6	1600	0,000009
	2, 3, 4, 5, 6	1600	0,000009
6	1, 2, 3, 4, 5, 6	1800	0,000001

Die Sortierung nach wachsenden Todesfalleistungen und Addition der zugehörigen Wahrscheinlichkeiten führt zur folgenden Verteilung:

Todesfalleistung S	Wahrscheinlichkeiten p (S)	p (≤ S)
0	0,531441	0,531441
200	0,177147	0,708588
400	0,196830	0,905418
600	0,059778	0,965196
800	0,026244	0,991440
1000	0,006804	0,998244
1200	0,001458	0,999702
1400	0,000270	0,999972
1600	0,000027	0,999999
1800	0,000001	1

Aus den beiden Tabellen der Fälle A und B (die selbstverständlich den gleichen Erwartungswert 180 besitzen) lesen wir das **Resultat** ab:

Verfügen wir zur Deckung von Todesfalleistungen über 600 DM, so reicht dieser Betrag im Fall A mit einer Wahrscheinlichkeit von 1 – 0,984150 = 0,015850 = 1,6 % und im Fall B mit einer Wahrscheinlichkeit von 1 – 0,965196 = 0,034804 = 3,5 % **nicht** aus.

Die Feststellung, daß die finanzielle Sicherheit eines Versicherungsbestandes auch von den vorkommenden Versicherungssummen beeinflußt wird, hätte nach unseren bisherigen Erkenntnissen zur Folge, daß in jedem gegebenen Fall eigentlich eine Berechnung wie im Abschnitt 2.1 durchgeführt werden muß. Da es sich hierbei wahrscheinlichkeitstheoretisch um die Ermittlung einer Gesamtschadenverteilung handelt und da diese Ermittlung bei unterschiedlichen Versicherungssummen – wie schon das einfache Beispiel zeigt – sehr umständlich, wenn nicht gar unmöglich ist, muß ein anderer, in der Praxis des Versicherungswesens gangbarer Weg eingeschlagen werden.

Am Schluß des Abschnitts 2.1 hatten wir festgestellt, daß uns in unserem Beispiel die Annahme einer Sterbehäufigkeit von rund 9–11 ‰ anstelle der den Versicherten aufgeprägten Sterbenswahrscheinlichkeiten von rund 3 ‰ eine ausreichende Sicherheit gibt. Sehen wir uns einmal die Entwicklung der relativen Sterbehäufigkeiten, die in der Literatur immer Sterbenswahrscheinlichkeiten genannt werden, der letzten 100 Jahre im Deutschen Reich bzw. in der Bundesrepublik Deutschland an:

Sterbetafel für Männer	**Literaturverzeichnis**	**Sterbenswahrscheinlichkeiten in ‰**		
		q_{40}	q_{41}	q_{42}
1871/72 bis 1880/81	[2.5]	13,63	14,18	14,75
1881/90	[2.5]	12,94	13,47	13,94
1891/00	[2.5]	10,93	11,54	12,18
1901/10	[2.5]	**9,22**	**9,80**	**10,41**
1910/11	[2.5]	8,23	8,60	9,14
1924/26	[2.5]	5,35	5,69	6,05
1933	[2.5]	4,94	5,15	5,54
1932/34	[2.5]	4,82	5,08	5,41
1949/51	[2.6]	3,52	3,77	4,03
1960/62	[2.7]	2,95	3,16	3,40
1970/72	[2.4]	3,20	3,47	3,76
1981/83	(Anhang 1.1)	**2,68**	**2,93**	**3,21**

Vorab weisen wir auf die interessante Erscheinung hin, daß die Sterbenswahrscheinlichkeiten in der Vergangenheit bis zum Jahr 1960/62 – jedenfalls im betrachteten Altersbereich – immer abgenommen haben, was sicherlich eine Folge besserer medizinischer Versorgung und günstigerer sozialer Verhältnisse der Bevölkerung ist. Erstmalig haben sie im Jahrzehnt von 1960/62 bis 1970/72 wieder zugenommen, um dann wieder abzunehmen. Wir dürfen daher auf die entsprechenden Zahlen der überfälligen neuen Sterbetafel, die aus der geplanten Volkszählung abgeleitet wird, gespannt sein.

Gehen wir von unserem Beispiel eines Bestandes von 1000 Versicherten aus, so stimmen unsere aufgrund unseres Bedürfnisses nach Sicherheit ermittelten Sterbehäufigkeiten gut mit den Sterbenswahrscheinlichkeiten der Sterbetafel 1901/10 für Männer überein. Zwar bezog sich unsere Betrachtung nur auf ursprünglich vierzigjährige Männer, wir können aber hoffen, daß sich dieses Ergebnis auch bei anderen Altern wiederholen wird. Um nicht immer wieder umfangreiche Berechnungen anzustellen, treffen wir deshalb die folgende Verabredung.

1. Beiträge für unseren beispielhaften Bestand und für Bestände ähnlicher Größenordnung wollen wir so berechnen, **als ob** sich die Personengesamtheit tatsächlich so entwickelt, wie die Sterbehäufigkeiten aus der Sterbetafel 1901/10 M es verursachen.
2. Beiträge sollen während der Versicherungsdauer in gleicher Höhe jeweils zu Beginn eines Versicherungsjahres von den Versicherten gezahlt werden.

3. Versicherungsleistungen sollen jeweils zum Ende des Versicherungsjahres fällig werden, in dem der Versicherungsfall eingetreten ist.

Zur letzten Verabredung bemerken wir der guten Ordnung halber, daß sie mit dem in Deutschland geübten Rechenverfahren übereinstimmt. Sie bedeutet in der Praxis nicht, daß die Hinterbliebenen bis zum Ende des betreffenden Versicherungsjahres auf die Versicherungsleistung warten müssen. Tatsächlich wird sofort nach Eintritt des Versicherungsfalls geleistet, was für das Versicherungsunternehmen einen Zinsausfall bewirkt, der aus dem Jahresgewinn zu decken ist. Zu einer Beitragsermittlung betrachten wir zunächst die Entwicklung unseres Versichertenbestandes unter der Prämisse, daß sich der Sterblichkeitsverlauf genau so einstellt, wie es die Sterbewahrscheinlichkeiten der Allgemeine Deutsche Sterbetafel 1901/10 Männer (ADSt 1901/10 M) erwarten lassen. Wir erhalten folgende Tabelle:

Alter	Anzahl der Lebenden am Beginn des Jahres	Anzahl der Verstorbenen innerhalb des vergangenen Jahres
40	1000	0
41	1000 (1 – 0,00922) = 990,78	9,22
42	990,78 (1 – 0,00980) = 981,07	9,71
43	981,07 (1 – 0,01041) = 970,86	10,21

Bezeichnen wir mit i den Zinssatz (z. B. i = 0,035), mit dem wir unsere Berechnungen durchführen, so beträgt mit dem Diskontierungsfaktor

$$v = \frac{1}{1 + i}$$

der Barwert eines in n Jahren (n ganz) vorhandenen Kapitals der Höhe K_n zum heutigen Zeitpunkt bekanntlich

$$K_0 = v^n K_n.$$

Sei nun B der zu Beginn eines Jahres fällig werdende Beitrag für einen dann noch lebenden Versicherten, so erhalten wir für unseren Bestand aus ursprünglich 1000 gleichartigen Versicherungen die folgende Beitragseinnahme im Erwartungswert

$$BE = 1000\,B + 990{,}78\,v\,B + 981{,}07\,v^2 B.$$

Da wir den Einfluß des Zinses noch nicht kennen, wollen wir die Berechnung mit zwei verschiedenen Zinssätzen, nämlich

$$i_1 = 0{,}035: \quad v = 0{,}966184$$

$$i_2 = 0{,}070: \quad v = 0{,}934579,$$

durchführen. Mit der Hilfstabelle

	Zinssatz i	
	0,035 (= 3,5 %)	0,07 (= 7 %)
v	0,966184	0,934579
v^2	0,933511	0,873439
v^3	0,901943	0,816298

erhalten wir das **Resultat**:

Barwert der Beitragseinnahme BE bei einem Zins von 3,5 %: BE = 2.873,115421 B, Zins von 7 %: BE = 2.782,866982 B.

Bei der Berechnung des Barwertes der Versicherungsleistungen gehen wir von zwei Festlegungen aus:

1. Bei der Verwaltung von Versicherungen entstehen Kosten; wir setzen diese für unser Beispiel in Höhe von 5 % des fälligen Beitrags an, weil wir der Ansicht sein könnten, daß eine Versicherung mit höherem Beitrag eine eingehendere Betreuung verursachen kann.
2. Wir betrachten einmal eine reine Risikoversicherung, also eine Versicherungsform, bei der eine Leistung nur beim Ableben des Versicherten fällig wird, und eine sogenannte gemischte Versicherung, bei der neben den Leistungen einer Risikoversicherung die versicherte Summe auch noch beim Ablauf der vereinbarten Versicherungsdauer fällig wird, sofern der Versicherte diesen Ablauf erlebt.

Wir erhalten dann als Barwert der Versicherungsleistungen bei einer Versicherungssumme in Höhe von S im Fall der

Risikoversicherung

$$VL^R = 9{,}22\,vS + 9{,}71\,v^2S + 10{,}21\,v^3S + 0{,}05\,BE^R$$

$$= \begin{cases} 27{,}181446\,S + 143{,}655771\,B^R & (i = 0{,}035) \\ 25{,}432314\,S + 139{,}143349\,B^R & (i = 0{,}07) \end{cases}$$

Gemischten Versicherung

$$VL^G = 9{,}22\,vS + 9{,}71\,v^2S + 10{,}21\,v^3S + 970{,}86\,v^3S + 0{,}05\,BE^G$$

$$= \begin{cases} 902{,}841827\,S + 143{,}655771\,B^G & (i = 0{,}035) \\ 817{,}443390\,S + 139{,}143349\,B^G & (i = 0{,}07) \end{cases}$$

Um die Gesamtbeiträge B^R und B^G berechnen zu können liegt es nahe, die beiden erhaltenen Beziehungen gleichzusetzen, d. h. die Gleichung

Barwert der Beitragseinnahmen = Barwert der Versicherungsleistungen

aufzustellen.

Hätten wir diese Betrachtung mit diesen Zahlen etwa im Jahr 1905 angestellt, so hätten wir damals offenbar sagen können, wir vergleichen Erwartungswerte. Im Jahr 1982 müssen wir natürlich sagen, wir vergleichen Barwerte in einem deterministischen Modell, das (vom Zins nochmals abgesehen) unter vorsichtigen Annahmen betrachtet wird. Diesen Vergleich nennt man das

Äquivalenzprinzip der Versicherungsmathematik.

Wenden wir es auf unser Beispiel an, so erhalten wir in einfacher Rechnung das Resultat:

Zins	Gesamtjahresbeitrag für die Risikoversicherung B^R	Gemischte Versicherung B^G
3,5 %	0,009959 S	0,330777 S
7 %	0,009620 S	0,309391 S

Offenbar ist der Gesamtjahresbeitrag in unserem Beispiel um so höher je niedriger der eingerechnete Zinsertrag ist. Im Sinne der angestrebten Sicherheit ist es daher, wenn wir in unserem Beispiel z. B. mit dem Zins von 3,5 % rechnen.

Wir legen also für die nachfolgenden Beispielrechnungen die folgenden **rechnungsmäßigen Rechnungsgrundlagen**, oder wie man auch sagt, die **Rechnungsgrundlagen erster Ordnung** durch

Sterblichkeit:	Sterbehäufigkeiten laut ADSt 1901/10 M
Zins:	Zinssatz 3,5 %
Kosten:	5 % des Jahresbeitrags fest.

Dann gilt ein rechnungsmäßiger Beitrag von

$$_3B_{40} := B^R/S = 0{,}009959 \; (= 9{,}959 ‰)$$

oder

$$B_{40:\overline{3|}} := B^G/S = 0{,}330777 \; (= 330{,}777 ‰).$$

Wir haben hier für die Beiträge Bezeichnungen eingeführt, wie sie in der Versicherungsmathematik verabredet und üblich sind. Zu Beginn des dritten Kapitels werden wir auf diese Konventionen zurückkommen.

Abschließend weisen wir auf folgende mehr oder weniger verabredete Vereinbarungen hin:

1. Wir haben den Beitrag der einzelnen Versicherungen während der Beitragszahlungsdauer nicht geändert.
2. Wir haben für gleiche Versicherungen den gleichen Beitrag erhoben.

Wir merken ausdrücklich an, daß beide Vereinbarungen frei festgelegte Grundsätze sind. Wir hätten auch anderes vereinbaren können.

Zum Beispiel hätten wir einen steigenden Beitrag etwa der Gestalt B, 2B, 3B vorsehen können. Dann hätte der Barwert der Beitragseinnahme nach der Beziehung, in der B der Grundbeitrag ist,

$$BE = 1000\,B + 990{,}78\,v\,2B + 981{,}07\,v^2\,3B$$

bestimmt werden müssen.

Oder wir hätten die Versicherungsnehmer in arme und reiche Personen einteilen können und von der letzteren Personengruppe, die n_R Personen umfassen möge, den doppelten Beitrag erheben können. Ist B_a der Beitrag der Armen, so hätte dann der Barwert der Beitragseinnahme mittels

$$\begin{aligned} BE^{a/r} = {} & (1000 - n_R)\,B_a + 0{,}99078\,(1000 - n_R)\,vB_a + \\ & + 0{,}98107\,(1000 - n_R)\,v^2\,B_a + n_R\,2B_a + 0{,}99078\,n_R\,v2B_a \\ & + 0{,}98107\,n_R\,v^2\,2B_a \end{aligned}$$

berechnet werden müssen.

Der aufmerksame Leser stellt fest, daß wir arme und reiche Personen im Gegensatz zu mancher Meinung mit gleicher Intensität, um es positiv auszudrücken, alt werden lassen.

Mit dieser Anmerkung wollen wir sagen, daß die Aufteilung von Gesamtbeitrag in einzelne Beiträge eine Angelegenheit der Konvention, nicht dagegen eine mathematische Folgerung ist. Dagegen ist die Ermittlung des Gesamtbeitrages – welche Prinzipien man auch immer festlegt – eine Folge der benutzten Versicherungstechnik.

2.3 Der rechnungsmäßige finanzielle Verlauf unseres Versicherungsbestandes

Wir verfolgen in einfacher Weise das finanzielle Ergebnis unseres Versicherungsbestandes, das sich einstellt, wenn unsere Annahmen über die Rechnungsgrundlagen tatsächlich die Wirklichkeit wiedergeben, was z. B. 1905 hätte sein können.

Wir legen fest

Bestand: Anzahl: 1000

Versicherungssumme pro Vertrag: 20 000 DM
Alter der Versicherten bei Beginn: 40 Jahre.

Es ergibt sich folgende Abrechnung.

	Risiko-Versicherungen	Gemischte Versicherungen
(Vt = Versicherte)	DM	DM
1. Jahr		
Beitragseinnahme (1000 Vt):	+ 199 180	+ 6 615 540
Kosten für das Jahr (5 %):	– 9 959	– 330 777
Rest:	+ 189 221	+ 6 284 763
Rest mit Zins (3,5 %) für ein Jahr:	+ 195 844	+ 6 504 730
Zahlung für 9,22 Todesfälle:	– 184 400	– 184 400
„Guthaben" am Ende des Jahres:	+ 11 444	+ 6 320 330
(„Guthaben" pro Vt:	+ 11,55	+ 6 379,15)
2. Jahr		
Übertrag aus dem 1. Jahr:	+ 11 444	+ 6 320 330
Beitragseinnahme (990,78 Vt):	+ 197 344	+ 6 554 545
Kosten für das Jahr (5 %):	– 9 867	– 327 727
Rest:	+ 198 921	+ 12 547 148
Rest mit Zins (3,5 %) für ein Jahr:	+ 205 883	+ 12 986 298
Zahlung für 9,71 Todesfälle:	– 194 200	– 194 200
„Guthaben" am Ende des Jahres:	+ 11 683	+ 12 792 098
(„Guthaben" pro Vt:	+ 11,91	+ 13 038,93)
3. Jahr		
Übertrag aus dem 2. Jahr:	+ 11 683	+ 12 792 098
Beitragseinnahme (981,07 Vt):	+ 195 410	+ 6 490 308
Kosten für das Jahr (5 %):	– 9 771	– 324 515
Rest:	+ 197 322	+ 18 957 891
Rest mit Zins (3,5 %) für ein Jahr:	+ 204 228	+ 19 621 417
Zahlung für 10,21 Todesfälle:	– 204 200	– 204 200
Zahlung für 970,86 Erlebende:	–	– 19 417 200
Saldo:	+ 28	+ 17
(Saldo pro Erlebender:	+ 0,01	+ 0,02)

Ganz offensichtlich ist der nach drei Jahren noch vorhandene Saldo durch Rundungsfehler entstanden. Exakt hätte unsere Verlaufsrechnung mit dem Wert 0 enden müssen.

Die in Klammern gesetzten „Guthaben" der Versicherten (Vt) am Ende jeden Jahres stellen offenbar Werte dar, die nicht frei verfügbar sind, sondern als Übertrag für das nächste Jahr benötigt werden. Ohne diese Überträge würde unsere Rechnung nicht aufgehen. Würde jedoch der gesamte Versicherungsbestand innerhalb der Versicherungsdauer gekündigt, so stünden diese Beträge zur Auszahlung an die dann noch vorhandenen Versicherten zur Verfügung. Daher sind die termini technici

Deckungsrückstellung, Deckungsrücklage

und

Prämienreserve

unmittelbar verständlich. Wir halten ihre Werte pro Versicherten nochmals fest

Alter	Deckungsrückstellung in Promille der Versicherungssumme	
	Risikoversicherung	Gemischte Versicherung
40	0	0
41	0,58	318,96
42	0,60	651,95
43	0	1000,00[3]

Dieser von uns unterstellte „rechnungsmäßige" Ablauf unseres Versicherungsbestandes mag 1905 so gewesen sein. Er wird mit Sicherheit aus zufallsbedingten Schwankungen heraus, die an einer anderen Sterblichkeit, nämlich der des Jahres 1982, angreifen, anders verlaufen. Wir betrachten daher einen der möglichen wirklichen Verläufe.

2.4 Ein realer finanzieller Verlauf unseres Versicherungsbestandes

Wir realisieren einen der möglichen Abwicklungen unseres Versicherungsbestandes, indem wir eine Simulation mit Hilfe der in [2.1] auf S. 154–155 enthaltenen Zufallsziffern durchführen. Dabei richten wir uns an die Ausführungen des Kapitels 6 in [2.1]. Die Tabelle der Zufallsziffern enthält gerade 1000 Zahlen aus je 5 Ziffern. Jede dieser fünfstelligen Zahlen repräsentiert einen Versicherten. Im ersten Versicherungsjahr lag, wie wir gesehen haben, eine Sterbenswahrscheinlichkeit in Höhe von 2,68‰ vor. Wir legen daher (natürlich vor Einsichtnahme in die Zufallsziffern) fest, daß die Zahlen der Gestalt 00**000** bis 00267 Ausscheiden aus dem Kollektiv wegen Tod bedeuten. Nehmen wir außerdem an, daß eine Stornowahrscheinlichkeit (Wahrscheinlichkeit für das Aufheben des Vertrags zum Ende des Versicherungsjahres durch den Versicherungsnehmer durch Kündigung) von 1 % vorliegt, so können wir die gekündigten Verträge z. B. durch die Zahlen 20**000** bis 20**999** simulieren. Die Durchmusterung ergibt für das

3 Vor Auszahlung der Versicherungssumme

1. Versicherungsjahr

Todesfälle	Stornierungen
00083	20080
00086	20190
00231	20436
3 Fälle	20460
	20550
	20572
	20648
	20681
	20813
	9 Fälle.

2. Versicherungsjahr

Unser Bestand besteht zu Beginn des 2. Versicherungsjahres aus 988 Versicherten. Diese haben nun eine Sterbenswahrscheinlichkeit von 2,93 ‰ und eine Stornowahrscheinlichkeit von wiederum 1 %. Wegen $293 \cdot 0{,}988 = 289$ und $1000 \cdot 0{,}988 = 988$ simulieren wir nun die Todesfälle durch die Zahlengruppen 10**000** und 10**289** und die Rückkaufsfälle durch 30**000** bis 30**987**. Die Durchmusterung ergibt für

Todesfälle	Stornierungen
10081	30156
10087	30196
10107	30357
10271	30392
4 Fälle	30475
	30490
	30599
	30715
	30751
	30818
	10 Fälle

3. Versicherungsjahr

Unser Bestand besteht zu Beginn des 3. Jahres aus $988 - 4 - 10 = 974$ Versicherten. Diese haben nun eine Sterbenswahrscheinlichkeit von 3,21 ‰ und eine Stornowahrscheinlichkeit von wieder 1 %. Wegen $321 \cdot 0{,}974 = 313$ und $1000 \cdot 0{,}974 = 974$ simulieren wir nun die Todesfälle durch die Zahlengruppen 9**050**9 bis 9**362**9 und die Stornofälle durch 80**000** bis 80**973**. Die Durchmusterung ergibt hier schließlich die

Todesfälle	Stornierungen
90519	80083
90999	80164
91139	80380
92079	80447
93259	80607
93589	80667
93629	80739
7 Fälle	80919
	80936
	80949
	80970
	11 Fälle

Am Ende des 3. Versicherungsjahres besteht unser Bestand noch aus 974 – 7 – 11 = 956 Versicherten.

Mit dieser Simulation haben wir einen der realisierbaren Verläufe erhalten. Legen wir nun noch den tatsächlich benötigten Kostensatz mit 3 % und den tatsächlich erzielbaren Zinsertrag durch

- Zinssatz im 1. Versicherungsjahr: 6 %
- Zinssatz im 2. Versicherungsjahr: 7 %
- Zinssatz im 3. Versicherungsjahr: 6 %

fest, so wickelt sich unser Versicherungsbestand wie folgt ab, wenn wir noch als Leistung bei Stornierung die Deckungsrückstellung vorsehen:

(Vt = Versicherte)	**Risiko-Versicherungen** DM	**Gemischte Versicherungen** DM
1. Jahr		
Beitragseinnahme (1000 Vt):	+ 199 180	+ 6 615 540
Kosten für das Jahr (3 %):	– 5 975	– 198 466
Rest:	+ 193 205	+ 6 417 074
Mit 6 % aufgezinst:	+ 204 797	+ 6 802 098
Zahlung für 3 Todesfälle:	– 60 000	– 60 000
Zahlung für 9 Kündigungen:	– 104	– 54 413
Ergebnis:	+ 144 693	+ 6 687 685
Übertrag für 988 Vt:	– 11 460	– 6 302 650
„Jahresgewinn“:	133 233	365 035
2. Jahr		
Übertrag aus 1. Jahr:	+ 11 460	+ 6 302 650
Beitragseinnahme (988 Vt):	+ 196 790	+ 6 536 154
Kosten für das Jahr (3 %):	– 5 903	– 196 085
Rest:	+ 202 347	+ 12 642 719
Mit 7 % aufgezinst:	+ 216 511	+ 13 527 709
Zahlung für 4 Todesfälle:	– 80 000	– 80 000
Zahlung für 10 Kündigungen:	– 120	– 130 390
Ergebnis:	+ 136 391	+ 13 317 319

(Vt = Versicherte)	**Risiko-Versicherungen** DM	**Gemischte Versicherungen** DM
Übertrag für 974 Vt:	– 11 688	– 12 699 986
„Jahresgewinn“:	124 703	617 333
3. Jahr		
Übertrag aus 2. Jahr:	+ 11 688	+ 12 699 986
Beitragseinnahme (974 Vt):	+ 194 001	+ 6 443 536
Kosten für das Jahr (3 %):	– 5 820	– 193 306
Rest:	+ 199 869	+ 18 950 216
Mit 6 % aufgezinst:	+ 211 861	+ 20 087 229
Zahlung für 7 Todesfälle:	– 140 000	– 140 000
Zahlung für 11 Stornierungen:	–	– 220 000[4]
Zahlung für 956 Erlebende:	–	– 19 120 000
„Jahresgewinn“:	71 861	607 229

4 Diese Rückkäufe sind offensichtlich Erlebensfällen gleichzusetzen, weil für Stornierungen am Ende der Vertragsdauer vor Auszahlung der Versicherungssumme dieser Betrag zur Verfügung steht.

Betrachten wir den Jahresgewinn besonders, ohne ihn jedoch im Augenblick näher analysieren zu wollen, so können wir folgende Tabelle aufstellen:

Versicherungsjahr	**Anzahl der Vt am Ende**	**„Jahresgewinn"**			
		Risikoversicherungen		**Gemischte Versicherungen**	
		Gesamt DM	pro Vt DM	Gesamt DM	pro Vt DM
1	988	133 233	135	365 035	369
2	974	124 703	128	617 333	634
3	967[5]	71 861	74	607 229	628

Daß sich aus der Abwicklung unseres kleinen Versicherungsbestandes in jedem Jahr ein „Jahresgewinn", besser gesagt ein Überschuß ergibt, ist selbstverständlich eine Folge unserer vorsichtigen Beitragsfestsetzung. Wir haben die Beitragssätze schließlich so kalkuliert, daß mit ihnen mit an Sicherheit grenzender Wahrscheinlichkeit alle Verpflichtungen erfüllt werden können.

Da es daher im Grunde nicht das Verdienst unserer Unternehmung ist, daß Überschuß entsteht – allenfalls könnte dies noch für den gegenüber dem Rechnungsansatz mehr erzielten Kapitalertrag gelten, aber es wurde ja (lediglich) das Geld der Versicherungsnehmer den Kapitalmarktmöglichkeiten entsprechend angelegt –, gebührt dieser Überschuß den Versicherungsnehmern. Über seine Verteilung kann man unterschiedlicher Ansicht sein. Durchweg hat sich in der Bundesrepublik Deutschland die Ansicht durchgesetzt, daß der Überschuß verursachungsgemäß auf diejenigen Versicherungen aufgeteilt werden sollte, die am Ende des Abrechnungszeitraums noch dem Bestand angehören. Dies hat zur Folge, daß z. B. Versicherungen, die wegen Tod aus dem Bestand ausgeschieden sind, für das Versicherungsjahr, in dem der Tod erfolgt ist, keinen Überschuß mehr erhalten. Man kann dies damit motivieren, daß die Versichertengemeinschaft in diesen Fällen aus den gemeinschaftlichen Mitteln die Deckungsrückstellung auf die Versicherungssumme aufgefüllt hat.

2.5 Die Prinzipien

Unsere beispielhafte Modellbetrachtung ließ uns einige Grundsätze erkennen, die wir den nun nachfolgenden Ausführungen über die Lebensversicherung und ihre Mathematik unterlegen. Wir wollen sie so formulieren:

Bei der Betrachtung von Lebensversicherungen, die Leistungen sowohl im Fall des Erlebens gewisser Zeitpunkte im Bestand als auch im Fall des Ausscheidens aus einer oder einer von mehreren Ursachen aus dem Bestand vorsehen, wollen wir uns von folgenden Prinzipien leiten lassen:

1. Wir legen unserer Betrachtung ein **deterministisches Modell** zugrunde. Damit wollen wir sagen, daß wir die zu berücksichtigenden Wahrscheinlichkeiten durch Häufigkeiten ersetzen und mit ihnen wie nicht vom Zufall abhängenden Zahlen rechnen. Dies verlangt eine im Sinne der finanziellen Abwicklung vorsichtige Festsetzung dieser Werte.

5 Einschließlich Stornierungen

2. Alle Tatbestände betrachten wir lediglich an äquidistanten Zeitpunkten, d.h. wir benutzen dem Verfahren der Praxis der Versicherungstechnik folgend eine **diskontinuierliche Methode.**
3. Die zugesagten Versicherungsleistungen finanzieren wir durch **feste Beiträge**. Diese können während der Versicherungsdauer gleichbleibend oder in vorgegebener Art variabel sein.
4. Beiträge und sonstige technische Werte wie Deckungsrückstellungen werden mit Hilfe des **Äquivalenzprinzips** in einem **Anwartschaftdeckungsverfahren** bestimmt. Dieses Finanzierungsverfahren geht davon aus, daß zwischen den Barwerten der Leistungen des Versicherungsunternehmens und der Leistungen des Versicherungsnehmers unter Ansatz der vorsichtig gewählten Rechnungsgrundlagen Gleichheit bestehen muß.
5. Die sich ergebenden **Überschüsse** werden ihrer Entstehung aus den einzelnen Gewinnquellen entsprechend auf die im Bestand verbliebenen Versicherungen verteilt.

Nachdem wir so mit diesem einleitenden Kapitel unser Vorgehen ausführlich motiviert haben, soll nun endlich – allerdings erst nach Formulierung einiger Aufgaben – mit der Darstellung der Lebensversicherungsmathematik begonnen werden.

2.6 Aufgaben

Aufgabe 2.1

Es seien 1000 Lebende des Alters 40 mit $q_{40} = 0{,}00268$ vorgegeben. Es wird ein Beitrag B bezahlt und nach einem Jahr soll an die dann noch Lebenden die Versicherungssumme in Höhe von S = 10 000 DM gezahlt werden. Der Zins betrage 15 %. Bestimme den Beitrag B, wenn eine Sicherheit von 50 % als ausreichend erscheint.

Aufgabe 2.2

Die Abrechnung des Versicherungsbestandes ergab für Risikoversicherungen folgende Jahresgewinne:

Ende des Versicherungsjahres	Jahresgewinn in DM
1	133 233
2	124 703
3	71 861

Man teile den Gewinn auf die zu Beginn des Folgejahres bzw. am Ende der dreijährigen Versicherungsdauer noch im Bestand befindlichen Personen auf und verzinse sie mit 1/2 % unter dem erzielbaren Zins bis zum Ende der Versicherungsdauer. Wie hoch ist dann das Guthaben eines nicht verstorbenen Versicherten bei Vertragsbeendigung in DM und in % des Jahresbeitrags?

Aufgabe 2.3

Ein Versicherungsnehmer möchte den Jahresbeitrag für seine gemischte Versicherung in Höhe von 6 615,54 DM in zwei Raten zu Beginn und in der Mitte des Jahres zahlen.

a) Es wird vereinbart, daß bei Tod noch ausstehende Raten an der Versicherungsleistung gekürzt werden. Wie hoch ist der Halbjahresbeitrag bei einer Jahresverzinsung von 6 % ($1{,}0296 \cdot 1{,}0296 = 1{,}0601$)?
b) Es wird vereinbart, daß nach dem Tod keine ausstehenden Raten mehr zu zahlen sind. Wie hoch ist der Halbjahresbeitrag bei einem Jahreszins von 6 % und einer Sterbehäufigkeit von 10 ‰ = 5 + 5 ‰?

Stochasius' Randbemerkung 2

Sehr geehrter Herr Kollege!

Die einfache Gedankenführung dieses Kapitels gefällt Stochasius – er neigt ja ebenfalls dazu, wie Sie wissen (falls Sie meine Überlegungen zum Schilda'schen Theorem wie behauptet wirklich gelesen haben). Ich hoffe nur, daß nicht etwa eifrige Leser versuchen werden, Ihr Beispiel auf wirkliche Versicherungsbestände anzuwenden. Sie wären beschäftigt für lange Zeit.

Aber nun ernstlich:

Stochasius wird durch die Bemerkung, die Bestimmung des individuellen Beitrags innerhalb eines Kollektives sei „eine Angelegenheit der Konvention, nicht dagegen eine mathematische Folgerung", delektiert. Aber in den von Ihnen formulierten Prinzipien postulieren Sie das „Äquivalenzprinzip" als **das** *Aufteilungsprinzip. Hier wird doch suggestiv ein einzelnes Prinzip so herausgestellt, als wäre es eine Folge früherer Betrachtungen. Ich weiß – Sie brauchen es nicht zu betonen –, die Praxis kennt nur das Äquivalenzprinzip. Aber ständige Anwendung galt noch nie als Beweis. Lassen Sie uns die folgende Situation ansehen:*

Ein 25-Jähriger mit einer tatsächlichen Sterbenswahrscheinlichkeit von 1,21 ‰ und ein 55-Jähriger mit einer tatsächlichen Sterbenswahrscheinlichkeit von 11,02 ‰ (nach der ausgeglichenen Abgekürzten Sterbetafel 1981/83 für Männer) wollen sich auf ein Jahr gegen Tod versichern. Die Versicherungssummen sollen 62.332 DM bzw. 10 000 DM betragen. Ein Lebensversicherungsunternehmen setzt, wie man der Praxis entnehmen kann, als rechnungsmäßige Sterbehäufigkeit 1,93 ‰ bzw. 12,03 ‰ an. Lassen wir an sich erforderliche Kosten beiseite, so stellt sich folgende Situation dar:

	Alter des Versicherten 25	55
Versicherungssumme S:	*62 332 DM*	*10 000 DM*
Rechnungsmäßige Sterbehäufigkeit q:	*1,93 ‰*	*12,03 ‰*
Jährlicher Beitrag nach dem Äquivalenzprinzip vqS:	**v · 120,30**	**v · 120,30**
Tatsächliche Sterbewahrscheinlichkeit q:	*1,21 ‰*	*11,02 ‰*
Erwartungswert vqS:	*v · 75,42 DM*	*v · 110,20 DM*
Varianz $v^2 S^2 (1-q) q$:	$v^2 \cdot 4\,695\,498$	$v^2 \cdot 1\,089\,856$
Streuung $vS \sqrt{(1-q)q}$:	*v · 2 167*	*v · 1 044*
Streuungskoeffizient = Streuung/Erwartungswert = $\sqrt{\frac{1-q}{q}}$:	**28,73**	**9,47**

Sie sehen, daß die Versicherungsbeiträge übereinstimmen, wohingegen z. B. die Streuungskoeffizienten sehr unterschiedlich sind (28,73 gleich 303 % von 9,47!).

Das relative Verhältnis zwischen den Streuungskoeffizienten ändert sich auch nicht, wenn Sie jeweils zu einer beliebigen, aber in beiden Fällen gleichen Anzahl von Versicherten übergehen. Fast das gleiche Mißverhältnis besteht übrigens auch zwischen den Schiefen.

Stochasius meint nun, daß doch zu erwarten wäre, daß so wesentliche den Zufall charakterisierende Parameter bei der Beitragsberechnung berücksichtigt werden. Wir wissen, daß es nicht so ist. – Ich renne bei Ihnen offene Türen ein? Aber wo sonst wohl noch, fragt Sie

Ihr *P. S.*

3 Algorithmus der Lebensversicherungsmathematik

> Jedes neue Zeichen, was nicht nöthig ist, und nicht merklich erleichtert, ist eine Last fürs Gedächtniss, die man ihm nicht aufbürden muss. Viele Buchstabenzeichen sind da, wo sie für die stehen, die sie gerne haben, entbehrlich für andere, die sie nicht zu gebrauchen wissen. Ihrer mich gänzlich zu enthalten, alles mit Worten der gemeinen Sprache und mit den gewöhnlichen Zahlen zu sagen, und zu beweisen, war nicht wohl möglich, wenigstens mir nicht, ohne in eine Weitläuftigkeit zu gerathen, die ich selbst nicht hätte ausstehen können.
>
> *Joh. Nicol. Tetens, S. XII*

In diesem Kapitel wollen wir uns mit den elementaren Begriffen der Versicherungsmathematik beschäftigen. Hierzu zählen insbesondere die Barwerte von Verbleibs- und Ausscheideleistungen. Wir wollen sie möglichst allgemein erarbeiten, um dann die gebräuchlichen Formen der Praxis durch Spezialisierung zu erhalten.

Wir beginnen mit einleitenden Bemerkungen über die versicherungsmathematischen Rechnungsgrundlagen und über die Bezeichnungsweise in der Versicherungsmathematik.

3.1 Die Bezeichnungsweise und die Rechnungsgrundlagen

Bedenkt man, daß die Verwaltung von Versicherungsverträgen in den Versicherungsunternehmen von Menschen unterschiedlichen Wissenstandes vorgenommen wird und daß wegen der immer enger werdenden internationalen Verflechtung der Wirtschaft und damit auch des Versicherungswesens eine unmißverständliche Kommunikation auch in technischer Hinsicht notwendig ist, so erscheint die Existenz internationaler Vereinbarungen über die Bezeichnungsweise in der Versicherungsmathematik nicht verwunderlich. Zunächst entwickelten 1872 englische Versicherungsmathematiker eine einheitliche Bezeichnungsweise, die sich in den folgenden Jahrzehnten auch in anderen Ländern durchsetzte. Sie wurde schließlich auf dem II. Internationalen Kongreß der Versicherungsmathematiker 1898 in London als allgemein gültig angenommen (zur Geschichte der Bezeichnungsweise vgl. [3.2] IV B8). Die letzte Konvention hierüber wurde auf dem XIV. Internationalen Kongreß der Versicherungsmathematiker 1954 in Madrid getroffen. Sie ist in [3.1], S. 367 vollständig wiedergegeben. Zwar sind seit mehr als 15 Jahren Bestrebungen im Gange, die Bezeichnungsweise so zu reformieren, daß sie insbesondere für den Gebrauch von Computern geeignet ist, ein Erfolg hat sich aber bislang nicht abgezeichnet. Dies ist nicht verwunderlich, wenn man bedenkt, daß eine neue Bezeichnung dann von Lehrbüchern, Zeitschriften, Tabellenwerten, Geschäftsunterlagen der Unternehmen usw. übernommen werden muß.

Wir werden uns deshalb strikt an die in [3.1] enthaltenen Regeln über die internationale versicherungsmathematische Bezeichnungsweise halten, obwohl wir nicht zu den Gegnern einer Bezeichnungsreform gehören.

Wir beginnen zunächst mit der **Aufzinsung und Diskontierung.**

Wir führen folgende Bezeichnungen ein:

i:	Totaler Zinsertrag aus dem Kapital 1 innerhalb Jahresfrist unter der Annahme, daß eventuell unterjährig fällig werdende Erträge zu den für das Kapital geltenden Bedingungen wieder angelegt werden.
$v := (1 + i)^{-1}$:	Barwert des nach einem Jahr fälligen Kapitals 1.
$d := 1 - v$:	Diskont auf dem nach einem Jahr fälligen Kapital 1.

Dann gilt für den Wert K_t eines Kapitals K_0 nach t Jahren $(t = 0, 1, 2, \ldots)$

$$K_t = (1 + i)^t K_0$$

(Beweis durch vollständige Induktion aufgrund der Rekursion $K_{t+1} = (1 + i) K_t$).

Wir sagen, daß sich K_t aus K_0 durch (eine t-jährige) **Aufzinsung** ergibt. Hieraus folgt umgekehrt

$$K_0 = (1 + i)^{-t} K_t = v^t K_t$$

wobei wir nun von **Diskontierung** sprechen.

Wir führen nun die **Ausscheideordnungen** ein. Dazu legen wir zunächst für die Alter, die wir in der diskontinuierlichen Methode immer (in Jahren) als ganzzahlig ansetzen, der in die Betrachtung einbezogenen Personen folgende Bezeichnungen fest:

x: Alter einer männlichen Person,

y: Alter einer weiblichen Person und

z: Alter eines Kindes.

Sei nun

ω: das höchste erreichbare Alter eines Menschen, so haben wir für die Alter folgende Werte:

$$x, y, z = 0, 1, 2, \ldots, \omega.$$

Unter einer Ausscheideordnung verstehen wir eine die Anzahl der in einem Kollektiv befindlichen Personen in ihrer zeitlichen Entwicklung wiedergebende Zahlenfolge. Dabei wirken auf das Kollektiv, das aus gleichaltrigen und gleichgeschlechtlichen Personen besteht, m zu Beginn festgelegte Ausscheidegründe (wie z. B. Tod, Invalidität) ein. Das Ausscheiden einer Person wird jeweils durch genau einen dieser Gründe verursacht. Können einmal mehrere Gründe gemeinsam zur gleichen Zeit auftreten, so würden wir diese Kombination als eigene Ausscheideursache ansehen. Neu- oder Wiedereintritte in das Kollektiv sollen ausgeschlossen sein. Die nachfolgenden Bezeichnungen geben wir der Einfachheit halber nur für männliche Personen an. Die Ausscheideordnung wird also durch folgende Angaben beschrieben:

x_0: Alter der zu Beginn der Betrachtung im Kollektiv befindlichen Personen.

l_x: Anzahl der nach $x - x_0$ Jahren noch im Kollektiv befindlichen Personen.

$c_x^{(i)}$: Anzahl der vom Alter x bis zum Alter x + 1 aus dem Kollektiv wegen des Grundes i ($i = 1, 2, \ldots, m$; $m \geqslant 1$) ausscheidenden Personen.

Offenbar ist dann

$$l_{x_0} \geqslant l_{x_0+1} \geqslant l_{x_0+2} \geqslant \ldots \geqslant l_\omega > 0, \; l_{\omega+1} = 0$$

sowie

$$l_{x+1} = l_x - \sum_{i=1}^{m} c_x^{(i)}.$$

Im allgemeinen wird

$$x_0 = 0 \quad \text{und} \quad l_{x_0} = 100\,000$$

gesetzt. Aus den beschriebenen Anzahlen erhalten wir unmittelbar die folgenden Häufigkeiten:

$p_x := \frac{l_{x+1}}{l_x}$ Häufigkeit von Personen, die mit x Jahren noch im Kollektiv sind, auch noch im Alter x + 1 dem Kollektiv anzugehören (= totale Verbleibshäufigkeit)

Es gilt

$$p_x = 1 - \sum_{i=1}^{m} \frac{c_x^{(i)}}{l_x} = 1 - \sum_{i=1}^{m} q_x^{(i)} = 1 - q_x .$$

Dabei sind

$q_x^{(i)}$: die partielle Ausscheidehäufigkeit von Personen, die im Alter x noch dem Kollektiv angehörten, dann aber bis zum Alter x + 1 wegen des i-ten Ausscheidegrundes ausgeschieden sind,

q_x: die totale Ausscheidehäufigkeit von Personen vom Alter x bis zum Alter x + 1 überhaupt auszuscheiden.

Mit diesen Bezeichnungen erhalten wir die Rekursionsformel

$$l_{x+1} = l_x \left(1 - \sum_{i=1}^{m} q_x^{(i)}\right) = l_x(1 - q_x) = l_x\, p_x .$$

Wir haben bislang, da wir ein deterministisches Modell entwickeln wollen, streng von „Häufigkeiten“ gesprochen. In der gesamten versicherungsmathematischen Literatur werden diese Häufigkeiten durchweg als „Wahrscheinlichkeiten“ bezeichnet. Wir wollen uns, um nicht unnötig Verwirrung zu stiften, diesem Sprachgebrauch anschließen, uns aber bewußt sein, daß diese Bezeichnung nicht ganz korrekt ist.

Beschränken sich unsere Ausscheidegründe, die sich sowohl auf einzelne Personen als auch auf Personenpaare (die wir dann verbundene Personen nennen) beziehen, auf die in der Praxis üblichen Ursachen, so wollen wir spezielle Bezeichnungen verwenden:

Ausscheidegründe	**Bezeichnungen** l_x	$q_x^{(i)}$	p_x
Tod	l_x	q_x	p_x
Tod, Invalidität	l_x^a	q_x^{aa}, i_x	p_x^a
Tod, Heirat eines Mädchens	l_y^1	q_y^1, h_y	p_y^1
Erster Todesfall bei einem Paar verbundener unabhängiger Leben	$l_{x_1 x_2}$	$q_{x_1 x_2}$	$p_{x_1 x_2}$

So ist z. B. l_y^1 die Anzahl der ledigen y-jährigen Mädchen, wenn $l_0^1 = 100\,000$ neugeborenen Mädchen ausgegangen wird, q_y^1 die Wahrscheinlichkeit für diese Mädchen vom Alter y bis zum Alter y + 1 als Ledige zu sterben und h_y die Wahrscheinlichkeit für ein lediges y-jähriges Mädchen vom Alter y bis zum Alter y + 1 zu heiraten. Ferner gilt offenbar für ein Paar von (im Sinne der Wahrscheinlichkeitstheorie) unabhängigen Personen der Alter x und $\overline{x}$ für die totale Verbleibswahrscheinlichkeit $p_{x\overline{x}}$, worin natürlich der Index $x\overline{x}$ nicht als Produkt aufzufassen ist,

$$p_{x\overline{x}} = p_x^{(1)} \cdot p_{\overline{x}}^{(2)},$$

wobei $p^{(1)}$ und $p^{(2)}$ die Verbleibswahrscheinlichkeiten beider Personen sind. Somit gilt für ihre Anzahl

$$l_{x+1\,\bar{x}+1} = l_{x\bar{x}}\, p_x^{(1)}\, p_{\bar{x}}^{(2)}.$$

So wie wir bei den Anzahlen l_x von einer Anfangszahl l_{x_0} von Personen des Alters x_0 ausgegangen sind, so können wir auch die Anfangszahlen von Paaren der Alterskombination $x\bar{x}$ willkürlich festlegen. Mit $\bar{x} - x = \Delta$ oder $\bar{x} = x + \Delta$ seien die Anfangsalter x_0, $\bar{x}_0 = x_0$, $x_0 + \Delta$ (mit $x_0 \geqslant 0$, $x_0 + \Delta \geqslant 0$) gewählt. Wir setzen dann als Anfangszahl $l_{x_0\bar{x}_0} = l_{x_0}^{(1)}\, l_{\bar{x}_0}^{(2)}$ fest.

Mit vollständiger Induktion erhalten wir dann aus der Rekursion $l_{x+1\,\bar{x}+1} = l_{x\bar{x}}\, p_x^{(1)}\, p_{\bar{x}}^{(2)}$ das Ergebnis $l_{x\bar{x}} = l_x^{(1)}\, l_{\bar{x}}^{(2)}$.

Wenn wir uns auch auf den Standpunkt stellen, daß die von uns benutzten Häufigkeiten (die wir ja Wahrscheinlichkeiten nennen) aus Beobachtungen von geeigneten Personenkollektiven abgeleitet werden, so wirkt bis heute noch eine Betrachtungsweise nach, die vor etwa 200 Jahren der Meinung war, daß das menschliche Sterben einem Naturgesetz unterworfen ist. So hat z. B. (wir verweisen hier u. a. auf [3.2] Kapitel IV A8) *B. Gompertz* (geboren 1779, gestorben 1865) im Jahr 1824 das nach ihm benannte Sterbegesetz, gewissen Plausibilitätsannahmen folgend,

$$l_x = k\, g^{c^x}$$

entwickelt. Dieses Gesetz wurde 1860 von *W. M. Makeham* (geboren 1827, gestorben 1891) modifiziert zu

$$l_x = k s^x g^{c^x}$$

(vgl. z. B. [3.2] Kap. IV B 10). Man bezeichnet es als *„Gompertz-Makeham'sche Sterbeformel"*. Diese Sterbeformel hat nun unter anderem folgende Eigenschaft:

Es seien m nicht notwendig gleichaltrige unabhängige verbundene Leben gegeben, die alle der gleichen Gompertz-Makeham'schen Sterbeformel genügen. Seien $x_1, x_2, \ldots, x_m$ die Alter, dann gilt für die Wahrscheinlichkeit, nach n Jahren noch dem Kollektiv anzugehören

$$\frac{l_{x_1+n\, x_2+n \ldots x_m+n}}{l_{x_1 x_2 \ldots x_m}} = \frac{l_{x_1+n}}{l_{x_1}} \cdot \frac{l_{x_2+n}}{l_{x_2}} \cdots \frac{l_{x_m+n}}{l_{x_m}}.$$

Aus

$$\frac{l_{x+n}}{l_x} = s^n h^{c^x} \quad \text{mit} \quad h = g^{c^n - 1}$$

folgt

$$\frac{l_{x_1+n\, x_2+n \ldots x_m+n}}{l_{x_1 x_2 \ldots x_m}} = s^{nm}\, h^{c^{x_1} + \ldots + c^{x_m}}$$

Setzen wir nun

$$c^{x_1} + c^{x_2} + \ldots + c^{x_m} = mc^{\bar{x}},$$

so folgt

$$\frac{l_{x_1+n \ldots x_m+n}}{l_{x_1 \ldots x_m}} = s^{n \cdot m} g^{mc^{\bar{x}}(c^n - 1)}$$
$$= s^n g^{c^{\bar{x}}(c^n-1)} \cdot s^n g^{c^{\bar{x}}(c^n-1)} \ldots s^n g^{c^{\bar{x}}(c^n-1)}$$
$$= \frac{l_{\bar{x}+n\, \bar{x}+n \ldots \bar{x}+n}}{l_{\bar{x}\,\bar{x} \ldots \bar{x}}}.$$

Mit anderen Worten: Wir haben die Betrachtung von m ungleichaltrigen Personen auf die Betrachtung von m gleichaltrigen Personen des Alters $\bar{x}$ zurückgeführt. Man nennt $\bar{x}$ auch das Zentralalter dieser verbundenen Personen. Offenbar entsteht das Zentralalter aus den ursprünglichen Altern x_ν, indem man auf diese zunächst $\exp_c$ anwendet, dann das arithmetische Mittel bildet und schließlich durch Anwendung von $\log_c$ die Operation $\exp_c$ „rückgängig" macht. Übrigens wird durch diese Eigenschaft die Gompertz-Makeham'sche Sterbeformel vollständig beschrieben. Da diese Umformung, wie man sich denken kann, eine Rechenvereinfachung mit sich bringt, lohnt es sich aus Beobachtungen entstandene Sterbetafeln so auszugleichen, daß die Anzahlen l_x in den Bereichen wachsender Sterbewahrscheinlichkeiten einer Gompertz-Makeham'schen Sterbeformel genügen. Dies gilt z. B. auch für die schweizerischen Absterbeordnungen des Beobachtungs-Zeitraums 1939/44. Die Ausgleichung mit Hilfe einer Gompertz-Makeham'schen Sterbeformel führte zu folgenden Parameterwerten:

Sterbetafel SM 1939/44 für Männer:	s = 0,99900
	g = 0,99918
	c = 1,09852
Sterbetafel SF 1939/44 für Frauen:	s = 0,99854
	g = 0,99975
	c = 1,11057

Wir verknüpfen nun die Verzinsung mit dem Ableben nach einer gegebenen Ausscheideordnung. Man spricht von **Verzinsung und Vererbung**, wenn man von l_x im Kollektiv befindlichen Personen des Alters x ausgeht, die jeder ein Kapital der Höhe K_x in das Kollektiv einbringen. Das Kapital soll sich mit dem Zins i verzinsen. Nach n Jahren soll das gesamte Kapital einschließlich der Zinsen auf die dann noch im Kollektiv befindlichen Personen aufgeteilt werden. Sei dieser Betrag K_{x+n}, so muß offenbar unter Anwendung des Äquivalenzprinzips folgende Beziehung gelten

$$l_x K_x (1+i)^n = l_{x+n} K_{x+n}$$

Also ist

$$K_{x+n} = (1+i)^n \frac{l_x}{l_{x+n}} K_x$$
$$= v^{-n} \frac{l_x}{l_{x+n}} K_x = \frac{v^x l_x}{v^{x+n} l_{x+n}} K_x.$$

Wegen $l_x/l_{x+n} > 1$ verstärkt die Vererbung sozusagen die Verzinsung. Will man Beispiele rechnen, so ist es offenbar zweckmäßig neben den Tabellen für v^x und l_x auch eine Tabelle der Werte $v^x l_x$ anzulegen. Diese für die Versicherungstechnik (vornehmlich im Vorcomputer-Zeitalter, aber nicht nur dort) außerordentlich wichtige Bemerkung stammt von *Joh. Nicol. Tetens*, der sie 1785 in [1.1] § 56–58 erstmalig angeregt hat. Diese Anregung führt zur Definition der **Kommutationswerte**, die wir an dieser Stelle geschlossen vornehmen wollen und die sich auf eine Ausscheideordnung beziehen, die nur eine Ausscheideursache, nämlich das Ableben, kennen. Wir sprechen dann von einer Sterbetafel.

$$D_x := v^x l_x$$

$$C_x := v^{x+1}(l_x - l_{x+1}) = v^{x+1} l_x q_x$$

$$N_x := \sum_{\nu=x}^{\omega} D_\nu$$

$$M_x := \sum_{\nu=x}^{\omega} C_\nu$$

$$S_x := \sum_{\nu=x}^{\omega} N_\nu$$

$$R_x := \sum_{\nu=x}^{\omega} M_\nu$$

$$D_{xy} := D_x l_y$$

$$N_{xy} := \sum_{\nu=0}^{\omega-x} D_{x+\nu\, y+\nu}$$

Wie wir sehen können, gelten die Definitionen der Kommutationswerte D_x, N_x und S_x auch für allgemeine Ausscheideordnungen, während die Definitionen der C_x, M_x und R_x für einzelne Ausscheideursachen erweitert werden können.

Die Zweckmäßigkeit dieser Definitionen wird sich noch erweisen. Hier bemerken wir, daß zwischen den Kommutationswerten D_x und C_x der Zusammenhang

$$C_x = v^{x+1} l_x - v^{x+1} l_{x+1} = vD_x - D_{x+1}$$

besteht. Aus ihm folgt dann auch

$$M_x = \sum_{\nu=x}^{\omega} C_\nu = \sum_{\nu=x}^{\omega} vD_\nu - \sum_{\nu=x}^{\omega} D_{\nu+1} = vN_x - N_{x+1}$$

und

$$R_x = \sum_{\nu=x}^{\omega} M_\nu = \sum_{\nu=x}^{\omega} vN_\nu - \sum_{\nu=x}^{\omega} N_{\nu+1} = vS_x - S_{x+1}.$$

Nach diesen einleitenden Ausführungen beginnen wir nun mit der Ermittlung der Barwerte von Versicherungsleistungen.

3.2 Barwerte von Verbleibsleistungen

Wir betrachten ein Kollektiv von gleichaltrigen, voneinander unabhängigen Personen des Alters x, auf das m Ausscheideursachen einwirken mögen. Beim Erreichen des Alters $x + t$ im Kollektiv soll eine Verbleibsleistung r_{x+t} gezahlt werden. Betrachten wir das Altersintervall $[x, x + n]$, in das die Zahlungen $r_x, r_{x+1}, \ldots, r_{x+n}$ fallen, so beträgt der auf das Alter x bezogene Barwert dieser Zahlung für ursprünglich l_x Personen

$$l_x r_x + v l_{x+1} r_{x+1} + \ldots + v^{n-1} l_{x+n-1} r_{x+n-1} + v^n l_{x+n} r_{x+n},$$

wenn wir das Ausscheiden aus dem Kollektiv berücksichtigen. Beziehen wir diesen Barwert auf eine einzige Person, so beträgt er

$$a(x, x+n; r_{x+\nu}/\nu = 0, 1, \ldots, n) = \sum_{\nu=0}^{n} r_{x+\nu} v^\nu \frac{l_{x+\nu}}{l_x}$$

$$= \sum_{\nu=0}^{n} r_{x+\nu} \frac{v^{x+\nu} l_{x+\nu}}{v^x l_x}$$

$$= \sum_{\nu=0}^{n} r_{x+\nu} \frac{D_{x+\nu}}{D_x}$$

Wir betrachten einige Spezialisierungen dieser Barwertformel, wobei wir uns mit den Bezeichnungen an die internationale Bezeichnungsweise anlehnen.

1. Erfolgen die Zahlungen für die Altersintervalle $[x + \nu, x + \nu + 1]$ $(\nu = 0, \ldots, n - 1)$ jeweils am Beginn des Intervalls, so sprechen wir von einer **vorschüssigen** Zahlungsweise.
   Mit $r_{x+n} = 0$ erfolgt dann

   $$\ddot{a}_{x:\overline{n}|}(r_{x+\nu}/\nu = 0, \ldots, n-1) = \sum_{\nu=0}^{n-1} r_{x+\nu} \frac{D_{x+\nu}}{D_x}.$$

2. Erfolgen die Zahlungen für die Altersintervalle $[x + \nu, x + \nu + 1]$ $(\nu = 0, \ldots, n - 1)$ jeweils am Ende des Intervalls, so sprechen wir von einer **nachschüssigen** Zahlungsweise. Mit $r_x = 0$ folgt dann

   $$a_{x:\overline{n}|}(r_{x+\nu}/\nu = 1, \ldots, n) = \sum_{\nu=1}^{n} r_{x+\nu} \frac{D_{x+\nu}}{D_x}.$$

3. Sind alle Zahlungen gleich, so schreiben wir mit $r_{x+\nu} = r$

$$\ddot{a}_{x:\overline{n}|}(r_{x+\nu} = r/\nu = 0, \ldots, n-1) = r \sum_{\nu=0}^{n-1} \frac{D_{x+\nu}}{D_x} = r \frac{N_x - N_{x+n}}{D_x} =: r\,\ddot{a}_{x:\overline{n}|}$$

und

$$a_{x:\overline{n}|}(r_{x+\nu} = r/\nu = 1, \ldots, n) = r \sum_{\nu=1}^{n} \frac{D_{x+\nu}}{D_x} = r \frac{N_{x+1} - N_{x+n+1}}{D_x} =: r\,a_{x:\overline{n}|}.$$

Wir nennen $\ddot{a}_{x:\overline{n}|}$ den vorschüssigen, $a_{x:\overline{n}|}$ den nachschüssigen Barwert einer vom Alter x bis zum Alter x + n jährlich zahlbaren Leibrente vom Betrage 1.

4. Beginnen bei vorschüssiger Zahlungsweise die Verbleibsleistungszahlungen erst zum Alter $x + n_0$ ($n_0 < n$), sofern die betrachtete Person dann noch im Kollektiv ist, so sprechen wir von einer um n_0 Jahre **aufgeschobenen** vorschüssigen Leibrente vom Betrage 1. Es ist dann mit $r_x = r_{x+1} = \ldots = r_{x+n_0-1} = 0$, $r_{x+n_0} = \ldots$ $\ldots = r_{x+n-1} = 1$

$$\ddot{a}_{x:\overline{n}|}(r_{x+\nu} = 0/\nu = 0, \ldots, n_0 - 1;\ r_{x+\nu} = 1/\nu = n_0, \ldots, n-1) = \sum_{\nu=n_0}^{n-1} \frac{D_{x+\nu}}{D_x}$$

$$= \frac{N_{x+n_0} - N_{x+n}}{D_x} = \frac{D_{x+n_0}}{D_x} \cdot \frac{N_{x+n_0} - N_{x+n}}{D_{x+n_0}} = \frac{D_{x+n_0}}{D_x} \cdot \ddot{a}_{x+n_0:\overline{n-n_0}|}$$

$$=: {}_{n_0/n-n_0}\ddot{a}_x$$

5. Wächst die Verbleibsleistung an, sei etwa $r_{x+\nu} = (\nu+1)\,r$ ($\nu = 0, \ldots, n-1$), so gilt für den Barwert dieser Leistung bei vorschüssiger Zahlung

$$\ddot{a}_{x:\overline{n}|}(r_{x+\nu} = (\nu+1)\,r/\nu = 0, \ldots, n-1) = \sum_{\nu=0}^{n-1} (\nu+1)\,r \frac{D_{x+\nu}}{D_x}$$

$$= r\left[1\frac{D_x}{D_x} + 2\frac{D_{x+1}}{D_x} + 3\frac{D_{x+2}}{D_x} + \ldots + n\frac{D_{x+n-1}}{D_x}\right]$$

$$= r\left[\frac{N_x - N_{x+n}}{D_x} + \frac{N_{x+1} - N_{x+n}}{D_x} + \ldots + \frac{N_{x+n-1} - N_{x+n}}{D_x}\right]$$

$$= r\left[\sum_{\nu=0}^{n-1} \frac{N_{x+\nu}}{D_x} - n\frac{N_{x+n}}{D_x}\right] = r\frac{S_x - S_{x+n} - n N_{x+n}}{D_x} =: r \cdot (I\,\ddot{a})_{x:\overline{n}|}.$$

6. Betrachten wir ein versichertes Paar, das aus einem x-jährigen Mann und einer y-jährigen Frau besteht, und bestimmen wir den Barwert einer gleichbleiben-

den, jährlich vorschüssig zahlbaren Rente vom Betrage 1, so erhalten wir durch Modifikation unserer allgemeinen Barwertformel mit nachfolgender Spezialisierung

$$a(x, y; x+n, y+n; r_{x+\nu} = 1/\nu = 0, 1, \ldots, n-1) = \sum_{\nu=0}^{n-1} 1 \cdot v^{\nu} \frac{l_{x+\nu\, y+\nu}}{l_{xy}}$$

$$= \sum_{\nu=0}^{n-1} \frac{v^{x+\nu} l_{x+\nu\, y+\nu}}{v^x l_{xy}} = \sum_{\nu=0}^{n-1} \frac{v^{x+\nu} l_{x+\nu} l_{y+\nu}}{v^x l_x l_y} = \sum_{\nu=0}^{n-1} \frac{D_{x+\nu} l_{y+\nu}}{D_x l_y}$$

$$= \sum_{\nu=0}^{n-1} \frac{D_{x+\nu\, y+\nu}}{D_{xy}} = \frac{N_{xy} - N_{x+n\, y+n}}{D_{xy}} =: \ddot{a}_{xy:\overline{n|}} \,.$$

Wir erkennen aus diesen Formeln zum einen wie weitreichend die allgemeine Formel ist und zum anderen wie nützlich der Gebrauch der definierten Kommutationswerte ist.

Die mitgeteilten Barwertformeln lassen sich in zwei Richtungen interpretieren.

Handelt es sich bei den Verbleibsleistungen um Zahlungen eines Versicherungsnehmers an ein Versicherungsunternehmen, so sprechen wir von Barwerten von Beitragszahlungen. Stellen die Zahlungen dagegen Leistungen eines Versicherungsunternehmens an einen Versicherungsnehmer dar, so sprechen wir von Rentenbarwerten.

3.3 Barwerte von Ausscheideleistungen

Wir gehen wieder von einem Kollektiv gleichaltriger und voneinander unabhängiger Personen des Alters x aus. Auf dieses Kollektiv sollen m Ausscheideursachen einwirken. Scheidet eine versicherte Person im Zeitintervall $[x + t - 1, x + t]$ für $t = 1, \ldots, n$ wegen der i-ten Ursache $(i = 1, \ldots, m)$ aus, so soll am Ende dieses Zeitintervalls die Leistung $s_{x+t}^{(i)}$ fällig werden. Bestand das Kollektiv aus l_x Personen, so beträgt der auf das Alter x bezogene Barwert dieser Zahlungen

$$v \sum_{i=1}^{m} c_x^{(i)} s_{x+1}^{(i)} + v^2 \sum_{i=1}^{m} c_{x+1}^{(i)} s_{x+2}^{(i)} + \ldots + v^n \sum_{i=1}^{m} c_{x+n-1}^{(i)} s_{x+n}^{(i)}$$

$$= v \sum_{i=1}^{m} l_x q_x^{(i)} s_{x+1}^{(i)} + v^2 \sum_{i=1}^{m} l_{x+1} q_{x+1}^{(i)} s_{x+2}^{(i)} + \ldots + v^n \sum_{i=1}^{m} l_{x+n-1} q_{x+n-1}^{(i)} s_{x+n}^{(i)}.$$

Beziehen wir diesen Barwert auf eine einzige Person, so erhalten wir als allgemeinen Barwert dieser Anwartschaft auf Versicherungsleistungen

$$A(x, x+n; s_{x+\nu}^{(i)}/i = 1, \ldots, m; \nu = 1, \ldots, n) = \sum_{\nu=1}^{n} v^{\nu} \sum_{i=1}^{m} \frac{l_{x+\nu-1} q_{x+\nu-1}^{(i)}}{l_x} s_{x+\nu}^{(i)}$$

$$= \sum_{\nu=1}^{n} \sum_{i=1}^{m} \frac{v D_{x+\nu-1} q_{x+\nu-1}^{(i)}}{D_x} s_{x+\nu}^{(i)}.$$

Würden wir in Analogie zum Kommutationswert $C_x = vD_x q_x$ die Werte

$$C_x^{(i)} := v D_x q_x^{(i)}$$

einführen, so hätte der Anwartschaftsbarwert – wie wir kurz sagen wollen – die Gestalt

$$A(x, x+n; s_{x+\nu}^{(i)}/i = 1, \ldots, m; \nu = 1, \ldots, n) = \frac{1}{D_x} \sum_{\nu=1}^{n} \sum_{i=1}^{m} C_{x+\nu-1}^{(i)} s_{x+\nu}^{(i)}.$$

Wir betrachten wieder einige Spezialisierungen dieser Barwertformel:

1. Es liege nur eine Ausscheideursache vor, nämlich das Ableben. Ferner sei die Ausscheideleistung – hier also die Todesfalleistung – unabhängig vom Zeitpunkt der Fälligkeit. Wir sprechen dann vom Anwartschaftsbarwert einer temporären Risikoversicherung. Mit m = 1 erhalten wir dann

$$A(x, x+n; s_{x+\nu} = s/\nu = 1, \ldots, n) = \frac{1}{D_x} \sum_{\nu=1}^{n} C_{x+\nu-1} s = s \cdot \frac{M_x - M_{x+n}}{D_x} =: s \cdot {}_{|n}A_x.$$

2. Wird diese temporäre Risikoversicherung mit einer Erlebensfallzahlung gleicher Höhe beim Erreichen des Alters x + n verbunden, so liegt der Anwartschaftsbarwert einer gemischten Kapitalversicherung oder einer Kapitalversicherung auf den Todes- und Erlebensfall vor. Für ihn gilt dann

$$s \cdot A_{x:\overline{n|}} := A(x, x+n; s_{x+\nu} = s/\nu = 1, \ldots, n)$$
$$+ a(x, x+n; r_{x+\nu} = 0/\nu = 0, 1, \ldots, n-1; r_{x+n} = s) = s\,\frac{M_x - M_{x+n}}{D_x}$$
$$+ s\,\frac{D_{x+n}}{D_x} = s\,\frac{M_x - M_{x+n} + D_{x+n}}{D_x}$$
$$= s\,\frac{vN_x - N_{x+1} - vN_{x+n} + N_{x+n+1} + D_{x+n}}{D_x}$$
$$= s\,\frac{v(N_x - N_{x+n}) - N_x + D_x + N_{x+n} - D_{x+n} + D_{x+n}}{D_x}$$
$$= s\left(1 - (1-v)\frac{N_x - N_{x+n}}{D_x}\right) = s\,(1 - d\ddot{a}_{x:\overline{n|}}) \quad \text{mit} \quad d := 1 - v.$$

   Damit haben wir den Anwartschaftsbarwert der gemischten Versicherung durch den vorschüssigen Leibrentenbarwert ausdrücken können.

3. Bei der Versicherung auf bestimmte Verfallzeit wird die (vom Alter unabhängige) Versicherungsleistung erst am Ende der Versicherungsdauer fällig und zwar unabhängig davon, ob der Versicherte dann noch am Leben ist oder nicht. Man kann

auch sagen, daß beim Ableben die diskontierte Versicherungssumme fällig wird, die bis zum Alter x + n auf den vollen Wert anwächst. Es ist also

$$A(x, x+n; s_{x+\nu} = v^{n-\nu} s/\nu = 1, \ldots, n)$$
$$+ a(x, x+n; r_{x+\nu} = 0/\nu = 0, \ldots, n-1; r_{x+n} = s)$$
$$= \frac{1}{D_x} \sum_{\nu=1}^{n} C_{x+\nu-1} \cdot v^{n-\nu} s + s \frac{D_{x+n}}{D_x}$$
$$= \frac{s}{D_x} \left(\sum_{\nu=1}^{n} v^{x+\nu} (l_{x+\nu-1} - l_{x+\nu}) v^{n-\nu} + v^{x+n} l_{x+n} \right)$$
$$= \frac{s \cdot v^n}{l_x} \left(\sum_{\nu=1}^{n} (l_{x+\nu-1} - l_{x+\nu}) + l_{x+n} \right) = s \frac{v^n}{l_x} l_x = v^n.$$

4. Bei der Aussteuerversicherung wird als Versicherungsleistung die Versicherungssumme s fällig, wenn das versicherte Mädchen zwischen dem Alter $y + n_0$ und dem Alter $y + n$ ($n_0 < n$) heiratet oder das Alter $y + n$ als Ledige erlebt. Bei Tod während der Vertragsdauer von y bis $y + n$ soll (entgegen den in der Praxis getroffenen Vereinbarungen) nichts geleistet werden. Der Anwartschaftsbarwert zum Alter y beträgt dann, wenn (1) der Grund „Tod als Ledige" und (2) der Grund „Heirat" ist, unter Berufung auf Ziffer 2 wegen des zweiten Terms:

$$s \cdot {}_{n_0}A^{\text{Ausst.}}_{y:\overline{n}|} = A(y, y+n; s^{(1)}_{y+\nu} = 0/\nu = 1, \ldots, n; s^{(2)}_{y+\nu} = 0/\nu = 1, \ldots, n_0;$$
$$s^{(2)}_{y+\nu} = s/\nu = n_0 + 1, \ldots, n)$$
$$+ a(y, y+n; r_{y+\nu} = 0/\nu = 0, 1, \ldots, n-1; r_{y+n} = s)$$
$$= \sum_{\nu=1}^{n} \frac{vD^1_{y+\nu-1} q^1_{y+\nu-1}}{D^1_y} \cdot s^{(1)}_{y+\nu} + \sum_{\nu=1}^{n} \frac{vD^1_{y+\nu-1} h_{y+\nu-1}}{D^1_y} s^{(2)}_{y+\nu} + s \frac{D^1_{y+n}}{D^1_y}$$
$$= s \left[\frac{1}{D^1_y} \sum_{\nu=n_0}^{n-1} v D^1_{y+\nu} h_{y+\nu} + \frac{D^1_{y+n}}{D^1_y} \right].$$

3.4 Zusammenhang zwischen den Barwerten für Verbleibs- und Ausscheideleistungen

Bei der soeben durchgeführten Anwendung des allgemeinen Barwertes von Ausscheideleistungen auf die gemischte Versicherung haben wir gesehen, daß zwischen dem Anwartschaftsbarwert der gemischten Versicherung $A_{x:\overline{n}|}$ und dem Leibrentenbarwert $\ddot{a}_{x:\overline{n}|}$ der Zusammenhang

$$A_{x:\overline{n}|} = 1 - d\,\ddot{a}_{x:\overline{n}|}$$

besteht. Diese Beziehung ist ein Spezialfall einer sehr viel weiterreichenden Gleichung, die wir in der hier benutzten diskontinuierlichen Methode wie folgt formulieren:

Mit den benutzten allgemeinen Bezeichnungen der beiden vorangegangenen Abschnitte gilt zunächst für den Kommutationswert

$$D_x = v^x l_x = v^x \left(l_0 - \sum_{\mu=0}^{x-1} l_\mu q_\mu \right)$$

$(x = 1, 2, \ldots)$. Es liegt nun nahe, partielle Kommutationswerte der Gestalt

$$D_x^{(i)} = v^x l_x^{(i)} = v^x \left(l_0 - \sum_{\mu=0}^{x-1} l_\mu q_\mu^{(i)} \right)$$

einzuführen. Mit ihnen lautet die zu beweisende allgemeine Beziehung, wenn wir noch

$$a^{(i)}(x, x+n; r_{x+\nu}/\nu = 0, 1, \ldots, n) = \sum_{\nu=0}^{n} r_{x+\nu} \frac{D_{x+\nu}^{(i)}}{D_x^{(i)}}$$

schreiben,

$$A(x, x+n; s_{x+\nu}^{(i)}/i = 1, \ldots, m; \nu = 1, \ldots, n) + \sum_{i=1}^{m} \frac{D_{x+n}^{(i)}}{D_x} s_{x+n}^{(i)}$$

$$= \sum_{i=1}^{m} \frac{D_x^{(i)}}{D_x} s_x^{(i)} - \sum_{i=1}^{m} \frac{D_x^{(i)}}{D_x} \ddot{a}_{x:\overline{n|}}^{(i)} (r_{x+\nu} = s_{x+\nu}^{(i)} - v s_{x+\nu-1}^{(i)}/\nu = 0, \ldots, n-1).$$

Zum Beweis ziehen wir beide Seiten voneinander ab. Für ihre Differenz Δ gilt

$$\Delta = \sum_{\nu=1}^{n} \sum_{i=1}^{m} \frac{v D_{x+\nu-1} q_{x+\nu-1}^{(i)}}{D_x} s_{x+\nu}^{(i)} + \sum_{i=1}^{m} \frac{D_{x+n}^{(i)}}{D_x} s_{x+n}^{(i)} - \sum_{i=1}^{m} \frac{D_x^{(i)}}{D_x} s_x^{(i)}$$

$$+ \sum_{i=1}^{m} \frac{D_x^{(i)}}{D_x} \cdot \sum_{\nu=0}^{n-1} \frac{D_{x+\nu}^{(i)}}{D_x^{(i)}} (s_{x+\nu}^{(i)} - v s_{x+\nu+1}^{(i)}) = \frac{1}{D_x} \sum_{i=1}^{m} \Delta_i$$

und weiter

$$\Delta_i = \sum_{\nu=1}^{n} v D_{x+\nu-1} q_{x+\nu-1}^{(i)} s_{x+\nu}^{(i)} + D_{x+n}^{(i)} s_{x+n}^{(i)} - D_x^{(i)} s_x^{(i)}$$

$$+ \sum_{\nu=0}^{n-1} D_{x+\nu}^{(i)} (s_{x+\nu}^{(i)} - v s_{x+\nu+1}^{(i)}).$$

Offenbar ist

$$\Delta_i = \sum_{\nu=1}^{n} v D_{x+\nu-1} q_{x+\nu-1}^{(i)} s_{x+\nu}^{(i)} + D_{x+n}^{(i)} s_{x+n}^{(i)} - D_x^{(i)} s_x^{(i)} + \sum_{\nu=0}^{n-1} D_{x+\nu}^{(i)} s_{x+\nu}^{(i)}$$

$$- \sum_{\nu=1}^{n} v D_{x+\nu-1}^{(i)} s_{x+\nu}^{(i)} = (- D_x^{(i)} + D_x^{(i)}) s_x^{(i)}$$

$$+ \sum_{\nu=1}^{n-1} (v D_{x+\nu-1} q_{x+\nu-1}^{(i)} + D_{x+\nu}^{(i)} - v D_{x+\nu-1}^{(i)}) s_{x+\nu}^{(i)}$$

$$+ (v D_{x+n-1} q_{x+n-1}^{(i)} + D_{x+n}^{(i)} - v D_{x+n-1}^{(i)}) s_{x+n}^{(i)}.$$

Nun ist

$$v D_{x+\nu-1} q_{x+\nu-1}^{(i)} + D_{x+\nu}^{(i)} - v D_{x+\nu-1}^{(i)} = v^{x+\nu} [l_{x+\nu-1} q_{x+\nu-1}^{(i)} + l_{x+\nu}^{(i)} - l_{x+\nu-1}^{(i)}]$$

$$= v^{x+\nu} \left[l_{x+\nu-1} q_{x+\nu-1}^{(i)} + l_0 - \sum_{\mu=0}^{x+\nu-1} l_\mu q_\mu^{(i)} - l_0 + \sum_{\mu=0}^{x+\nu-2} l_\mu q_\mu^{(i)} \right] = 0,$$

also auch

$$\Delta_i = 0$$

und somit

$$\Delta = 0,$$

womit wir die allgemeine Beziehung bestätigt haben.

Setzen wir

$$m = 1,$$
$$s_{x+\nu} = s \ (\nu = 1, \ldots, n),$$

so erhalten wir wegen

$$s_{x+\nu}^{(i)} - v s_{x+\nu+1}^{(i)} = s - v s = s(1 - v) = d s$$

unmittelbar den uns schon bekannten Zusammenhang

$$s \cdot A_{x:\overline{n}|} = s (1 - d \ddot{a}_{x:\overline{n}|}).$$

3.5 Numerische Beispiele

Für spätere Anwendungen wollen wir einige versicherungsmathematische Barwerte zusammenstellen. Dabei wollen wir auf Rechnungsgrundlagen für Zins und Sterblichkeit zurückgreifen, wie sie zur Zeit bei den meisten deutschen Lebensversicherungsunternehmen für Versicherungen, deren Leistungen aus einer Kapitalzahlung (und nicht aus einer Rente) bestehen, im Gespräch und von einigen Unternehmen eingeführt sind. Für den rechnungsmäßigen Zins 1. Ordnung – so wollen wir den dem in Abschnitt 2.5 unter 1. formulierten Prinzip entsprechend vorsichtig festgelegten Zins nennen – setzen wir daher

$$i = 0{,}035 \; (= 3{,}5\,\% \text{ p.a.}).$$

Die rechnungsmäßige Sterblichkeit 1. Ordnung q_x für Männer und q_y für Frauen basiert auf den Sterbenswahrscheinlichkeiten der abgekürzten Sterbetafel 1981/83, deren ausgeglichene Werte im Anhang 1 als $\overline{q}_x$ und $\overline{q}_y$ enthalten sind.

Wir legen die rechnungsmäßige Sterblichkeit 1. Ordnung für männliche Versicherte durch

$$q_x = \begin{cases} \overline{q}_x + 0{,}0005 & \text{für} \quad 15 \leqslant x \leqslant 17 \\ (0{,}00168 + 0{,}00001\,x) & \text{für} \quad 18 \leqslant x \leqslant 33 \\ \operatorname{Max}(\overline{q}_{x+1}, \overline{q}_x + 0{,}0005) & \text{für} \quad 34 \leqslant x < 100 \\ 1 & \text{für} \quad x \geqslant 100 \end{cases}$$

und für weibliche Versicherte durch

$$q_y = \begin{cases} (0{,}0001 + (y-14) \cdot 0{,}00002) & \text{für} \quad 15 \leqslant y \leqslant 28 \\ 1{,}2\,\operatorname{Max}(\overline{q}_{y+1}, \overline{q}_y + 0{,}0005) & \text{für} \quad 29 \leqslant y \leqslant 70 \\ \overline{q}_{y+1} + \overline{q}_{y+1}\, 0{,}01\,(90-y) & \text{für} \quad 71 \leqslant y \leqslant 90 \\ \overline{q}_{y+1} & \text{für} \quad 91 \leqslant y < 100 \\ 1 & \text{für} \quad y \geqslant 100 \end{cases}$$

fest. Diese Rechnungsgrundlagen sind pragmatisch ausgewählt worden, d. h. die Lebensversicherer und das sie beaufsichtigende Bundesaufsichtsamt für das Versicherungswesen in Berlin halten diese Wahl für vorsichtig genug [2.8].

Der Anhang 1 enthält die folgenden Grundwerte dieser Sterbetafel:

1. Die Sterbenswahrscheinlichkeit q_x und q_y in Promille,
2. die Anzahl l_x bzw. l_y der Lebenden des Alters x bzw. y, ausgehend von $l_{15} =$ 100.000 rekursiv aus $l_{x+1} = l_x(1 - q_x)$ bzw. $l_{y+1} = l_y(1 - q_y)$ bestimmt,
3. die diskontierte Anzahl der Lebenden $D_x = v^x\, l_x$ und $D_y = v^y\, l_y$ mit $v = 1/1 + i$.
4. Die aufsummierte Anzahl der Lebenden für Männer

$$N_x = \sum_{\nu = x}^{100} D_\nu$$

und

$$N_y = \sum_{\nu = y}^{100} D_\nu$$

für Frauen.

Mit ihrer Hilfe lassen sich z. B. Leibrentenbarwerte $\ddot{a}_{x:\overline{n}|}$ und Anwartschaftsbarwerte $A_{x:\overline{n}|}$ einfach berechnen. So gilt für einen Mann vom Alter von 40 Jahren bei einer Dauer von 10 Jahren

$$\ddot{a}_{40:\overline{10}|} = \frac{N_{40} - N_{50}}{D_{40}} = \frac{460563 - 257087}{24038} = 8{,}4648.$$

Unter den gewählten Grundlagen für Zins und Sterblichkeit würde also eine an einen Mann auf zehn Jahre, längstens aber bis zum Tod befristete, jährlich vorschüssig zahlbare Rente in Höhe von 1 200 DM eine einmalige Einlage von

$$1200 \cdot 8{,}4648 = 10.157{,}76 \text{ DM}$$

erfordern.

Für eine Frau gilt dagegen

$$\ddot{a}_{40:\overline{10}|} = \frac{N_{40} - N_{50}}{D_{40}} = \frac{501890 - 294232}{24403} = 8{,}5095.$$

Ferner erhalten wir für eine männliche Person für den Anwartschaftsbarwert $A_{40:\overline{10}|}$ d. h. für die Anwartschaft auf eine Leistung 1, die beim Ableben zwischen den Alter 40 und 50 nachschüssig, spätestens aber beim Erleben des Alters 50 gezahlt werden soll,

$$A_{40:\overline{10}|} = 1 - d\,\ddot{a}_{40:\overline{10}|} = 1 - 0{,}033816 \cdot 8{,}4648 = 0{,}71375$$

mit

$$d = 1 - v = 1 - \frac{1}{1 + i} = \frac{i}{1 + i} = \frac{0{,}035}{1{,}035} = 0{,}033816.$$

Beträgt die Leistung im Todes-, bzw. Erlebensfall 10.000 DM, so beträgt demnach der Barwert dieser Anwartschaft

$$10.000 \cdot 0{,}71375 = 7.137{,}50 \text{ DM}.$$

Im Anhang 2 haben wir für männliche Versicherte zum festgehaltenen Endalter

$$x + n = 60$$

die Werte

$a_{x:\overline{60-x}\rceil}$	für Leibrentenbarwerte,
$_{\mid 60-x}A_x$	für die Anwartschaft auf Todesfalleistung,
$A_{x:\overline{60-x}\rceil}$	für die Anwartschaft auf Todes- bzw. Erlebensfalleistung,
$A^{\mathrm{Termfix}}_{x:\overline{60-x}\rceil}$	für die Anwartschaft für eine nach $60-x$ Jahren zahlbaren Leistung,

für die Alter

$$x = 20, 21, \ldots, 60$$

aufgeführt.

3.6 Aufgaben

Aufgabe 3.1

Gilt für alle $x \geqslant x_0$ $q'_x > q_x$, so gilt

$$\ddot{a}'_{x:\overline{n}\rceil} < \ddot{a}_{x:\overline{n}\rceil}, \quad A'_{x:\overline{n}\rceil} > A_{x:\overline{n}\rceil} \quad \text{und} \quad \frac{A'_{x:\overline{n}\rceil}}{\ddot{a}'_{x:\overline{n}\rceil}} > \frac{A_{x:\overline{n}\rceil}}{\ddot{a}_{x:\overline{n}\rceil}} \quad \text{für} \quad x \geqslant x_0.$$

Aufgabe 3.2

Gilt $i' > i$ bei ungeänderter Sterblichkeit, dann ist $\ddot{a}'_{x:\overline{n}\rceil} < \ddot{a}_{x:\overline{n}\rceil}$.

Aufgabe 3.3

Gilt $i' > i$ bei ungeänderter Sterblichkeit, für die für jedes $x' < x''$ von einem x_0 an $q_{x'} < q_{x''}$ gilt, so ist

$$\ddot{a}'_{x:\overline{n}\rceil} < \ddot{a}_{x:\overline{n}\rceil} \quad \text{und} \quad \frac{A'_{x:\overline{n}\rceil}}{\ddot{a}'_{x:\overline{n}\rceil}} < \frac{A_{x:\overline{n}\rceil}}{\ddot{a}_{x:\overline{n}\rceil}}$$

Aufgabe 3.4

Man stelle die dem Leibrentenbarwert $\ddot{a}_{x:\overline{n}\rceil}$ entsprechende Formel auf, wenn bei $x < x_1 < x_2 < \ldots < x+n$ und $i_1 > i_2 > i_3$ im Altersbereich $[x, x_1]$ der Zins i_1, in $[x_1, x_2]$ der Zins i_2 und in $[x_2, x+n]$ der Zins i_3 vorgegeben wird.

Stochasius' Randbemerkung 3

Sehr geehrter Herr Kollege!

Mit einer gesteigerten Aufmerksamkeit las ich Ihr drittes Kapitel. Meinen Sie nicht auch, daß in ihm die Grundlagen enthalten sein müßten, die ein Fortschreiten von einem zum anderen Kapitel ermöglichen sollte – nicht nur zu den Kapiteln Ihres Buches sondern auch zu den Kapiteln der Versicherungsmathematik überhaupt. So sah ich es an.

Nun wundert es mich kaum, daß Sie für die Kapitelverzinsung eine zeitliche Konstanz voraussetzen. Die Zeichen der Zeit sind aber ein wenig anders; wenigstens mit einer Aufgabe sind Sie einen Schritt auf ein anderes Ufer gegangen. Allerdings verhehle ich nicht, daß Sie in guter Gesellschaft sind. Nirgendwo – auch bei Ihnen nicht – habe ich eine praktische Handhabung eines nicht konstanten Zinses gesehen.

Aber es ist ein anderes Thema, das ich in diesem Kapitel zu finden hoffte: nämlich die Theorie der „abhängigen" und „unabhängigen" Wahrscheinlichkeiten der Versicherungsmathematik. Sie wissen so gut wie ich – und Sie haben mir erst das Thema nahegebracht –, wie erbittert schon vor mehr als hundert Jahren um diese Theorie gerungen wurde. So stritten u. a. Johannes Karup (1854–1927; seit 1871 (!) Mathematiker der Gothaer Lebensversicherung; Dr. h. c., Professor) und Josef Dienger (1818–1894; Mathematiker der Karlsruher Lebensversicherung und Professor an der TH Karlsruhe) in Masius' „Rundschau der Versicherungen" um die Begründung des versicherungsmathematischen Begriffs der unabhängigen Ausscheidewahrscheinlichkeiten (der nicht mit dem wahrscheinlichkeitstheoretischen Begriff verwechselt werden darf). Damals schlug man einen rauhen (man ist versucht hinzuzufügen: nicht aber herzlichen) Ton an. Ich belege dies mit einigen Zitaten aus der Rundschau des Jahres 1875, dabei wurden die Namen der Verfasser unterdrückt, um eine möglicherweise irrtümliche Bewertung zu vermeiden:

> *„Die vorstehenden zwei Sätze, deren Veröffentlichung ... leicht den Vorwurf der Pedanterie eintragen könnte, wenn Herr ... nicht gezeigt hätte, daß es selbst bei Mathematikern seiner Beschaffenheit zuweilen notwendig wird, auf die Elemente des Infinitesimalcalcüls zurückzugehen, werden den letzteren Herrn ... von der Grundlosigkeit seiner Bemängelungen überzeugen."* *(Seite 82)*

> *„Nun man muß mit jungen Leuten Geduld haben, denn „schnell ist die Jugend mit dem Wort", und so will ich ihm also auch nicht böse sein, ja sogar einmal in meine frühere Gewohnheit zurückfallen als ich noch allerlei jugendliche Übereilungen zu verbessern hatte."* *(Seite 109)*

> *„Und daß alle die Einwendungen ... entweder auf falschen Schlüssen beruhen müssen oder auf Prämissen, die hier gar nicht hergehören, die von diesen ... erst in die Aufgabe hineinpraktiziert worden sind."* *(Seite 451)*

Aus der Rundschau des Jahres 1878 teilt Stochasius nur das Zitat

> *„... denn was er bis jetzt in dieser Zeitschrift geleistet hat, macht ihn allerdings noch lange nicht zu einem „Gelehrten". Außer der berühmten Entdeckung, die er nun bereits zwei Jahre lang Parade reitet, hat er zwei größere Abhandlungen geschrie-*

ben: ... Beide sind unvollendet und die eine ist falsch, die andere dagegen nicht richtig ..."
(Seite 298)

mit. Wie friedlich sind doch unsere Zeitschriftenbeiträge geworden.

Was fand Stochasius von diesen Theorien nun bei Ihnen? Ihre Werte $q_x^{(i)}$ *sind offenbar die abhängigen Wahrscheinlichkeiten, weil sie sich naturgemäß gegenseitig beeinflussen. Auf die Einführung der unabhängigen Größen verzichten Sie allerdings. So wählen Sie einen der Empirie nahestehenden Aufbau und lassen dafür den Leser mit mancher Frage allein, vermeiden dafür aber den einen oder anderen üblichen Fehler. Eigentlich schade! Gern hätte dazu einiges gesagt*

Ihr *P. S.*

4 Beiträge und Deckungsrückstellungen

> Gemeinnützliche Kenntniſſe, ſagt man, ſollten auch gemeinfaſslich gemacht werden. Viele Perſonen, die mit Zahlen gut rechnen, ſind nicht geübt im Gebrauch der Buchſtaben. Ihnen kann alles begreiflich gemacht werden, und ſie können ſichs ſelbſt begreiflich machen durch eigenes Nachdenken und Rechnen: aber wenn Buchſtaben gebraucht werden, ſo iſt der Anſchein von Algebra da, womit ſie ſich nicht abgeben, wenns auch am Ende leichtfaſslich genug ſeyn möchte.
>
> *Joh. Nicol. Tetens, S. XIII*

Mit diesem Kapitel wollen wir den Algorithmus der Lebensversicherungsmathematik fortsetzen. Dabei werden wir für Lebensversicherungen, die möglichst allgemein gehaltene Versicherungsleistungen vorsehen, mit Hilfe des Äquivalenzprinzips die erforderlichen Versicherungsbeiträge ermitteln. Nach der Definition der Prämienreserve (bzw. der Deckungsrückstellung, wie die Prämienreserve in der Praxis zumeist genannt wird) untersuchen wir ihre Eigenschaften. Diese führen zu einer Aufspaltung des Versicherungsbeitrags in seine Anteile für das zu tragende Versicherungsrisiko, für das zu bildende Sparkapital, d.h. für die Deckungsrückstellung, sowie für den mit der Verwaltung einer Versicherung verbundenen Kostenaufwand. Mit dem Nachweis, daß die Deckungsrückstellung die Thiele'sche Gleichung erfüllt, kann dann auf den Transformationssatz von Cantelli eingegangen werden. In der Literatur wird dieser Satz immer als Theorie von Cantelli bezeichnet, was unserer Meinung nach ein wenig zu vielversprechend ist.

Wir beschränken uns bei dieser Darstellung auf die für einen männlichen Versicherten geltenden Formeln, was sich durch die Bezeichnung des Alters durch den Buchstaben x ausdrückt. Für weibliche Versicherte ist lediglich der Buchstabe x durch den Buchstaben y auszutauschen.

4.1 Bestimmung allgemeiner Versicherungsbeiträge

Unserem Versicherungsvertrag liege eine Personengesamtheit zugrunde, deren Entwicklung durch die Ausscheideordnung (= Anzahl der Lebenden) l_{x+t} charakterisiert wird. Für diese Ordnung gilt rekursiv

$$l_{x+t+1} = l_{x+t} \left(1 - \sum_{i=1}^{m} q_{x+t}^{(i)}\right),$$

wie wir im Abschnitt 3.1 festgestellt haben.

Über den zeitlichen Ablauf unseres Versicherungsvertrags treffen wir die folgende Verabredung:

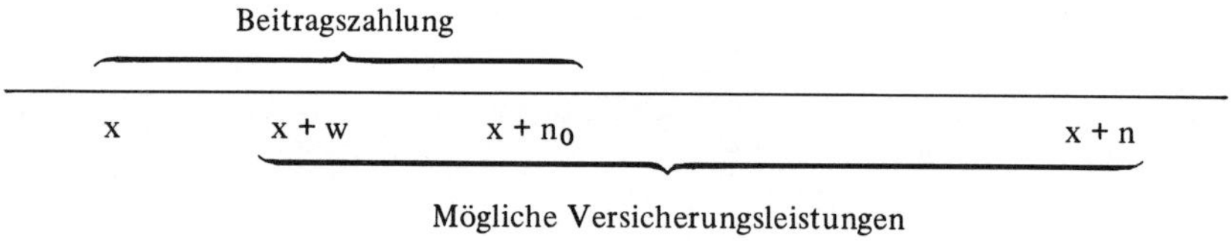

Im einzelnen bedeuten demnach

- x das Alter, an dem der Versicherungsvertrag und auch die Beitragszahlung beginnt (= Beginnalter)
- $x + n_0$ das Alter, mit dem die Beitragszahlung aufhört, sofern sie nicht vorzeitig durch Tod endete (n_0: Beitragszahlungsdauer)
- $x + w$ das Alter, von dem ab vertraglich vereinbarte Versicherungsleistungen fällig werden können (w: Aufschubzeit)
- $x + n$ das Alter, an dem der Versicherungsvertrag endet (n: Vertragsdauer).

Die ganzzahligen Dauern n_0, w, n unterliegen plausibel den folgenden Beschränkungen:

$w \geqslant 0$ (die Aufschubzeit kann nicht negativ sein, da Leistungen vor Vertragsbeginn nicht erfolgen können),

$0 \leqslant n_0 \leqslant n$ (Beitragszahlungs- und Vertragsdauer können aus dem gleichen Grund ebenfalls nicht negativ sein; die Beitragszahlungsdauer kann auch nicht über die Vertragsdauer hinausreichen).

Die in der Praxis anzutreffende Einschränkung

$$0 \leqslant w \leqslant n_0$$

wollen wir jedoch im Augenblick nicht voraussetzen.

Wir beschreiben zunächst die Barwerte der **Versicherungs- und Kostenleistungen des Versicherungsunternehmens.**

Die im Versicherungsvertrag vorgesehene Anwartschaft auf Versicherungsleistungen soll also beim Alter $x + w$ einsetzen und mit Erreichen des Endalters $x + n$ enden, wobei w eine nicht negative und n eine positive ganze Zahl ist. Sind m Ausscheidegründe vorhanden, die jeweils mit einer Ausscheideleistung verknüpft sind, so betrage die am Ende des Zeitintervalls $[x + t - 1, x + t]$ $(t = w + 1, \ldots, n)$ fällig werdende Ausscheideleistung $s^{(i)}_{x+t}$, sofern das Ausscheiden in diesem Versicherungsjahr durch den Grund i verursacht worden ist. Mit den in Abschnitt 3.3 erhaltenen Ergebnissen gilt dann für den auf das Beginnalter x bezogenen Barwert dieser allgemeinen Leistungsanwartschaft

$$A(x, x+n; s^{(i)}_{x+t}/i = 1, \ldots, m; t = w + 1, \ldots, n) = \frac{1}{D_x} \sum_{t=w+1}^{n} \sum_{i=1}^{m} C^{(i)}_{x+t-1}\, s^{(i)}_{x+t}.$$

Dabei haben wir $s^{(i)}_{x+t} = 0$ für $t = 1, \ldots, w$ vorausgesetzt. Nun kann es sein, daß als Versicherungsleistungen nicht nur Leistungen wegen eines Ausscheidens aus dem Versichertenkollektiv vorgesehen sind, sondern daß auch zu bestimmten Zeitpunkten fällig werdende Verbleibsleistungen, die wir dann Rentenleistungen nennen, zugesagt sind. Beträgt die auf das Versicherungsjahr $[x + t - 1, x + t]$ entfallende, nachschüssig zahlbare Rente r_{x+t}, so hatten wir in Abschnitt 3.2 als ihren Barwert zum Alter x

$$a_{x:\overline{n|}}(r_{x+t}/t = w + 1, \ldots, n) = \frac{1}{D_x} \sum_{t=w+1}^{n} r_{x+t} D_{x+t}$$

erhalten.

Oftmals enthält der Versicherungsvertrag noch eine Leistung in Höhe von s^E_{x+n} für den Fall, daß der Versicherte die ursprünglich im Alter $x + n$ vorgesehene Beendigung des Vertrags erlebt. Der Barwert dieser Erlebensfalleistung beträgt dann zum Alter x

$$E_{x:\overline{n|}}(s^E_{x+n}) = \frac{D_{x+n}}{D_x} \cdot s^E_{x+n}.$$

Theoretisch kann diese Zahlung also durchaus mit der letzten Rentenzahlung zusammenfallen.

Nun wird selbstverständlich ein Versicherungsvertrag von seiner Anwerbung, seiner Eingliederung in den Versicherungsbestand an über seine laufende Verwaltung bis hin zur Abwicklung der Versicherungsleistungen von einem Aufwand an Kosten begleitet. Es wäre denkbar, diese Kosten – wie es z.B. im Bankwesen üblich ist – aus Zinsmargen, d.h. aus den Differenzen zwischen den Soll- und den Istzinsen (wenn man diese vom Kunden aus betrachtet), sowie aus Gebühren, die zum Beitrag zusätzlich erhoben werden, zu bestreiten.

Die Versicherungswirtschaft ist seit jeher einen anderen Weg gegangen: Der künftig während der Versicherungsdauer zu erwartende Aufwand für Abschluß- und Verwaltungskosten wird seiner Höhe nach geschätzt und in die zu entrichtenden Beiträge mit eingerechnet. Den während der Versicherungsdauer eingehenden Beiträgen werden also jeweils von vornherein festgelegte Anteile entnommen, mit denen die entstehenden Kosten abgedeckt werden sollen. Wir können auch sagen, daß die Verwaltungsarbeiten der Versicherungsunternehmen als eine besondere Art von Versicherungsleistungen anzusehen sind, so daß wir diese Kosten an dieser Stelle berücksichtigen können. Nach ihrer Verursachung gliedern wir diese Kosten in drei Arten, nämlich in

- **Abschlußkosten**, die mit dem Erwerb einer Versicherung und ihrer Eingliederung in den Versicherungsbestand zusammenhängen (z.B. Herstellung von Werbedruckstücken, Provisionen an den Außendienst, Kosten einer Prüfung der Gesundheit des Antragstellers, Ausfertigung des Versicherungsscheins). Sie werden einmalig zu Beginn der Versicherung in Höhe von A fällig;
- **Inkassokosten**, die mit dem Einzug des Beitrags und mit der Betreuung der Versicherung, soweit es sich um ihre Zugehörigkeit zum Versicherungsbestand handelt, zusammenhängen. Sie werden jährlich in Höhe von B_t dem Beitrag entnommen und zwar so lange, wie auch Beiträge gezahlt werden;
- **Verwaltungskosten**, die sich aus der Verwaltung der Versicherungen ergeben (z.B. Ermittlung der Deckungsrückstellung, Arbeiten im Zusammenhang mit dem Geschäftsabschluß des Unternehmens, Serviceleistungen an die Versicherungsnehmer). Sie werden jährlich vorschüssig in Höhe von Γ_t der Versicherung entnommen, solange eine Anwartschaft auf eine Versicherungsleistung besteht.

Diese, man könnte sagen, klassische Dreiteilung ist in der jüngsten Vergangenheit intensiv diskutiert worden. Zum Beispiel werden mitunter die Inkasso- und die Verwaltungskosten gemeinsam betrachtet und ein Teil des Gesamtaufwandes durch Stückkosten abgedeckt. Da diese Version bei den folgenden Betrachtungen in einfacher Weise berücksichtigt werden kann, überlassen wir die Durchführung dieses Ansatzes dem Leser.

Für die zum Alter x geltenden Barwerte der einzurechnenden Kosten erhalten wir dann:

Barwert der Abschlußkosten im Alter x: A

Barwert der Inkassokosten im Alter x:

$$\frac{1}{D_x} \sum_{t=0}^{n_0-1} B_t D_{x+t}$$

Barwert der Verwaltungskosten im Alter x:

$$\frac{1}{D_x} \sum_{t=w}^{n-1} \Gamma_t D_{x+t}.$$

Fassen wir alle Barwertteile zusammen, so erhalten wir insgesamt für die Anwartschaft auf Leistungen des Versicherungsunternehmens den Barwert

$$A(x, 0, n; VU \rightarrow VN) + \mathcal{A} = A(x, x+n; s^{(i)}_{x+t}/i = 1, \ldots, m; t = w+1, \ldots, n)$$

$$+ a_{x:\overline{n}|}(r_{x+t}/t = w+1, \ldots, n) + E_{x:\overline{n}|}(s^E_{x+n})$$

$$+ \mathcal{A} + \frac{1}{D_x} \sum_{t=0}^{n_0-1} \mathcal{B}_t D_{x+t} + \frac{1}{D_x} \sum_{t=w}^{n-1} \Gamma_t D_{x+t}.$$

Mit der symbolischen Darstellung „$VU \rightarrow VN$" kennzeichnen wir die Richtung des Zahlungsstroms: Vom Versicherungsunternehmen (VU) zum Versicherungsnehmer (VN). Die beiden Angaben x und 0 (für $t = 0$) besagen, daß der Barwert für das Alter x und zum Alter $x + 0 = x$ bestimmt wird.

Außerdem halten wir aus später ersichtlichen Gründen den Ansatz für Abschlußkosten von den restlichen Barwerten getrennt.

Wir betrachten nun den Barwert der **Beitragsleistungen des Versicherungsnehmers.**

Die Beiträge sollen jeweils jährlich vorschüssig vom Versicherungsnehmer vom Alter x bis zum Alter $x + n_0$ an das Versicherungsunternehmen gezahlt werden. Wir streben weiter nach bestimmten Regeln eingehende Zahlungen an, indem wir etwa einen charakteristischen Zahlungsverlauf für einen anfänglichen Beitrag der Höhe 1 vorgeben. Dieser Verlauf sei durch die Zahlenfolge

$$b_t \quad (t = 0, \ldots, n_0 - 1)$$

mit

$$b_0 = 1, \; b_{n_0-1} \neq 0$$

beschrieben. Der für das Versicherungsjahr $[t, t+1]$ geltende und an seinem Anfang fällig werdende Beitrag betrage dann

$$b_t \cdot B.$$

Beispiele: Ein jährlich gleichbleibender Beitrag wird durch $b_t = 1$ beschrieben. Ein jährlich um 100r % steigender Beitrag wird durch $b_t = (1 + r)^t$ erzeugt.

Mit diesen Erläuterungen erhalten wir für den Barwert der Beitragszahlung

$$a(x, 0, n_0; VN \rightarrow VU) = \ddot{a}_{x:\overline{n_0}|}(b_t B/t = 0, \ldots, n_0 - 1)$$

$$= \frac{1}{D_x} \sum_{t=0}^{n_0-1} b_t BD_{x+t} = B \cdot \frac{1}{D_x} \sum_{t=0}^{n_0-1} b_t D_{x+t}$$

$$= B\, \ddot{a}_{x:\overline{n_0}|}(b_t/t = 0, \ldots, n_0 - 1).$$

Nachdem wir so die Barwerte der Leistungen beider Partner des Versicherungsvertrags bestimmt haben, können wir nun an die **Bestimmung des Beitrags** gehen. Dabei gehen wir von dem unter Ziffer 4 in Abschnitt 2.5 formulierten Äquivalenzprinzip aus. Danach haben wir die Barwerte der Leistungen von Versicherungsnehmer und Versicherungsunternehmen einander gleich zu setzen. Das Äquivalenzprinzip findet daher seinen Ausdruck in der Gleichung

$$a(x, 0, n_0; VN \rightarrow VU) = A(x, 0, n; VU \rightarrow VN) + \mathcal{A}.$$

Setzen wir für die Inkassokosten B_t, speziell

$$\mathcal{B}_t = \beta\, b_t B$$

an, so läßt sich der Beitrag B leicht aus der Äquivalenzgleichung bestimmen. Zwar hängen die unmittelbaren Kosten des Beitragseinzugs kaum von der Höhe des Beitrags ab, aber wir können uns vorstellen, daß Mahnverfahren – also Bemühungen, vom Versicherungsnehmer nicht gezahlte Beiträge noch zu erhalten – ihrem Umfang nach an der Höhe dieser Beiträge orientiert werden. Entsprechendes gilt für die mit dem Mahnverfahren verbundenen Kosten. Wir erhalten auf diese Weise die Beziehung

$$B\, \ddot{a}_{x:\overline{n_0}|}(b_t/t = 0, \ldots, n_0 - 1) - B\, \ddot{a}_{x:\overline{n_0}|}(\beta b_t/t = 0, \ldots, n_0 - 1)$$

$$= A(x, x + n; s^{(i)}_{x+t}/i = 1, \ldots, m; t = w + 1, \ldots, n) + a_{x:\overline{n}|}(r_{x+t}/t = w + 1, \ldots, n)$$

$$+ E_{x:\overline{n}|}(s^E_{x+n}) + \mathcal{A} + \ddot{a}_{x:\overline{n}|}(\Gamma_t/t = w, \ldots, n - 1)$$

aus der sich unmittelbar für den Beitrag

$$\text{(B1)} \quad B = \frac{1}{(1-\beta)\, \ddot{a}_{x:\overline{n_0}|}(b_t/t = 0, \ldots, n_0 - 1)} \Big\{ A(x, x + n; s^{(i)}_{x+t}/i = 1, \ldots, m, t = w + 1, \ldots, n)$$

$$+ a_{x:\overline{n}|}(r_{x+t}/t = w + 1, \ldots, n) + E_{x:\overline{n}|}(s^E_{x+n}) + \mathcal{A} + \ddot{a}_{x:\overline{n}|}(\Gamma_t/t = w, \ldots, n-1\Big\}$$

ergibt. Wir betrachten einen Spezialfall. Wir sprechen von einem **Einmalbeitrag**, wenn der Versicherungsnehmer zu Beginn der Versicherung einmalig einen Beitrag leistet, der seine gesamten Verpflichtungen gegenüber dem Versicherungsunternehmen erfüllt. In diesem Fall ist $n_0 = 1$ zu setzen. Dann ist

$$\ddot{a}_{x:\overline{n_0}|}(b_t/t = 0, \ldots, n_0 - 1) = \ddot{a}_{x:\overline{1}|}(b_0/t = 0) = b_0 \frac{D_x}{D_x} = 1.$$

Also beträgt der Einmalbeitrag für unseren allgemeinen Versicherungsvertrag

$$(B2) \quad B^E = \frac{1}{1-\beta} \Big\{ A(x, x+n; s_{x+t}^{(i)}/i = 1, \ldots, m; t = w+1, \ldots, n) + $$
$$+ a_{x:\overline{n}|}(r_{x+t}/t = w+1, \ldots, n) + E_{x:\overline{n}|}(s_{x+n}^E) + A + \ddot{a}_{x:\overline{n}|}(\Gamma_t/t = w, \ldots, n-1) \Big\}$$

Der guten Ordnung halber erwähnen wir, daß sich die Kostenansätze *A*, *B*, Γ bei Versicherungen gegen Zahlung eines Einmalbeitrags im Allgemeinen von den entsprechenden Ansätzen bei Versicherungen gegen Jahresbeiträge unterscheiden. Außerdem haben wir in der Beitragsformel B2 unterstellt, daß Verwaltungskosten erst vom Alter $x + w$ an anfallen. Hier wäre auch ein anderer Ansatz möglich.

Auf die Beschreibung der hauptsächlichsten Versicherungsformen der Praxis sowie auf ihre Beitragsermittlung aus unseren Formeln B1 oder B2 werden wir im Kapitel 5 eingehen. Hier begnügen wir uns mit einem einfachen **Beispiel einer lebenslänglichen Todesfallversicherung mit vorgezogener Beitragszahlung**:

Für eine männliche Person betrachten wir eine Versicherung, die nur im Todesfall, sofern dieser nach dem Alter 40 eintritt, eine Leistung von 50.000 DM vorsieht. Die Beitragszahlung soll in gleichbleibender Höhe vom Alter 30 bis zum Alter 35 erfolgen.

Diese Abmachung, die man übrigens in der Praxis so nicht vorfinden wird, bedeutet natürlich auch, daß z. B. beim Ableben im Alter 38, wenn und obwohl schon alle Beiträge gezahlt worden sind, **keine** Leistung fällig wird. Aus diesem Grund wird diese Versicherung von der Versicherungswirtschaft nicht angeboten. Selbstverständlich hätten wir für den Fall eines Ablebens im Altersintervall [35, 40] eine Todesfalleistung, z. B. in Höhe der gezahlten Beiträge, vorsehen und kalkulieren können. Dies würde natürlich zu einem höheren Beitrag als dem ursprünglich gedachten führen. Der Einfachheit halber wollen wir jedoch an unserem Beispiel festhalten.

Wir haben also von folgenden Daten auszugehen:

$$m = 1;\ x = 30,\ x + n_0 = 35;\ b_t = 1\ (t = 0, \ldots, 4);\ x + w = 40,\ x + n = \omega + 1;$$

$$s_{x+t}^{(1)} = 50.000 \text{ DM } (x + t = 41, \ldots, \omega + 1);\ s_{x+n}^E = 0,\ r_{x+t} = 0.$$

Die Kostenannahmen legen wir wie folgt fest, ohne hieraus Schlüsse auf entsprechende Festlegungen bei vernünftigeren Versicherungsformen ziehen zu wollen:

$$A = \alpha \cdot s_{x+t}^{(1)} = 0.035 \cdot 50.000 = 1.750 \text{ DM}$$

$$\beta = 0{,}03$$

$$\Gamma_t = \gamma\, s_{x+t}^{(1)} = 0{,}00225 \cdot 50.000 = 112{,}50 \text{ DM} \quad (t = 40, \ldots, \omega).$$

Diese Festlegung bedeutet, daß uns während der Beitragszahlung 3 % des Beitrags als Kostenanteil zur Verfügung stehen, wenn wir von den Abschlußkosten absehen. Für die Zwischenzeit vom Alter 35 bis zum Alter 40 haben wir offenbar nichts für die dennoch vorhandenen, wenn auch geringeren Aufwendungen vorgesehen. Vom Alter 40 an stehen uns für Verwaltungskosten jährlich 112,50 DM zur Verfügung.

Als Rechnungsgrundlagen wählen wir die in Anlage 1 angegebenen Grundlagen

1. Ordnung, insbesondere also einen Zins in Höhe von 3,5 %. Im einzelnen gilt dann (unter Rundung auf volle DM) für den Nenner der Beitragsformel B1

$$(1-\beta)\,\ddot{a}_{x:\overline{n_0}|}(b_t/t=0,\ldots,n_0-1) = 0{,}97\,\ddot{a}_{30:\overline{5}|} = 0{,}97\,\frac{N_{30}-N_{35}}{D_{30}}$$

$$= 0{,}97\,\frac{756517-595066}{34682} = 4{,}5155.$$

Ferner erhalten wir für die einzelnen Bestandteile des Zählers

$$A(x, x+n; s^{(i)}_{x+t}/i=1,\ldots,m; t=w+1,\ldots,n) = s^{(1)}_{x+t}\,\frac{1}{D_x}\sum_{t=w+1}^{\omega-x+1} C_{x+t-1}$$

$$= s^{(1)}_{x+t}\,\frac{M_{x+w}-M_{\omega+1}}{D_x}$$

$$= s^{(1)}_{x+t}\,\frac{M_{x+w}}{D_x}\ (\text{wegen } M_{\omega+1}=0)$$

$$= s^{(1)}_{x+t}\,\frac{vN_{x+w}-N_{x+w+1}}{D_x}$$

$$= 50.000\,\frac{\frac{1}{1{,}03}N_{40}-N_{41}}{D_{30}}$$

$$= 50.000\,\frac{0{,}966184\cdot 460563-436525}{34682}$$

$$= 12.202\ \text{DM},$$

$$a_{x:\overline{n}|}(r_{x+t}/t=w+1,\ldots,n) = E_{x:\overline{n}|}(s^E_{x+n}) = 0\ \text{DM},\quad A = 1.750\ \text{DM},$$

$$\ddot{a}_{x:\overline{n}|}(\Gamma_t/t=0,\ldots,n-1) = \gamma\, s^{(1)}_{x+t}\cdot\frac{1}{D_x}\sum_{t=w}^{\omega-x} D_{x+t} = \gamma\, s^{(1)}_{x+t}\cdot\frac{N_{x+w}-N_{\omega+1}}{D_x}$$

$$= \gamma\, s^{(1)}_{x+t}\,\frac{N_{40}}{D_{30}}\quad (\text{wegen } N_{\omega+1}=0)$$

$$= 112{,}50\,\frac{460563}{34682} = 1.494\ \text{DM}.$$

Wir erhalten daher als jährlich vorschüssig zahlbaren Beitrag für diese Versicherungsform

$$B = \frac{1}{4{,}5155}\,\{12.202 + 1.750 + 1.494\} = \frac{15.446}{4{,}5155} = 3.421\ \text{DM}.$$

Dieser Beitrag ist also wie vereinbart vom Alter 30 an fünf Jahre lang zu zahlen, damit der Versicherte vom Alter 40 an für den Todesfall mit 50.000 DM versichert ist.

4.2 Definition und Eigenschaften der Deckungsrückstellung

Wir bleiben noch etwas bei dem im vorangegangenen Abschnitt geschilderten Beispiel einer aufgeschobenen lebenslangen Todesfallversicherung mit vorgezogener Beitragszahlung. Bei dieser aus berechtigten Gründen nicht realisierbaren Versicherungsform sollte der Versicherungsnehmer vom Alter 40 an für den Fall des Ablebens mit einer Versicherungssumme von 50.000 DM versichert werden. Für dieses Leistungsversprechen sollte unter Berücksichtigung benötigter Mittel zur Kostendeckung vom Alter 30 an fünf Jahre lang ein Jahresbeitrag von 3.421 DM gezahlt werden.

Durch die Anwendung des Äquivalenzprinzips wissen wir, daß die festgestellte Höhe der Beitragszahlung ausreicht, um bei rechnungsmäßigem Verlauf (der also unseren Annahmen über Zins, Sterblichkeit und Kosten entspricht) die vorgesehenen Versicherungsleistungen erfüllen zu können. In unserem Beispiel werden offenbar fünf Jahre lang Beiträge gezahlt; Versicherungsleistungen jedoch werden in dieser Zeit und in den folgenden fünf Jahren nicht fällig werden. Erst frühestens nach insgesamt zehn Jahren wird dies der Fall sein. Die dazu benötigten Mittel können und müssen also aus den in der Vergangenheit gezahlten Beiträgen finanziert werden. Denkt man an Prämien als ein anderes Wort für Beiträge, so gibt der terminus technicus „Prämienreserve“ den Sachverhalt treffend wieder; denkt man an die Erfüllung der kommenden Verpflichtungen, so hat der Name „Deckungsrückstellung“ ebenfalls seinen Sinn.

Wir wollen nun den Begriff der Deckungsrückstellung genau präzisieren, wobei wir uns an die in der Praxis gebräuchlichen Definitionen anlehnen. Dazu müssen wir uns zunächst einen genauen Überblick über den zeitlichen Verlauf der mit einem Versicherungsvertrag verbundenen Zahlungen verschaffen. Unsere allgemeinen Symbole $A(x, 0, n; VN \to VU) + \mathcal{A}$ und $a(x, 0, n; VU \to VN)$ enthielten folgende Zahlungen, wobei wir der Einfachheit halber $w = 0$, $n_0 = n$, $m = 1$ voraussetzen wollen $(t = 1, \ldots, n)$:

VU → VN

Versicherungsleistungen

- Leistung bei Tod im t-ten Versicherungsjahr, fällig am Ende dieses Jahres: s_{x+t}
- Leistung bei Erleben des Ablaufs der Versicherung: s^E_{x+n}
- Rente beim Erleben des Alters x + t: r_{x+t}

Kosten

- Abschlußkosten beim Beginn des Vertrages: $\mathcal{A}$
- Inkassokosten, fällig am Beginn des t-ten Versicherungsjahres: $\mathcal{B}_{t-1} = \beta\, b_{t-1} B$
- Verwaltungskosten, fällig am Beginn des t-ten Versicherungsjahres: Γ_{t-1}

VN → VU

Beitragszahlung, fällig am Beginn des t-ten Versicherungsjahres: $b_{t-1} B$

Wir verdeutlichen nun wegen der vorhandenen Unstetigkeiten die zeitliche Aufeinanderfolge dieser Zahlungen; dabei symbolisieren bei positivem ϵ

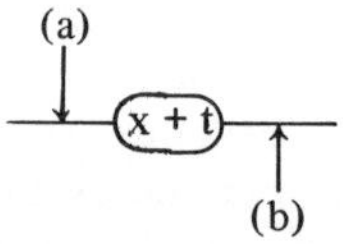

(a) den Zeitpunkt $\lim_{\epsilon \to 0} (x + t - \epsilon) = x + t - 0$ und

(b) den Zeitpunkt $\lim_{\epsilon \to 0} (x + t + \epsilon) = x + t + 0.$

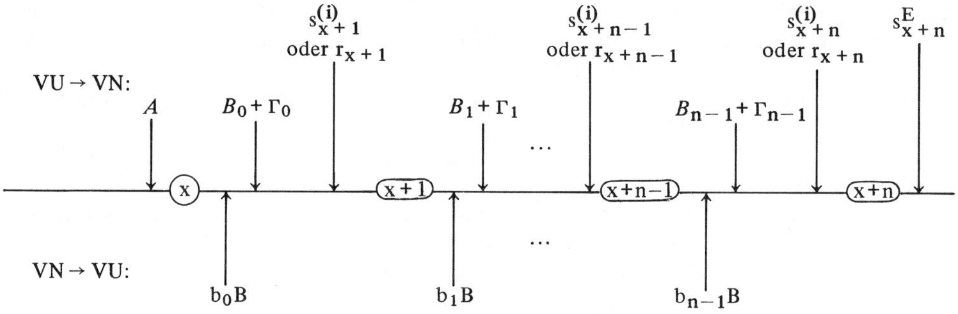

Diese Zeitskizze trennt offenbar zwischen vorschüssigen Zahlungen (Beiträgen, Inkasso- und Verwaltungskosten) und nachschüssigen Leistungen (Sterbefalleistungen, Rentenzahlungen). Sie legt den Abschlußkosten einen nachschüssigen Charakter zu und meint damit, daß diese gewissermaßen vor dem eigentlichen Versicherungsbeginn (Alter x) entstanden und dem Vertrag belastet sind. Die Skizze stuft die abschließende Erlebensfalleistung s^E_{x+n} als vorschüssige Leistung ein. Werden nun die Abschlußkosten sinnbildlich zum Alter $x - \epsilon$ eingerechnet, so erfolgt die Beitragsberechnung über das Äquivalenzprinzip – wiederum sinnbildlich gemeint – im Alter $x - 2\epsilon$.

Wenn wir nun an die Definition der Deckungsrückstellung denken, so müssen wir die Berechnungszeitpunkte festlegen. Es ist naheliegend und es entspricht der Konvention, wenn wir als Berechnungsalter die genauen Alter $x + t$ $(t = 0, \ldots, n)$ wählen. Wir vervollständigen also die Zeitskizze.

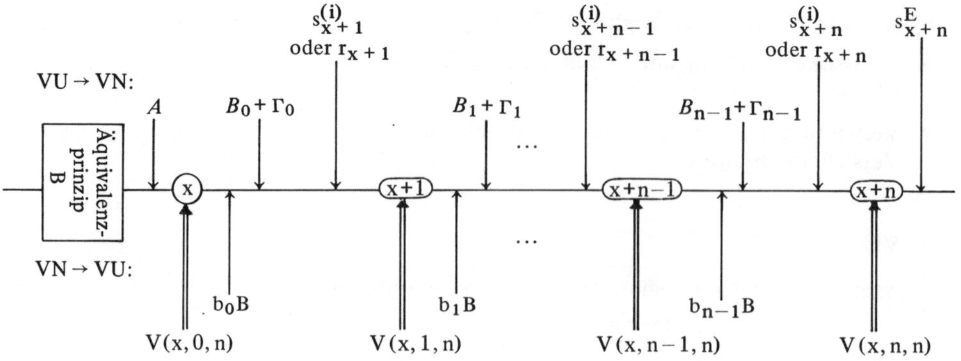

Nach diesen Vorbereitungen können wir nun die Deckungsrückstellungen $V(x,t,n)$ definieren, allerdings müssen wir zunächst die Barwerte $A(x,0,n;VU \rightarrow VN)$ und $a(x,0,n_0;VN \rightarrow VU)$ erweitern zu den an den Altern $x+t$ geltenden Barwerten $A(x,t,n;VU \rightarrow VN)$ und $a(x,t,n_0;VN \rightarrow VU)$. Aufgrund der an Hand der Zeitskizzen verdeutlichten Situation ist dies auch im allgemeinen Fall ($w \geqslant 0$, $n_0 \leqslant n$, $i \geqslant 1$) nicht schwierig.

Mit

$$A(x+t, x+n; s^{(i)}_{x+\nu}/i=1,\dots,m; \nu=\mathrm{Max}(w+1,t+1),\dots,n)$$

$$= \begin{cases} \dfrac{1}{D_{x+t}} \displaystyle\sum_{\nu=\mathrm{Max}(w+1,t+1)}^{n} \sum_{i=1}^{m} C^{(i)}_{x+\nu-1}\, s^{(i)}_{x+\nu} & 0 \leqslant t \leqslant n-1 \\ 0 & t=n \end{cases}$$

$$a_{x+t:\overline{n-t|}}(r_{x+\nu}/\nu=\mathrm{Max}(w+1,t+1),\dots,n)$$

$$= \begin{cases} \dfrac{1}{D_{x+t}} \displaystyle\sum_{\nu=\mathrm{Max}(w+1,t+1)}^{n} r_{x+\nu}\, D_{x+\nu} & 0 \leqslant t \leqslant n-1 \\ 0 & t=n \end{cases}$$

und

$$E_{x+t:\overline{n-t|}}(s^E_{x+n}) = \frac{D_{x+n}}{D_{x+t}}\, s^E_{x+n} \qquad 0 \leqslant t \leqslant n$$

erhalten wir mit $B_\nu = \beta\, b_\nu B$ für $0 \leqslant t \leqslant n-1$

$$\begin{aligned} A(x,t,n;VU \rightarrow VN) = {} & A(x+t,x+n; s^{(i)}_{x+\nu}/i=1,\dots,m; \nu=\mathrm{Max}(w+1, t+\nu,\dots,n) \\ & + a_{x+t:\overline{n-t|}}(r_{x+\nu}/\nu=\mathrm{Max}(w+1,t+1),\dots,n) \\ & + E_{x+t:\overline{n-t|}}(s^E_{x+n}) + \frac{1}{D_{x+t}} \sum_{\nu=\mathrm{Max}(w,t)}^{n-1} \Gamma_\nu D_{x+\nu} \\ & + \begin{cases} \dfrac{1}{D_{x+t}} \displaystyle\sum_{\nu=t}^{n_0-1} B_\nu D_{x+\nu} & \text{für } 0 \leqslant t \leqslant n_0-1 \\ 0 & \text{für } n_0 \leqslant t \leqslant n-1 \end{cases} \end{aligned}$$

und für $t=n$

$$A(x,n,n;VU \rightarrow VN) = s^E_{x+n}.$$

Außerdem gilt

$$a(x,t,n_0;VN \rightarrow VU) = \begin{cases} \dfrac{B}{D_{x+t}} \displaystyle\sum_{\nu=t}^{n_0-1} b_\nu D_{x+\nu} & \text{für } 0 \leqslant t \leqslant n_0-1 \\ 0 & \text{für } n_0 \leqslant t \end{cases}$$

Aus diesen Formeln entwickeln wir einige Beziehungen:

1. Offenbar gilt

$$a(x, 0, n_0; VN \to VU) = \frac{B}{D_x} \sum_{\nu=0}^{n_0-1} b_\nu D_{x+\nu}$$

$$= \frac{B}{D_x} \sum_{\nu=0}^{t-1} b_\nu D_{x+\nu} + \frac{B}{D_x} \sum_{\nu=t}^{n_0-1} b_\nu D_{x+\nu}$$

$$= a(x, 0, t; VN \to VU) + \frac{D_{x+t}}{D_x} a(x, t, n_0; VN \to VU)$$

oder

$$a(x, t, n_0; VN \to VU) = \frac{D_x}{D_{x+t}} (a(x, 0, n_0; VN \to VU) - a(x, 0, t; VN \to VU)).$$

Während sich auf der linken Seite dieser Beziehung ein Barwert von Beitragsleistungen, die von $x+t$ bis $x+n_0$ reichen und auf das Alter $x+t$ bezogen sind, befindet, enthält die rechte Seite Barwerte, die von x bis $x+n_0$ bzw. bis $x+t$ reichen und auf das Alter x bezogen sind.

2. Für die Bestandteile des Barwertes der Versicherungsleistungen erhalten wir
   a) für die Leistungen beim Ausscheiden im Fall $t \geqslant w + 1$:

$$A(x, x+n; s^{(i)}_{x+\nu}/i = 1, \ldots, m; \nu = \mathrm{Max}(w+1, 0), \ldots, n)$$

$$= \frac{1}{D_x} \sum_{\nu=\mathrm{Max}(w+1,0)}^{n} \sum_{i=1}^{m} C^{(i)}_{x+\nu-1} s^{(i)}_{x+\nu}$$

$$= \frac{1}{D_x} \left(\sum_{\nu=w+1}^{t} + \sum_{\nu=t+1}^{n} \right) = \frac{1}{D_x} \sum_{\nu=\mathrm{Max}(w+1,0)}^{t} + \frac{D_{x+t}}{D_x} \cdot \frac{1}{D_{x+t}} \sum_{\nu=\mathrm{Max}(w+1,t+1)}^{n}$$

$$= A(x, x+t; s^{(i)}_{x+\nu}/i = 1, \ldots, m, \nu = \mathrm{Max}(w+1, 0), \ldots, t)$$

$$+ \frac{D_{x+t}}{D_x} A(x+t, x+n; s^{(i)}_{x+\nu}/i = 1, \ldots, m; \nu = \mathrm{Max}(w+1, t+1), \ldots, n).$$

Für $t \leqslant w$ gilt einfacher

$$A(x, x+n; s^{(i)}_{x+\nu}/i = 1, \ldots, m; \nu = \mathrm{Max}(w+1, 0), \ldots, n)$$

$$= \frac{1}{D_x} \sum_{\nu=w+1}^{n} = \frac{D_{x+t}}{D_x} \cdot \frac{1}{D_{x+t}} \sum_{\nu=w+1}^{n}$$

$$= \frac{D_{x+t}}{D_x} A(x+t, x+n; s^{(i)}_{x+\nu}/i = 1, \ldots, m; \nu = \mathrm{Max}(w+1, t+1), \ldots, n)$$

b) Für die Rentenleistungen erhalten wir im Fall $t \geqslant w+1$

$$a_{x:\overline{n|}}(r_{x+\nu}/\nu = \mathrm{Max}(w+1, 1), \ldots, n)$$

$$= \frac{1}{D_x} \sum_{\nu=\mathrm{Max}(w+1,1)}^{n} r_{x+\nu} D_{x+\nu} = \frac{1}{D_x}\left(\sum_{\nu=w+1}^{t} + \sum_{\nu=t+1}^{n}\right)$$

$$= \frac{1}{D_x} \sum_{\nu=\mathrm{Max}(w+1,1)}^{t} + \frac{D_{x+t}}{D_x} \frac{1}{D_{x+t}} \sum_{\nu=\mathrm{Max}(w+1,t+1)}^{n}$$

$$= a_{x:\overline{t|}}(r_{x+\nu}/\nu = \mathrm{Max}(w+1, 1), \ldots, t)$$

$$+ \frac{D_{x+t}}{D_x} a_{x+t:\overline{n-t|}}(r_{x+\nu}/\nu = \mathrm{Max}(w+1, t+1, \ldots, n).$$

Für $t \leqslant w$ gilt wieder

$$a_{x:\overline{n|}}(r_{x+\nu}/\nu = \mathrm{Max}(w+1, 1), \ldots, n) = \frac{D_{x+t}}{D_x} a_{x+t:\overline{n-t|}}(r_{x+\nu}/\nu = \mathrm{Max}(w+1, t+1), \ldots, n)$$

c) Für die Erlebensfalleistung trifft

$$E_{x:\overline{n|}}(s^E_{x+n}) = \frac{D_{x+n}}{D_x} s^E_{x+n} = \frac{D_{x+t}}{D_x} \frac{D_{x+n}}{D_{x+t}} s^E_{x+n} = \frac{D_{x+t}}{D_x} E_{x+t:\overline{n-t|}}(s^E_{x+n})$$

zu.

d) Für den Barwert der Verwaltungskosten folgt in Fall $t \geqslant w+1$

$$\frac{1}{D_x} \sum_{\nu=\mathrm{Max}(w,0)}^{n-1} \Gamma_\nu D_{x+\nu} = \frac{1}{D_x}\left(\sum_{\nu=w}^{t-1} + \sum_{\nu=t}^{n-1}\right) = \frac{1}{D_x} \sum_{\nu=\mathrm{Max}(w,0)}^{t-1} \Gamma_\nu D_{x+\nu}$$

$$+ \frac{D_{x+t}}{D_x} \cdot \frac{1}{D_{x+t}} \sum_{\nu=\mathrm{Max}(w,t)}^{n-1} \Gamma_\nu D_{x+\nu}$$

und im Fall $t \leqslant w$

$$\frac{1}{D_x} \sum_{\nu=\mathrm{Max}(w,0)}^{n-1} \Gamma_\nu D_{x+\nu} = \frac{D_{x+t}}{D_x} \frac{1}{D_{x+t}} \sum_{\nu=\mathrm{Max}(w,t)}^{n-1} \Gamma_\nu D_{x+\nu}$$

e) Schließlich folgt für den Barwert der Inkassokosten wie unter Ziffer 1 für $t \leqslant n_0 - 1$

$$\frac{1}{D_x} \sum_{\nu=0}^{n_0-1} B_\nu D_{x+\nu} = \frac{1}{D_x} \sum_{\nu=0}^{t-1} B_\nu D_{x+\nu} + \frac{D_{x+t}}{D_x} \frac{1}{D_{x+t}} \sum_{\nu=t}^{n_0-1} B_\nu D_{x+\nu}.$$

f) Wir fügen die einzelnen Bestandteile zusammen, wobei wir unterstellen, daß zwischen dem Ende der Beitragszahlung und dem Einsetzen der Anwartschaften auf Versicherungsleistungen keine Lücke vorhanden ist. Wir unterstellen also $w \leqslant n_0 \leqslant n$. Dann liegt folgende Altersteilung vor:

$$x \qquad x+w \qquad x+n_0 \qquad x+n$$

Betrachten wir die Altersintervalle getrennt, so folgt im Fall $\mathbf{t \leqslant w}$ in vereinfachter Darstellung

$$A(x, 0, n; VU \to VN) = \left\{\begin{array}{l} A(x, x+n) \\ + a_{x:\overline{n|}} \\ + E_{x:\overline{n|}} \\ + \dfrac{1}{D_x} \sum\limits_{\nu=w}^{n-1} \Gamma_\nu D_{x+\nu} \\ + \dfrac{1}{D_x} \sum\limits_{t=0}^{n_0-1} B_\nu D_{x+\nu} \end{array}\right. = \frac{D_{x+t}}{D_x} \left\{\begin{array}{l} A(x+t, x+n) \\ + a_{x+t:\overline{n-t|}} \\ + E_{x+t:\overline{n-t|}} \\ + \dfrac{1}{D_{x+t}} \sum\limits_{\nu=w}^{n-1} \Gamma_\nu D_{x+\nu} \\ + \dfrac{1}{D_{x+t}} \sum\limits_{\nu=t}^{n_0-1} B_\nu D_{x+\nu} \end{array}\right\}$$

$$+ \frac{1}{D_x} \sum_{\nu=0}^{t-1} B_\nu D_{x+\nu}$$

$$= \frac{D_{x+t}}{D_x} A(x, t, n; VU \to VN) + \frac{1}{D_x} \sum_{\nu=0}^{t-1} B_\nu D_{x+\nu}$$

Im darauffolgenden Altersintervall $\mathbf{w + 1 \leqslant t \leqslant n_0}$ erhalten wir

$$A(x, 0, n; VU \to VN) = \left\{\begin{array}{l} A(x, x+n) \\ + a_{x:\overline{n|}} \\ + E_{x:\overline{n|}} \\ + \dfrac{1}{D_x} \sum\limits_{\nu=w}^{n-1} \Gamma_\nu D_{x+\nu} \\ + \dfrac{1}{D_x} \sum\limits_{\nu=0}^{n_0-1} B_\nu D_{x+\nu} \end{array}\right.$$

$$
= \begin{Bmatrix} A(x,\ x+t) \\ + a_{x:\overline{t}|} \\ + 0 \\ + \dfrac{1}{D_x} \sum\limits_{\nu=w}^{t-1} \Gamma_\nu D_{x+\nu} \\ + \dfrac{1}{D_x} \sum\limits_{\nu=0}^{t-1} B_\nu D_{x+\nu} \end{Bmatrix} + \frac{D_{x+t}}{D_x} \begin{Bmatrix} A(x+t, x+n) \\ + a_{x+t:\overline{n-t}|} \\ + E_{x+t:\overline{n-t}|} \\ + \dfrac{1}{D_{x+t}} \sum\limits_{\nu=t}^{n-1} \Gamma_\nu D_{x+\nu} \\ + \dfrac{1}{D_{x+t}} \sum\limits_{\nu=t}^{n_0-1} B_\nu D_{x+\nu} \end{Bmatrix}
$$

$$
= A(x, 0, t; VU \to VN) - E_{x:\overline{t}|}(s^E_{x+n}) + \frac{D_{x+t}}{D_x} A(x, t, n; VU \to VN).
$$

Im letzten Altersintervall $\mathbf{t \geqslant n_0 + 1}$ gilt schließlich

$$
A(x, 0, n; VU \to VN) = \begin{Bmatrix} A(x,\ x+n) \\ + a_{x:\overline{n}|} \\ + E_{x:\overline{n}|} \\ + \dfrac{1}{D_x} \sum\limits_{\nu=w}^{n-1} \Gamma_\nu D_{x+\nu} \\ + \dfrac{1}{D_x} \sum\limits_{\nu=0}^{n_0-1} B_\nu D_{x+\nu} \end{Bmatrix}
$$

$$
= \begin{Bmatrix} A(x,\ x+t) \\ + a_{x:\overline{t}|} \\ 0 \\ + \dfrac{1}{D_x} \sum\limits_{\nu=w}^{t-1} \Gamma_\nu D_{x+\nu} \\ + \dfrac{1}{D_x} \sum\limits_{\nu=0}^{n_0-1} B_\nu D_{x+\nu} \end{Bmatrix} + \frac{D_{x+t}}{D_x} \cdot \begin{Bmatrix} A(x+t,\ x+n) \\ + a_{x+t:\overline{n-t}|} \\ + E_{x+t:\overline{n-t}|} \\ + \dfrac{1}{D_{x+t}} \sum\limits_{\nu=t}^{n-1} \Gamma_\nu D_{x+\nu} \\ + 0 \end{Bmatrix}
$$

$$
= A(x, 0, t; VU \to VN) - E_{x:\overline{t}|}(s^E_{x+n}) + \frac{D_{x+t}}{D_x} A(x, t, n; VU \to VN).
$$

Damit haben wir die gewünschten Beziehungen erhalten und können nun die Deckungsrückstellung unserer allgemeinen Versicherung definieren.

Definition

Die beim Alter x + t bestehende und auf dieses Alter bezogene Differenz zwischen dem für die restliche Versicherungsdauer geltenden Leistungsbarwert A (x, t, n; VU → VN) und dem Barwert der künftigen Beitragszahlung des Versicherungsnehmers in Höhe von a (x, t, n_0; VN → VU) bei $t \leq n_0 - 1$ bzw. in Höhe von 0 für $t \geq n_0$ wird **Deckungsrückstellung in prospektiver Darstellung** (kurz: prospektive Deckungsrückstellung)

$$\text{(D1)} \qquad V(x,t,n) = \begin{cases} A(x,t,n;\text{VU} \to \text{VN}) - a(x,t,n_0;\text{VN} \to \text{VU}) & \text{für } t \leq n_0 - 1 \\ A(x,t,n;\text{VU} \to \text{VN}) & \text{für } t \geq n_0 \end{cases}$$

genannt.

Wir stellen einige Eigenschaften der prospektiven Deckungsrückstellung fest:

1. Das Äquivalenzprinzip, das wir zur Bestimmung des Beitrages benutzt haben, hatte die Gestalt

   $$A(x,0,n;\text{VN} \to \text{VU}) + \mathcal{A} = a(x,0,n_0;\text{VU} \to \text{VN}).$$

   Aus dieser Gleichung erhalten wir

   $$V(x,0,n) = A(x,0,n;\text{VN} \to \text{VU}) - a(x,0,n_0;\text{VU} \to \text{VN}) = -\mathcal{A}.$$

   Dieses Resultat ist plausibel, denn das Versicherungsunternehmen hat bis zur Zeit t = 0 nach unserer Skizze, die den zeitlichen Ablauf einer Versicherung beschrieb, gerade die Abschlußkosten in Höhe von $\mathcal{A}$ vorgeleistet, so daß die prospektive Deckungsrückstellung mit dem negativen Betrag starten muß.
2. Es galt

   $$A(x,n,n;\text{VU} \to \text{VN}) = s^E_{x+n}$$

   und

   $$a(x,n,n_0;\text{VN} \to \text{VU}) = 0$$

   wegen $t \geq n_0$. Also folgt zum Alter x + n

   $$V(x,n,n) = s^E_{x+n}.$$

   Auch dieses Ergebnis ist plausibel, denn nach unserer Zeitskizze erfolgt die Auszahlung der Erlebensfalleistung s^E_{x+n} zur Zeit n + 0, deshalb muß die Deckungsrückstellung zur Zeit n gerade den Betrag s^E_{x+n} enthalten.
3. Wir wollen nun der Definitionsgleichung D1 eine andere Gestalt geben. Dazu machen wir von den für die Barwerte A (x, 0, n; VU → VN) und a (x, 0, n_0; VN → VU) entwickelten Beziehungen Gebrauch. Befinden wir uns (bei $w \leq n_0 \leq n$) zwar in der Beitragszahlungszeit, aber noch vor dem Anwartschaftsbeginn, sei also

   $$\mathbf{0 < t \leq w},$$

dann gilt offenbar mit $B_\nu = \beta b_\nu B$

$$V(x, t, n) = A(x, t, n; VU \rightarrow VN) - a(x, t, n_0; VN \rightarrow VU)$$

$$= \frac{D_x}{D_{x+t}} \left\{ A(x, 0, n; VU \rightarrow VN) - \frac{B}{D_x} \sum_{\nu=0}^{t-1} \beta b_\nu D_{x+\nu} \right.$$

$$\left. - a(x, 0, n_0; VN \rightarrow VU) + a(x, 0, t; VN \rightarrow VU) \right\}$$

$$= \frac{D_x}{D_{x+t}} \left\{ (1-\beta) B \cdot \frac{1}{D_x} \sum_{\nu=0}^{t-1} b_\nu D_{x+\nu} - A \right\}$$

Schreiben wir bei $\nu \leqslant t$

$$\frac{D_{x+\nu}}{D_{x+t}} = \frac{v^\nu l_{x+\nu}}{v^t l_{x+t}} = (1+i)^{t-\nu} \frac{l_{x+\nu}}{l_{x+\nu+1}} \cdot \frac{l_{x+\nu+1}}{l_{x+\nu+2}} \cdots \frac{l_{x+t-1}}{l_{x+t}}$$

$$= (1+i)^{t-\nu} \frac{l_{x+\nu}}{l_{x+\nu}\, p_{x+\nu}} \cdot \frac{l_{x+\nu+1}}{l_{x+\nu+1}\, p_{x+\nu+1}} \cdots \frac{l_{x+t-1}}{l_{x+t-1}\, p_{x+t-1}}$$

$$= \frac{(1+i)^{t-\nu}}{p_{x+\nu}\, p_{x+\nu+1} \cdots p_{x+t-1}} = \frac{(1+i)^{t-\nu}}{{}_{t-\nu}p_{x+\nu}}.$$

so ist

$$V(x, t, n) = (1-\beta) B \sum_{\nu=0}^{t-1} \frac{(1+i)^{t-\nu}}{{}_{t-\nu}p_{x+\nu}} \cdot b_\nu - \frac{(1+i)^t}{{}_t p_x} A.$$

Nach unseren Überlegungen in Abschnitt 3.1 beschreibt der Quotient gerade die **Verzinsung und Vererbung** eines Kapitals vom Betrage 1 und zwar vom Alter $x + \nu$ bis zum Alter $x + t$.

Also läßt sich die erhaltene Darstellung auch so interpretieren, daß sich die Deckungsrückstellung in diesem Zeitintervall aus der Verzinsung und Vererbung der gezahlten Beiträge abzüglich gezahlter Kosten ergibt. Die erhaltene Formel stellt demnach eine Vergangenheitsbetrachtung dar; folglich können wir von einer **Deckungsrückstellung in retrospektiver Darstellung** sprechen.

Wir betrachten das Intervall

$$\mathbf{w + 1 \leqslant t \leqslant n_0},$$

in dem Beitragszahlungen und Versicherungsleistungen anfallen können.

Hier gilt, wieder etwas vereinfacht geschrieben,

$$V(x, t, n) = A(x, t, n; VU \to VN) - a(x, t, n_0; VN \to VU)$$

$$= \frac{D_x}{D_{x+t}} \{A(x, 0, n; VU \to VN) - A(x, 0, t; VU \to VN) + E_{x:\overline{t}|}$$

$$- a(x, 0, n_0; VN \to VU) + a(x, 0, t; VN \to VU)\}$$

$$= \frac{D_x}{D_{x+t}} \{a(x, 0, t; VN \to VU) - (A(x, 0, t; VU \to VN) - E_{x:\overline{t}|}) - \mathcal{A}\}$$

$$= B \sum_{\nu=0}^{t-1} b_\nu \frac{D_{x+\nu}}{D_{x+t}} - \frac{D_x}{D_{x+t}} \mathcal{A} - \frac{D_x}{D_{x+t}} A(x, x+t; \ldots) - \frac{D_x}{D_{x+t}} a_{x:\overline{t}|}(\ldots)$$

$$+ E_{x:\overline{t}|} - E_{x:\overline{t}|} - \frac{1}{D_{x+t}} \sum_{\nu=w}^{t-1} \Gamma_\nu D_{x+\nu} - \frac{B}{D_{x+t}} \sum_{\nu=0}^{t-1} \beta b_\nu D_{x+\nu}$$

$$= (1-\beta) B \sum_{\nu=0}^{t-1} \frac{D_{x+\nu}}{D_{x+t}} b_\nu - \left\{ \sum_{\nu=w+1}^{t} \left(\sum_{i=1}^{m} \frac{D^{(i)}_{x+\nu-1}}{D_{x+t}} s^{(i)}_{x+\nu} + \frac{D_{x+\nu}}{D_{x+t}} r_{x+\nu} \right) \right\}$$

$$- \sum_{\nu=w}^{t-1} \frac{D_{x+\nu}}{D_{x+t}} \Gamma_\nu .$$

Mit

$$\frac{C^{(i)}_{x+\nu-1}}{D_{x+t}} = \frac{v D_{x+\nu-1} \, q^{(i)}_{x+\nu-1}}{D_{x+t}} = \frac{(1+i)^{t-\nu} \, l_{x+\nu-1} \, q^{(i)}_{x+\nu-1}}{l_{x+t}}$$

$$= (1+i)^{t-\nu} \frac{l_{x+\nu}}{l_{x+t}} \cdot \frac{l_{x+\nu-1} \, q^{(i)}_{x+\nu-1}}{l_{x+\nu}} = \frac{(1+i)^{t-\nu}}{{}_{t-\nu}p_{x+\nu}} \cdot \frac{q^{(i)}_{x+\nu-1}}{p_{x+\nu-1}}$$

erhalten wir schließlich

$$V(x, t, n) = (1-\beta) B \sum_{\nu=0}^{t-1} \frac{(1+i)^{t-\nu}}{{}_{t-\nu}p_{x+\nu}} b_\nu - \sum_{\nu=w+1}^{t} \left(r_{x+\nu} + \sum_{i=1}^{m} \frac{q^{(i)}_{x+\nu-1}}{p_{x+\nu-1}} s^{(i)}_{x+\nu} \right) \cdot$$

$$\cdot \frac{(1+i)^{t-\nu}}{{}_{t-\nu}p_{x+\nu}} - \frac{(1+i)^t}{{}_t p_x} \mathcal{A} - \sum_{\nu=w}^{t} \frac{(1+i)^{t-\nu}}{{}_{t-\nu}p_{x+\nu}} \Gamma_\nu .$$

Auch diese Formel beschreibt eine Vergangenheitsbetrachtung. Von den bis zur Zeit t aufgezinsten und vererbten Beiträgen werden die genauso behandelten und bis zur Zeit t fällig gewordenen Versicherungsleistungen und Kosten abgezogen. Genau dasselbe geschieht im letzten Intervall, nämlich in

$$t \geqslant n_0 + 1,$$

wobei wir nur zu berücksichtigen haben, daß die Beitragszahlung mit dem Alter $x + n_0$ geendet hat. Die entsprechende Betrachtung führt zu der Formel

$$V(x,t,n) = (1-\beta)B \sum_{\nu=0}^{n_0-1} \frac{(1+i)^{t-\nu}}{{}_{t-\nu}p_{x+\nu}} b_\nu - \sum_{\nu=w+1}^{t} \left(r_{x+\nu} + \sum_{i=1}^{m} \frac{q^{(i)}_{x+\nu-1}}{p_{x+\nu-1}} s^{(i)}_{x+\nu} \right) \cdot$$

$$\cdot \frac{(1+i)^{t-\nu}}{{}_{t-\nu}p_{x+\nu}} - \frac{(1+i)^t}{{}_tp_x} A - \sum_{\nu=w}^{t} \frac{(1+i)^{t-\nu}}{{}_{t-\nu}p_{x+\nu}} \Gamma_\nu .$$

In allen drei Intervallen haben wir eine retrospektive Darstellung unserer Deckungsrückstellung angeben können. Sie ergab sich aus der Definition, die wir in prospektiver Darstellung aufgestellt haben und aus unserer abgeleiteten Beziehung für die vorkommenden Barwerte.

Selbstverständlich hätten wir auch die Definition retrospektiv formulieren können. Durch die dann möglichen Umformungen hätten wir dann eine prospektive Darstellung erhalten können. Manche Autoren gehen von beiden Definitionen aus, d. h. sie unterscheiden zunächst zwischen prospektiver und retrospektiver Deckungsrückstellung und beweisen dann die Gleichheit beider Definitionen. (Vgl. hierzu auch *E. Zwinggi* [4.1] S. 45.) Wir haben uns auf den Standpunkt gestellt, daß es **eine** Deckungsrückstellung mit verschiedenen Darstellungsmöglichkeiten gibt. Aus diesem Grund sprechen wir auch in Zukunft nur von **der** Deckungsrückstellung.

Wir beenden diesen Abschnitt mit zwei Bemerkungen:

1. In den vorangegangenen Betrachtungen haben wir unterstellt, daß die in den Beitrag eingerechneten Abschlußkosten A auch in voller Höhe in die Deckungsrückstellungsberechnung eingehen, d. h. gezillmert werden. Denkbar und auch in der Praxis vorzufinden ist eine Aufspaltung der Abschlußkosten in zwei Bestandteile

   $$A = A_1 + A_2 .$$

   Dabei wird zwar der volle Betrag in die Beitragsberechnung einbezogen, die Deckungsrückstellungsberechnung berücksichtigt jedoch nur den Teil A_1 als einmalig anfallende Kosten.

   Demnach ergibt sich der insgesamt zu zahlende Beitrag wie bisher aus der Äquivalenzbeziehung

   $$a(x, 0, n_0; VN \to VU) = A(x, 0, n; VU \to VN) + A_1 + A_2 .$$

   Aus ihr berechnet sich der Beitrag B.

   Andererseits kann ein Beitrag B^Z (der üblicherweise Zillmerbeitrag genannt wird) aus der Beziehung

   $$a^Z(x, 0, n_0; VN \to VU) = A^Z(x, 0, n; VU \to VN) + A_1$$

   ermittelt werden.

Wir haben hier den oberen Index Z angefügt, weil in beiden Ausdrücken B^Z enthalten sein wird. Mit dem Beitrag B^Z gilt dann

$$V^Z(x, t, n) = \begin{cases} A^Z(x, t, n; VU \rightarrow VN) - a^Z(x, t, n_0; VN \rightarrow VU) & t \leqslant n_0 - 1 \\ A(x, t, n; VU \rightarrow VN) & t \geqslant n_0. \end{cases}$$

Offenbar ist

$$V^Z(x, 0, n) = -A_1.$$

Wenn man unterstellt, daß der Abschlußkostenteil A_2 genauso verteilt ist wie die Verwaltungskosten Γ, so können diese beiden Kostenteile in der Versicherungstechnik zusammengefaßt werden. Allerdings werden dann die für die Rechnungslegung vorzunehmenden Unterscheidungen in „Aufwendungen für rechnungsmäßig gedeckte Abschlußkosten“ und in „Aufwendungen für den Versicherungsbetrieb“ vernachlässigt (vgl. hierzu auch Anhang 5). Mit dieser Einschränkung sind die im nachfolgenden Kapitel für spezielle Versicherungsformen geltenden Formeln auch auf diesen Fall anwendbar.

2. Die bislang abgeleiteten Formeln haben keine Festlegung der in Höhe von Γ_t angesetzten Verwaltungskosten verlangt. Es kann daher beispielsweise

Γ_t in Promille einer relevanten Versicherungsleistung festgesetzt

oder

Γ_t ein von Versicherungsleistung und Versicherungsbeitrag unabhängiger Stückkostensatz sein.

Stückkosten haben den Vorteil, daß sie den Kostenbedarf genauer wiedergeben; sie haben aber auch den Nachteil, daß die mit ihnen nicht mehr zu einer Versicherungsleistung proportionalen Beiträge unbequemer zu handhaben sind. Im nachfolgenden Kapitel wollen wir in unseren Beispielen – wie bereits kurz erwähnt – von Stückkostensätzen absehen, da sich diese Beispiele im anderen Fall jeweils nur auf bestimmte Versicherungssummen beziehen können.

4.3 Die Zerlegung des Versicherungsbeitrags in seine Bestandteile

Aus dem Versicherungsbeitrag müssen verschiedene Anforderungen finanziert werden. Es müssen, wenn wir ein bestimmtes Versicherungsjahr im Auge haben, die in diesem Jahr fällig gewordenen Erlebensfall- oder Ausscheideleistungen gezahlt werden, es muß die Deckungsrückstellung, d.h. ihr auf dieses Jahr entfallender (positiver wie negativer) Zuwachs, fortgeführt werden und es müssen die Kostenanteile herausgenommen werden. Dieser Aufteilung des auf dieses Jahr entfallenden Aufwands steht eine entsprechende Zerlegung des Versicherungsbeitrags in die Bestandteile

- Leistungbeitrag,
- Sparbeitrag und
- Kostenbeitrag

gegenüber.

Der Einfachheit halber beschränken wir uns auf den Fall

$$w = 0 \quad \text{und} \quad n_0 = n$$

und betrachten das Versicherungsjahr $[t, t+1]$ $(t = 0, \ldots, n-1)$ zur Zeit t. Für dieses Jahr wird der Beitrag Bb_t bezahlt. Der Zuwachs der Deckungsrückstellung beträgt, bezogen auf die Zeit t, offensichtlich

$$v \cdot V(x, t+1, n) - V(x, t, n).$$

Dieser Zuwachs kann positiv wie negativ sein. Trotzdem bezeichnen wir diesen Zuwachs als Sparbeitrag, auch wenn er – wie wir später sehen werden – oftmals den Charakter einer Auszahlung haben kann. Wir bezeichnen ihn mit $B^{Sp}(x, t, n)$.

Diesen Sparbeitrag betrachten wir nun näher. Es ist

$$\begin{aligned}B^{Sp}(x, t, n) &= v V(x, t+1, n) - V(x, t, n) = v A(x+t+1, x+n; \ldots) \\ &\quad - A(x+t, x+n; \ldots) + v a_{x+t+1:\overline{n-t-1|}}(\ldots) - a_{x+t:\overline{n-t|}}(\ldots) \\ &\quad + v E_{x+t+1:\overline{n-t-1|}}(\ldots) - E_{x+t:\overline{n-t|}}(\ldots) \\ &\quad + \frac{v}{D_{x+t+1}} \sum_{\nu=t+1}^{n-1} \Gamma_\nu D_{x+\nu} - \frac{1}{D_{x+t}} \sum_{\nu=t}^{n-1} \Gamma_\nu D_{x+\nu} \\ &\quad + \frac{v}{D_{x+t+1}} \sum_{\nu=t+1}^{n-1} B_\nu D_{x+\nu} - \frac{1}{D_{x+t}} \sum_{\nu=t}^{n-1} B_\nu D_{x+\nu} \\ &\quad - vB \frac{1}{D_{x+t+1}} \sum_{\nu=t+1}^{n-1} b_\nu D_{x+\nu} + B \frac{1}{D_{x+t}} \sum_{\nu=t}^{n-1} b_\nu D_{x+\nu}\end{aligned}$$

Für die einzelnen Differenzen gilt:

1. $v A(x+t+1, x+n; \ldots) - A(x+t; x+n; \ldots)$

$$= v \frac{1}{D_{x+t+1}} \sum_{\nu=t+2}^{n} \sum_{i=1}^{m} C^{(i)}_{x+\nu-1} s^{(i)}_{x+\nu} - \frac{1}{D_{x+t}} \sum_{\nu=t+1}^{n} \sum_{i=1}^{m} C^{(i)}_{x+\nu-1} s^{(i)}_{x+\nu}$$

$$= v \frac{1}{D_{x+t+1}} \sum_{\nu=t+2}^{n} \sum_{i=1}^{m} C^{(i)}_{x+\nu-1} s^{(i)}_{x+\nu} \cdot \left(1 - \frac{D_{x+t+1}}{v D_{x+t}}\right) - \sum_{i=1}^{m} \frac{v D_{x+t} q^{(i)}_{x+t}}{D_{x+t}} s^{(i)}_{x+t+1}$$

$$= v q_{x+t} A(x+t+1, x+n; \ldots) - v \sum_{i=1}^{m} q^{(i)}_{x+t} s^{(i)}_{x+t+1}$$

wegen

$$1 - \frac{D_{x+t+1}}{v D_{x+t}} = 1 - \frac{l_{x+t}(1 - q_{x+t})}{l_{x+t}} = q_{x+t}.$$

2. $v\, a_{x+t+1:\overline{n-t-1}|}(\ldots) - a_{x+t:\overline{n-t}|}(\ldots)$

$$= v \frac{1}{D_{x+t+1}} \sum_{\nu=t+2}^{n} r_{x+\nu} D_{x+\nu} - \frac{1}{D_{x+t}} \sum_{\nu=t+1}^{n} r_{x+\nu} D_{x+\nu}$$

$$= v \frac{1}{D_{x+t+1}} \sum_{\nu=t+2}^{n} r_{x+\nu} D_{x+\nu} \cdot \left(1 - \frac{D_{x+t+1}}{v D_{x+t}}\right) - \frac{D_{x+t+1}}{D_{x+t}} r_{x+t+1}$$

$$= v q_{x+t} \cdot a_{x+t+1:\overline{n-t-1}|}(\ldots) - v p_{x+t} r_{x+t+1}.$$

3. $v E_{x+t+1:\overline{n-t-1}|}(\ldots) - E_{x+t:\overline{n-t}|}(\ldots)$

$$= v \frac{D_{x+n}}{D_{x+t+1}} s^E_{x+n} - \frac{D_{x+n}}{D_{x+t}} s^E_{x+n} = v \frac{D_{x+n}}{D_{x+t+1}} s^E_{x+n} \left(1 - \frac{D_{x+t+1}}{v D_{x+t}}\right)$$

$$= v q_{x+t} E_{x+t+1:\overline{n-t-1}|}(\ldots).$$

4. $\dfrac{v}{D_{x+t+1}} \sum\limits_{\nu=t+1}^{n-1} \Gamma_\nu D_{x+\nu} - \dfrac{1}{D_{x+t}} \sum\limits_{\nu=t}^{n-1} \Gamma_\nu D_{x+\nu}$

$$= v q_{x+t} \cdot \frac{1}{D_{x+t+1}} \sum_{\nu=t+1}^{n-1} \Gamma_\nu D_{x+\nu} - \Gamma_t.$$

5. Mit $B_\nu = \beta\, b_\nu\, B$ folgt für die letzten beiden Differenzen

$$-(1-\beta) B \frac{v}{D_{x+t+1}} \sum_{\nu=t+1}^{n-1} b_\nu D_{x+\nu} + (1-\beta) B \frac{1}{D_{x+t}} \sum_{\nu=t}^{n-1} b_\nu D_{x+\nu}$$

$$= - v q_{x+t} \cdot (1-\beta) B \frac{1}{D_{x+t+1}} \sum_{\nu=t+1}^{n-1} b_\nu D_{x+\nu} + (1-\beta) b_t B.$$

Fügen wir nun die einzelnen Bestandteile wieder zusammen, so stellen wir fest, daß die Faktoren von vq_{x+t} gerade wieder die Deckungsrückstellung $V(x, t+1, n)$ ergeben. Wir erhalten also:

$$B^{Sp}(x, t, n) = v V(x, t+1, n) - V(x, t, n) = v q_{x+t} V(x, t+1, n)$$
$$- v \sum_{i=1}^{m} q^{(i)}_{x+t} s^{(i)}_{x+t+1} - v p_{x+t} r_{x+t+1} - \Gamma_t - \beta b_t B + b_t B.$$

Lösen wir nach Bb_t auf, so folgt

$$b_t B = B^{Sp}(x, t, n) + v p_{x+t} r_{x+t+1} + v \sum_{i=1}^{m} q^{(i)}_{x+t} s^{(i)}_{x+t+1} - v q_{x+t} V(x, t+1, n)$$
$$+ \Gamma_t + \beta b_t B$$

Damit haben wir das folgende Ergebnis erhalten:

Im Fall $w = 0$, $n_0 = n$ besteht für den jährlich zu zahlenden Versicherungsbeitrag $b_t B$ die Zerlegung

$$b_t B = B^{Sp}(x, t, n) + B^L(x, t, n) + B^K(x, t, n)$$

mit dem Sparbeitrag

$$B^{Sp}(x, t, n) = v\, V(x, t+1, n) - V(x, t, n),$$

dem Leistungsbeitrag

$$B^L(x, t, n) = v\, p_{x+t}\, r_{x+t+1} + v \sum_{i=1}^{m} q_{x+t}^{(i)}\, s_{x+t+1}^{(i)} - v\, q_{x+t}\, V(x, t+1, n)$$

und dem Kostenbeitrag

$$B^K(x, t, n) = \beta\, b_t B + \Gamma_t .$$

Ist $r_{x+t+1} = 0$, so wird der Leistungsbeitrag auch Risikobeitrag genannt. Für ihn gilt

$$B^R(x, t, n) = B^L(x, t, n; r_{x+t+1} = 0) = v\, q_{x+t} \left(\sum_{i=1}^{m} \frac{q_{x+t}^{(i)}}{q_{x+t}}\, s_{x+t+1}^{(i)} - V(x, t+1, n) \right);$$

der Klammerausdruck wird dann als **riskierte Summe** bezeichnet.

Bilden wir zum Abschluß dieses Abschnittes mit

$$\sum_{\nu=0}^{t-1} (1+i)^{t-\nu} B^{Sp}(x, \nu, n)$$

die Summe der bis zum Alter $x + t$ aufgezinsten Sparbeiträge, so erhalten wir

$$\begin{aligned}
\sum_{\nu=0}^{t-1} (1+i)^{t-\nu} B^{Sp}(x, \nu, n) &= \sum_{\nu=0}^{t-1} (1+i)^{t-\nu} \left(\frac{1}{1+i} V(x, \nu+1, n) - V(x, \nu, n) \right) \\
&= \sum_{\nu=0}^{t-1} (1+i)^{t-(\nu+1)} V(x, \nu+1, n) \\
&\quad - \sum_{\nu=0}^{t-1} (1+i)^{t-\nu} V(x, \nu, n) \\
&= V(x, t, n) - (1+i)^t V(x, 0, n).
\end{aligned}$$

Also gilt auch

$$V(x, t, n) = \sum_{\nu=0}^{t-1} (1 + i)^{t-\nu} B^{Sp}(x, \nu, n) - (1 + i)^t A.$$

Wir können daher auch feststellen, daß die Deckungsrückstellung aus den verzinslich angesammelten Sparbeiträgen entsteht, wobei von der Anfangsbelastung in Höhe von A ausgegangen wird.

4.4 Die Transformation von Cantelli

Aus der abgeleiteten Beziehung für den Sparbeitrag

$$v\,V(x, t+1, n) - V(x, t, n) = b_t B - \Gamma_t - \beta b_t B - \Big(v\, p_{x+t}\, r_{x+t+1} + v \sum_{i=1}^{m} q_{x+t}^{(i)} s_{x+t+1}^{(i)} - v\, q_{x+t} V(x, t+1, n)\Big)$$

erhalten wir durch Multiplikation mit 1 + i die **Thiele'sche Gleichung:**

$$V(x, t+1, n) - V(x, t, n) = i \cdot V(x, t, n) + (1 + i)(b_t B - \Gamma_t - \beta b_t B) - \Big(p_{x+t}\, r_{x+t+1} + \sum_{i=1}^{m} q_{x+t}^{(i)} s_{x+t+1}^{(i)} - q_{x+t} V(x, t+1, n)\Big).$$

Danach entsteht der Zuwachs der Deckungsrückstellung aus dem Zinsertrag der alten Deckungsrückstellung sowie aus dem um die Kosten reduzierten, aufgezinsten Beitrag und aus der Verminderung durch die Versicherungsleistungen. Wir betrachten zwei Versicherungsverträge, die in folgenden Daten übereinstimmen:

- Zins i,
- Anzahl m der Ausscheidegründe,
- Alter x und x + n.

Kennzeichnen wir eine der beiden Versicherungen durch Überstreichen, so sollen zwischen beiden Versicherungen die folgenden Beziehungen gelten:

$$s_{x+n}^{E} = \bar{s}_{x+n}^{E},$$

$$A = \bar{A},$$

$$\bar{q}_{x+t}^{(i)} = (1 + \eta_i)\, q_{x+t}^{(i)},$$

$$(1 - \bar{q}_{x+t})\, \bar{r}_{x+t+1} = (1 - q_{x+t})\, r_{x+t+1},$$

$$s_{x+t+1}^{(i)} = \bar{s}_{x+t+1}^{(i)} + \eta_i (\bar{s}_{x+t+1}^{(i)} - \bar{V}(x, t+1, n)).$$

Selbstverständlich kommen nur solche η_i in Frage, für die für alle $0 \leqslant t \leqslant n$ $0 \leqslant \bar{q}^{(i)}_{x+t} \leqslant 1$ erfüllt ist.

Für die Deckungsrückstellungen besteht dann Gleichheit in den Eckwerten:

$$V(x, 0, n) = \bar{V}(x, 0, n) = -A$$

und

$$V(x, n, n) = \bar{V}(x, n, n) = s^E_{x+n}.$$

Für das Leistungsglied der Thiele'schen Gleichung erhalten wir

$$p_{x+t}\, r_{x+t+1} + \sum_{i=1}^{m} q^{(i)}_{x+t}\, s^{(i)}_{x+t+1} - q_{x+t}\, V(x, t+1, n)$$

$$= \bar{p}_{x+t}\, \bar{r}_{x+t+1} + \sum_{i=1}^{m} q^{(i)}_{x+t}\, (1+\eta_i)\, \bar{s}^{(i)}_{x+t+1} - \sum_{i=1}^{m} q^{(i)}_{x+t}\, \eta_i\, \bar{V}(x, t+1, n)$$

$$- q_{x+t}\, \bar{V}(x, t+1, n) + q_{x+t}\, (\bar{V}(x, t+1, n) - V(x, t+1, n))$$

$$= \bar{p}_{x+t}\, \bar{r}_{x+t+1} + \sum_{i=1}^{m} \bar{q}^{(i)}_{x+t}\, \bar{s}^{(i)}_{x+t+1} - \bar{q}_{x+t}\, \bar{V}(x, t+1, n)$$

$$+ q_{x+t}\, (\bar{V}(x, t+1, n) - V(x, t+1, n)).$$

Setzen wir diesen Ausdruck in die Thiele'sche Gleichung ein, so folgt mit

$$P_t = (1-\beta)\, b_t B - \Gamma_t$$

$$(1+i)\, V(x, t, n) = V(x, t+1, n) - (1+i)\, P_t + p_{x+t}\, r_{x+t+1}$$

$$+ \sum_{i=1}^{m} q^{(i)}_{x+t}\, s^{(i)}_{x+t+1} - q_{x+t}\, V(x, t+1, n)$$

$$= V(x, t+1, n) - (1+i)\, P_t + \bar{p}_{x+t}\, \bar{r}_{x+t+1}$$

$$+ \sum_{i=1}^{m} \bar{q}^{(i)}_{x+t}\, \bar{s}^{(i)}_{x+t+1} - \bar{q}_{x+t}\, \bar{V}(x, t+1, n)$$

$$+ q_{x+t}\, (\bar{V}(x, t+1, n) - V(x, t+1, n))$$

$$= V(x, t+1, n) - (1+i)\, P_t + (1+i)\, \bar{V}(x, t, n)$$

$$- \bar{V}(x, t+1, n) + (1+i)\, \bar{P}_t + q_{x+t}\, (\bar{V}(x, t+1, n)$$

$$- V(x, t+1, n)).$$

Für $0 \leqslant t \leqslant n-1$ haben wir damit das lineare Gleichungssystem

$$(1+i)(V(x,t,n)-\overline{V}(x,t,n))-p_{x+t}(V(x,t+1,n)-\overline{V}(x,t+1,n))$$
$$=(1+i)(P_t-\overline{P}_t)$$

oder

$$(V(x,t,n)-\overline{V}(x,t,n))-v\,p_{x+t}(V(x,t+1,n)-\overline{V}(x,t+1,n))=P_t-\overline{P}_t$$

erhalten. Schreiben wir kurz

$$V(x,t,n)-\overline{V}(x,t,n)=\Delta_t$$
$$P_t-\overline{P}_t=\nabla_t,$$

so haben wir das System

$$\Delta_t - v\,p_{x+t}\,\Delta_{t+1}=\nabla_t \qquad (t=0,\ldots,n-1)$$

mit den Randwerten

$$\Delta_0=0,\ \Delta_n=0$$

auszuwerten.

Das Gleichungssystem kann rekursiv nach Δ_t aufgelöst werden. Dabei ergibt sich

$$\Delta_t=\nabla_t+v\,{}_1p_{x+t}\,\nabla_{t+1}+\ldots+v^{n-t-1}\,{}_{n-t-1}p_{x+t}\,\nabla_{n-1}$$

mit

$${}_kp_{x+t}=p_{x+t}\cdot p_{x+t+1}\cdots p_{x+t+k-1}.$$

Es ist nämlich

$$\Delta_t - v\,p_{x+t}\,\Delta_{t+1}=\nabla_t+v\cdot p_{x+t}\,\nabla_{t+1}+v^2\,p_{x+t}\,p_{x+t+1}\,\nabla_{t+2}+\ldots$$
$$+v^{n-t-1}\,p_{x+t}\cdots p_{x+n-2}\,\nabla_{n-1}-v\,p_{x+t}\,\nabla_{t+1}$$
$$-v\,p_{x+t}\,v\,p_{x+t+1}\,\nabla_{t+2}-\ldots$$
$$-v\,p_{x+t}\,v^{n-t-2}\,p_{x+t+1}\cdots p_{x+n-2}\,\nabla_{n-1}=\nabla_t.$$

Wegen der Randbedingungen haben wir für $t=0$

$$\nabla_0+v\,{}_1p_x\,\nabla_1+\ldots+v^{n-1}\,{}_{n-1}p_x\,\nabla_{n-1}=0$$

und für $t=n-1$

$$\Delta_{n-1}=\nabla_{n-1}$$

zu erfüllen.

Die erhaltene Bedingung lautet deutlicher mit

$$v^t\,{}_tp_x = v^t p_x \cdots p_{x+t-1} = v^t \frac{l_{x+1}}{l_x} \cdots \frac{l_{x+t}}{l_{x+t-1}} = v^t \frac{l_{x+t}}{l_x} = \frac{D_{x+t}}{D_x}$$

geschrieben

$$\sum_{t=0}^{n-1} \frac{D_{x+t}}{D_x} (P_t - \overline{P}_t) = \ddot{a}_{x:\overline{n}|}(P_t - \overline{P}_t;\ t = 0, \ldots, n-1) = 0.$$

Diese Summe kann nur dann Null sein, wenn entweder

$$P_t = \overline{P}_t \qquad (t = 0, \ldots, n-1)$$

ist oder wenn die Differenzen $P_t - \overline{P}_t$ mindestens einen Vorzeichenwechsel aufweisen. Nun stellen die

$$P_t = (1-\beta)\, b_t B - \Gamma_t$$

Beiträge dar, die als Kostenbestandteile nur Abschlußkosten enthalten. Man nennt daher P_t auch **gezillmerte Nettoprämie**. In der Praxis wird man nur solche zwei Versicherungen miteinander vergleichen oder ineinander transformieren wollen, für die

$$\Gamma_t = \overline{\Gamma}_t$$

(Verwaltungskosten werden in der Regel unabhängig von t auf die Endleistung s^E_{x+n} bezogen) und für die ebenfalls

$$b_t = \overline{b}_t$$

gilt. Trifft dies zu, ist

$$\nabla_t = P_t - \overline{P}_t = (1-\beta)\, b_t (B - \overline{B}).$$

Wegen $(1-\beta)\, b_t \geqslant 0$ kann dann ein Zeichenwechsel nicht mehr stattfinden. Aus der Randbedingung $\Delta_0 = 0$ folgt dann

$$B = \overline{B},$$

d. h.

$$\nabla_t = 0.$$

Dann erhalten wir aber weiter aus dem Gleichungssystem

$$\Delta_{n-1} = \nabla_{n-1} = 0,$$
$$\Delta_{n-2} = 0$$
$$\ldots$$
$$\Delta_0 = 0.$$

Wir fassen die erhaltenen Resultate zusammen:

Transformation von Cantelli:

Es seien zwei Versicherungen vorgelegt, die in den Daten

Zins i; Anzahl m der Ausscheidegründe; Alter x, x + n; Endleistungen s^E_{x+n}; Beitragsmodalität b_t; Kostenansätze A, Γ_t, β

übereinstimmen. Treffen außerdem für beide Versicherungen die Beziehungen

$$\bar{q}^{(i)}_{x+t} = (1 + \eta_i)\, q^{(i)}_{x+t} \quad \text{mit} \quad 0 \leqslant \bar{q}^{(i)}_{x+t} \leqslant 1,$$

$$(1 - \bar{q}_{x+t})\, \bar{r}_{x+t+1} = (1 - q_{x+t})\, r_{x+t+1},$$

$$s^{(i)}_{x+t+1} = \bar{s}^{(i)}_{x+t+1} + \eta_i (\bar{s}^{(i)}_{x+t+1} - \bar{V}(x, t+1, n))$$

für $0 \leqslant t \leqslant n - 1$ zu, so stimmen die Beiträge B und $\bar{B}$ sowie die Deckungsrückstellungen V(x, t, n) und $\bar{V}(x, t, n)$ beider Versicherungen überein, es gilt also

$$B = \bar{B}$$

und

$$V(x, t, n) = \bar{V}(x, t, n) \qquad (t = 0, \ldots, n).$$

Die doch eigentlich sehr umfangreichen Einschränkungen in den Voraussetzungen lassen vermuten, daß es allgemeinere Aussagen geben wird. Wir verweisen hierzu auf die Ausführungen in [4.3] § 7.3.

Wir wenden die Transformation von Cantelli auf den wichtigsten Spezialfall der Praxis, nämlich auf

$$\eta_i = 0 \quad \text{für} \quad i = 1, \ldots, m - 1$$

$$\eta_m = -1$$

an. Unsere Transformationsbedingungen lauten dann

$$\bar{q}^{(i)}_{x+t} = \begin{cases} q^{(i)}_{x+t} & i = 1, \ldots, m-1 \\ 0 & i = m \end{cases}$$

Mit

$$\bar{q}_{x+t} = \sum_{i=1}^{m-1} q^{(i)}_{x+t} = q_{x+t} - q^{(m)}_{x+t}$$

folgt

$$\bar{r}_{x+t+1} = \frac{1 - q_{x+t}}{1 - q_{x+t} + q^{(m)}_{x+t}}\, r_{x+t+1}.$$

Außerdem gilt

$$s_{x+t+1}^{(i)} = \begin{cases} \overline{s}_{x+t+1}^{(i)} & i = 1, \ldots, m-1 \\ \overline{V}(x, t+1, n) = V(x, t+1, n) & i = m \end{cases}$$

Offenbar kann $\overline{s}_{x+t+1}^{(m)}$ wegen $\overline{q}_{x+t}^{(m)} = 0$ beliebig angenommen werden.

Interpretieren wir diesen Spezialfall, so können wir folgendes sagen:

Wird als Leistung beim Ausscheidegrund m die Zahlung der am Ende des Ausscheidejahres vorhandenen Deckungsrückstellung zugesagt, so kann die Versicherung, wenigstens was die Berechnung der Deckungsrückstellung angeht, durch eine Versicherung mit nur $m - 1$ Ausscheidegründen ersetzt werden. Diese neue Versicherung leistet bei Vorliegen eines der Gründe 1 bis $m - 1$ die gleichen Ausscheideleistungen $s_{x+t}^{(i)}$, sie sieht etwas geänderte Erlebensfalleistungen $\overline{r}_{x+t+1}$ vor, und sie basiert auf den Ausscheidehäufigkeiten $\overline{q}_{x+t} = \sum_{i=1}^{m-1} q_{x+t}^{(i)}$. Die Änderung der Erlebensfalleistung r_{x+t+1} hängt zwar von der Häufigkeit $q_{x+t}^{(m)}$ ab. Ist aber $r_{x+t+1} = 0$, so gilt dies auch für $\overline{r}_{x+t+1}$.

In der Praxis der Lebensversicherung wird dieser Spezialfall der Transformation von Cantelli als Begründung dafür herangezogen, daß die Häufigkeit „Rückkauf des Lebensversicherungsvertrages" nicht als weitere Rechnungsgrundlage neben Zins, Sterblichkeit und Kosten beachtet wird. Als Leistung bei Rückkauf wird nämlich die Deckungsrückstellung (möglicherweise nach Abzug eines unbedeutenden Anteils) vereinbart.

Nachdem wir einige versicherungstechnische Eigenschaften der Deckungsrückstellung behandelt haben, wollen wir kurz auf die wirtschaftliche Bedeutung dieses Begriffs eingehen.

4.5 Zur Bedeutung der Deckungsrückstellung

Neben den Versicherungsbeiträgen stellen in der Lebensversicherung die Deckungsrückstellungen die wesentlichsten versicherungstechnischen Größen dar. Schließlich bilden sie vereinfacht gesprochen das Sparguthaben der Versicherten, das insbesondere – aber nicht ausschließlich – der vorsorglichen Finanzierung der Erlebensfalleistungen bei Ablauf des Versicherungsvertrages dient.

Sehen wir uns einige Zahlen der deutschen Lebensversicherer aus ihren Rechenschaftsberichten über das Jahr 1984 (aus [4.4]) an, so betrug die gesamte Versicherungssumme der Lebensversicherungsbestände aller deutschen Lebensversicherungsunternehmen am 31.12.1984

1 049,065 Mrd. DM.

Für diese Versicherungen wurden im Jahr 1982 von den Versicherungsnehmern

37,840 Mrd. DM

an Beiträgen gezahlt.

Die bis zum 31.12.1984 gebildete Deckungsrückstellung dürfte annähernd[6]

210,5 Mrd. DM

betragen. Bei dieser Größenordnung ist es kein Wunder, daß die Rechte und Pflichten der Versicherungsnehmer sowie der Versicherungsunternehmen seit Jahrzehnten gesetzlich geregelt worden sind. Insbesondere sind das Versicherungsvertragsgesetz und das Versicherungsaufsichtsgesetz zu nennen, die die wesentlichen Rechtsquellen für das Lebensversicherungswesen sind. Hier – also bei der Festlegung von Beiträgen und Deckungsrückstellungen – ist das Versicherungsaufsichtsgesetz (VAG) heranzuziehen (vgl. z.B. [4.5]). In seinem § 11 beschäftigt sich das VAG mit dem Geschäftsplan in der Lebensversicherung. Er hat folgenden Wortlaut:

„Geschäftsplan in der Lebensversicherung

(1) Der Geschäftsplan einer Lebensversicherungsunternehmung hat die von ihr angenommenen Staffeln (Tarife) und die Grundsätze für die Berechnung der Entgelte (Prämien) und Deckungsrücklagen (Prämienreserven) vollständig darzustellen, namentlich auch den Zinsfuß und die Höhe des Zuschlags zum Reinentgelte (Nettoprämie) anzugeben. Beizufügen sind die für die Berechnungen maßgebenden Wahrscheinlichkeitstafeln, besonders über die Sterblichkeit und die Invaliditäts- und Krankheitsgefahr.

(2) Für jede Versicherungsart (z.B. Versicherung auf den Lebens- oder auf den Todesfall, Versicherung einmaliger oder wiederkehrender Leistungen) sind die für die Berechnung der Entgelte und der Deckungsrücklagen maßgebenden Formeln vorzulegen und durch ein Zahlenbeispiel zu erläutern.

(3) Sollen auch Versicherungen gegen ein erhöhtes Entgelt übernommen werden, so ist im Geschäftsplan ferner anzugeben, ob und nach welchen Grundsätzen dafür eine besondere Deckungsrücklage gebildet werden soll.“

Dieser Geschäftsplan ist vor der Einführung der in ihm enthaltenen Versicherungstarife dem **Bundesaufsichtsamt für das Versicherungswesen** zur Prüfung und zur Genehmigung vorzulegen. Die Aufsicht soll gewährleisten, daß sich der Geschäftsbetrieb der Versicherungsunternehmen im Einklang mit den gesetzlichen Vorschriften und dem Geschäftsplan befindet, daß die Belange der Versicherungsnehmer nicht gefährdet werden und daß die Vermögenslage der Unternehmen immer die Erfüllung der vertraglich übernommenen Verpflichtungen erlaubt.

Insbesondere VAG § 65 befaßt sich mit der Deckungsrückstellung. Sein Wortlaut

„Deckungsrückstellung

(1) Die Deckungsrücklage für Lebensversicherungen ist für die laufenden Versicherungsverträge für den Schluß jedes Geschäftsjahrs, getrennt nach den einzelnen Versicherungsarten, zu berechnen und zu buchen; dabei sind die Rechnungsgrundlagen des § 11 anzuwenden.

(2) Durch mindestens einen mit der Berechnung der Deckungsrücklage bei Lebens-, Kranken- oder Unfallversicherungsunternehmungen (§ 12) beauftragten

---

6 Der angegebene Betrag mußte aus den Angaben von 24 Lebensversicherungsunternehmen, deren Bestände 73,8 % des Bestandes aller Unternehmen ausmachen, geschätzt werden.

Sachverständigen ist, ohne daß dies die Verantwortlichkeit der Vertreter der Unternehmung berührt, unter der Bilanz zu bestätigen, daß die eingestellte Deckungsrücklage nach Abs. 1 berechnet ist. Für kleinere Vereine (§ 53) gilt dies nicht."

sieht vor, daß die Deckungsrückstellung zum Ende jedes Geschäftsjahres für jede einzelne Versicherung zu berechnen ist. Vor dem Einsatz der elektronischen Datenverarbeitungsanlagen haben sich die Lebensversicherungsmathematiker eingehend mit Methoden zur gruppenweisen Berechnung der Deckungsrückstellungen sowie mit Näherungsmethoden befassen müssen (vgl. z. B. [4.1] 3. Kapitel, 4. Abschnitt). Die Berechnung durch Computer hat zu einer Verschiebung der Schwerpunkte geführt, sie erfordert, da sie in Einzelrechnung erfolgt, besondere Kontrollmaßnahmen.

Der § 66 des VAG regelt dann die Bedeckung der Deckungsrückstellung durch Vermögenswerte, die im Deckungsstock zusammengefaßt sind (wobei uns hier nur die Absätze 1 und 2 interessieren):

„*Deckungsstock*

(1) Der Vorstand der Unternehmung hat schon im Laufe des Geschäftsjahrs Beträge in solcher Höhe dem Deckungsstock (Prämienreservefonds) zuzuführen und vorschriftsmäßig anzulegen, wie es dem voraussichtlichen Anwachsen der Deckungsrücklage (§ 65) entspricht. Die Aufsichtsbehörde kann hierüber nähere Anordnung treffen.

(2) Erreichen die Bestände des Deckungsstocks nicht den der Berechnung der Deckungsrücklage entsprechenden Betrag (§ 65), so hat der Vorstand den fehlenden Betrag unverzüglich dem Deckungsstock zuzuführen."

So wie die Berechnung der Deckungsrückstellung und ihre Bestätigung Aufgabe des in VAG § 65 genannten Sachverständigen (der üblicherweise Chefmathematiker genannt wird) ist, obliegt die Überwachung des Deckungsstocks einer besonderen Person, dem Treuhänder (vgl. VAG § 70, § 72).

Nach diesem sehr kurzen Einblick in die rechtlichen Grundlagen der Versicherungstechnik wollen wir uns im nächsten Kapitel mit den hauptsächlichsten Versicherungsformen der Praxis befassen.

4.6 Aufgaben

Aufgabe 4.1

Drücke den Barwert eines jährlich um 100 r% des Vorjahreswertes steigenden Beitrags, der vom Alter x bis zum Alter $x + n_0$ jährlich vorschüssig zu zahlen ist, durch einen Barwert einer gleichbleibenden Beitragszahlung mit einem geänderten Zinssatz aus. Ermittle einige Werte dieses Zinssatzes bei $i = 0{,}035$.

Aufgabe 4.2

Für die lebenslängliche Todesfallversicherung mit vorgezogener Beitragszahlung (d. h. $m = 1$; $n_0 < w$, $n = \omega - x + 1$; $b_t = 1$ $(t = 0, \ldots, n_0 - 1)$; $s^{(1)}_{x+t} = S$ $(t = w, \ldots, \omega - x + 1)$, $s^E_{x+n} = r_{x+t} = 0$; $A = \alpha S$, $B_t = \beta B$, $\Gamma_t = \gamma S$) sollen die Formeln für den Beitrag B und für die Deckungsrückstellungen V (x, t, n) in den drei Intervallen $0 \leqslant t \leqslant n_0 - 1$, $n_0 \leqslant t \leqslant w$, $w + 1 \leqslant t$ angegeben werden.

Aufgabe 4.3

Für die Versicherung der Aufgabe 4.2 berechne mit Anhang 1 für $x = 30$, $n_0 = 5$, $w = 10$, $S = 50.000$ DM, $\alpha = 0{,}035$, $\beta = 0{,}03$, $\gamma = 0{,}00225$ (woraus sich nach Aufgabe 4.2 $B = 3.421$ DM ergibt) die Deckungsrückstellungen $V(x, t, n)$ für die Zeiten $t = 0, 2, 4, 5, 8, 10, 11, 20, 30, 40, 50, 60, 70$.
Begründe den erhaltenen Wert für $t = 70$.

Aufgabe 4.4

Für die gemischte Kapitalversicherung (d.h. für $m = 1$; $w = 0$, $n_0 = n$; $b_t = 1$; $r_{x+t} = 0$, $s^{(1)}_{x+t} = s^E_{x+n} = 1$; $A = \alpha$, $B_t = \beta B_{x:\overline{n}|}$, $\Gamma_t = \gamma$) sollen Beitrag $B = B_{x:\overline{n}|}$ und Deckungsrückstellungen $V(x, t, n) = {}_tV_{x:\overline{n}|}$ durch Leibrentenbarwerte ausgedrückt werden.

Aufgabe 4.5

Für die gemischte Versicherung der Aufgabe 4.4 soll gezeigt werden, daß aus $q_{x+t} \leqslant q_{x+\mu}$ $(t = 1, \ldots, n-2; \mu = t, \ldots, n-2)$ die Ungleichungen ${}_tV_{x:\overline{n}|} \leqslant {}_{t+1}V_{x:\overline{n}|}$ $(t = 1, \ldots, n-1)$ folgen.

Stochasius' Randbemerkung 4

Lieber Herr Kollege!

Lassen Sie mich vorab ein Wort zu Ihrem Vorspruch anmerken. Ist er nicht ein wenig auch auf die heutige Zeit anwendbar? Wenn ich an die jungen Kollegen denke, so sehe ich sie programmieren, zum Computer-Terminal eilen und nach kurzer Zeit mit einer Fülle von Zahlen auf großen Papierbögen zurückkehren.

Mir fiel ein, wie wir diese Probleme angingen. Zwar ist es bei mir schon einige Zeit her – aber, wenn ich Sie so ansehe, dürfte dies auch für Sie gelten. Wir begannen mit der Aufstellung von Formeln, zerlegten diese in Rechenschritte und schrieben auf einem Rechenblatt diese Schritte, die ein spaltenweises Rechnen erlaubten, auf. Gewiß, das Programmieren ist nichts anderes. Dann aber rechneten wir Spalte für Spalte (Sie auch mit der guten alten „Brunsviga"?) und bekamen so ein Gefühl für das Geschehen in einem Versicherungsvertrag, einen Spürsinn für die Änderungen, wenn Grundwerte variiert werden. So wuchs unsere Erfahrung, so wurden wir zu „alten Fuhrleuten der Branche" (wie ich kürzlich las).

Sollten wir nicht unsere jungen Kollegen auch hierzu auffordern, daß sie ab und zu Zeile für Zeile, Spalte für Spalte dem versicherungstechnischen Zahlenfluß nachgehen. Vielleicht verliert so der Vorspruch, den Paul Lorenz[7] *einem seiner Bücher voranschickte, und der*

„Das Schwerste ist die Deutung"

lautete, an Gewicht.

Aber nun zu meinem Anliegen: Wie Sie richtig sagen, findet die Theorie von Cantelli dann in der Praxis Anwendung, wenn z. B. beim Ausscheiden wegen des Grundes m die Deckungsrückstellung ausgezahlt wird. Das ist von Ausnahmen abgesehen bei Stornierungen der Fall. – Ich will davon absehen, meine Meinung zu der Tatsache zu sagen, daß niemals die genaue Deckungsrückstellung als Kündigungsleistung vorgesehen ist. Sie wissen wie ich, daß negative Deckungsrückstellungen bei Stornierungen immer durch Null ersetzt werden und daß oftmals einige Prozente an den positiven Deckungsrückstellungen gekürzt werden. Die Bedingungen der Cantelli-Transformation gelten also nur näherungsweise. Was gilt dann für das Ergebnis? Geben Sie es ruhig zu, daß Sie darüber noch nicht nachgedacht haben. – Ich meine etwas anderes, etwas schwerer wiegendes.

Ich zitiere zunächst einige Folgerungen aus der Cantelli-Transformation:

1. *„– Die zweite Ursache fällt somit völlig aus der Rechnung; Prämien und Deckungsrückstellungen können bestimmt werden, wie wenn nur die erste Ursache einwirken würde."*[8]
2. *„... daß die Berücksichtigung freiwilliger Austritte aus der Versicherung dann keinen Einfluß auf die Prämien und auf das Deckungskapital hat, wenn der Versicherte im Zeitpunkt des Austrittes das volle Deckungskapital ausgezahlt erhält."*[9]
3. *„Bei allen Berechnungen der versicherungsmathematischen Werte über eine Ausscheideordnung darf man diejenige Ausscheideordnung in die Rechnung nicht einbeziehen, bei deren Eintritt das Deckungskapital gewährt wird."*[10]

---

7 P. S. bezieht sich auf [4.6], Vorwort
8 [4.1] S. 47
9 [4.7] S. 273
10 [4.8] S. 65

4. „*In beiden Methoden ergibt sich demnach die bemerkenswerte Tatsache, daß diejenige partielle Ausscheidewahrscheinlichkeit (...) einfach durch Null zu ersetzen ist, für die die mit ihr verbundene Ausscheideleistung gleich der Deckungsrückstellung ist.*“[11]
5. „*Werden insbesondere als $q_s^{(i)}$ die Stornowahrscheinlichkeiten angenommen, so folgt der Satz: Bei Abgangsentschädigungen in Höhe der Durchschnittsrücklage sind die Prämien und Durchschnittsrücklagen vom Storno unabhängig. ... Dabei ist aber die Voraussetzung zu beachten, daß die Zahlen $q_s^{(i)}$ für $i \neq j$ durch den Storno ungeändert bleiben müssen.*“[12]

Wenn Sie diese Zitate lesen – wäre es deutlicher, wenn sie in umgekehrter Reihenfolge angeordnet wären? –, ist es dann noch verwunderlich, wenn die Praxis die Häufigkeit der Stornierungen völlig vernachlässigt? Würde Ihnen wirklich der Hinweis auf die „Theorie von Cantelli“ – natürlich ohne nähere Erläuterung – als Begründung genügen? Lassen Sie uns dieser Frage nochmals auf den Grund gehen.

Was sagte genau die Transformation von Cantelli? Unter gewissen Prämissen kann die Ausscheideordnung mit den Häufigkeiten

$$q_{x+t} = q_{x+t}^{(1)} + \ldots + q_{x+t}^{(m)}$$

durch die gekürzte Ausscheideordnung mit den Häufigkeiten

$$\bar{q}_{x+t} = q_{x+t}^{(1)} + \ldots + q_{x+t}^{(m-1)} = q_{x+t} - q_{x+t}^{(m)}$$

ersetzt werden. Nur Henryk Schärf, den ich als einen der Großen der Versicherungsmathematiker ansehe, hat ausdrücklich bemerkt, daß die „abhängigen“ Ausscheidewahrscheinlichkeiten $q_{x+t}^{(1)}, \ldots, q_{x+t}^{(m-1)}$ bei diesem Prozeß unverändert bleiben. Sie stellen insbesondere **nicht** *diejenigen Wahrscheinlichkeiten dar, die bestehen würden, wenn es* **keine** *Stornierungen geben würde. Sie entstammen nämlich einer Beobachtung, die es auf die Ausscheideursachen „1“ bis „m – 1“ sowie „Stornierung“ abgestellt hat.*

Das bedeutet doch aber – pflichten Sie mir bei? –, daß die Häufigkeiten $q_{x+t}^{(i)}$ $(i = 1, \ldots, m-1)$ vom Ausmaß des Stornos abhängig sind. Je mehr rückgekauft wird, um so weniger Raum bleibt für diese Ausscheidegründe. Außerdem kann in diesem Fall eine zusätzliche Verschiebung innerhalb der restlichen Ursachen eintreten, wenn man daran denkt und berücksichtigt, daß vermutlich mehr gesunde als kranke Versicherte ihre Versicherung (z. B. aus wirtschaftlichen Gründen) zurückkaufen. Obwohl nun die Praxis Beiträge und Deckungsrückstellungen mit dem Hinweis auf Cantelli lediglich mittels der Häufigkeiten $q_{x+t}^{(i)}$ $(i = 1, \ldots, m-1)$ berechnet, sind diese Grundwerte dennoch mittelbar vom Ausmaß des Stornos abhängig.

Bedenken Sie, daß Stornohäufigkeiten sehr viel größer sind als Sterbehäufigkeiten (der Faktor 10 ist sicher nicht übertrieben), und beachten Sie, daß die Stornohäufigkeiten starken Schwankungen unterliegen können. Ist es dann nicht hohe Zeit, die Zulässigkeit unseres (nur) näherungsweisen Vorgehens durch theoretische Untersuchungen zu bestätigen?

Dies fragt Sie wiederum

Ihr *P. S.*

11 [4.9] S. 47
12 [4.10] S. 185

5 Versicherungsformen der Praxis

Aber mehr Verforgung fich oder den Seinigen auf Lebens- und Todesfälle zu verfichern, als durch eigene Auffparung des dazu beftimmten Geldes möglich ift, das geht an, dadurch, dafs man diefs Geld, als verloren für fich felbft, für andere hingiebt, in dem Fall, dafs der Umftand nicht eintritt, bey dem man für fich oder für die Seinigen die Verforgung von nöthen hat. Diefs ift das wefentliche Wohlthätige, das in der Natur diefer Anftalten liegt.

Joh. Nicol. Tetens, S. IV

Nach den mehr grundlegenden Ausführungen des vorangegangenen Kapitels wollen wir uns nun wieder mehr der Praxis der Lebensversicherung zuwenden.

Nach Bemerkungen zur zweckmäßigen Wahl der Rechnungsgrundlagen 1. Ordnung besprechen wir die hauptsächlichsten Versicherungsformen der Praxis. Wir bestimmen dazu die erforderlichen Beiträge und verschaffen uns einen Überblick über den Verlauf der Deckungsrückstellungen.

Schließlich befassen wir uns mit der Versicherung kranker Versicherter, d. h. mit der Versicherung erhöhter Risiken und beenden dieses Kapitel mit der Behandlung der Ratenzahlung von Beiträgen.

5.1 Zur Wahl der Rechnungsgrundlagen erster Ordnung

Bevor wir die gebräuchlichsten Versicherungsformen, die zur Zeit in der Bundesrepublik Deutschland auf dem Lebensversicherungsmarkt angeboten werden, einzeln besprechen, müssen wir einige Bemerkungen zur Wahl der Rechnungsgrundlagen erster Ordnung machen. Im Abschnitt 3.5 hatten wir zu diesem Thema bereits einige Hinweise gegeben; wir wollen diese noch etwas vertiefen. Wie wir im Abschnitt 4.5 schon betont haben, müssen die Versicherungsunternehmen so handeln, daß die Belange der Versicherungsnehmer nicht gefährdet sind. Bezüglich der Festlegung der Versicherungsformen und ihrer Beiträge muß also dafür gesorgt werden, daß ausreichend sicher gerechnet wird. Diese erforderliche Sicherheit erzielen wir durch einen vorsichtigen Ansatz der Rechnungsgrundlagen. Dieses Vorgehen findet seine Grenzen an dem am Markt Möglichen und Vertretbaren. Hierdurch werden nach oben Grenzen gesetzt. Andererseits wacht das Bundesaufsichtsamt für das Versicherungswesen darüber, daß durch den Wettbewerb unter den Versicherungsunternehmen nicht Grenzen nach unten verletzt werden. Mit anderen Worten: Beide Einflüsse bewirken, daß sich die Rechnungsgrundlagen, also die Ansätze für Zins, Sterblichkeit, andere demographische Werte und für Kosten, innerhalb einer gewissen Bandbreite bewegen. Offenbar haben die Versicherungsformen auf die Festlegung des Zinsansatzes so gut wie keinen Einfluß. Die Aufgaben 3.2 und 3.3 zeigen (jedenfalls für die gemischte Versicherung), daß ein wachsender Zins zu kleineren Leibrentenbarwerten und Beiträgen führt. Wie wir bereits in Abschnitt 3.5 vorgesehen hatten, wollen wir der Praxis der deutschen Lebensversicherung folgen und von dem Zinsansatz

$$i = 0{,}035 \quad (= 3{,}5\,\%\ \text{p. a.})$$

ausgehen. Jahrzehntelang betrug dieser Satz seit dem 2. Weltkrieg 3 % p. a., erst vor kurzer Zeit wurde die um 1/2 %-Punkte höhere Festlegung für zulässig erklärt.

Was die Kostenannahmen anlangt, so werden wir diese ebenfalls weitgehend den Sätzen der Praxis angleichen. Im Gegensatz zum Zinsansatz werden wir hier eine Abhängigkeit von der Versicherungsform vorfinden. So ist es naheliegend, daß Versicherungstarife, die keine Deckungsrückstellungsberechnung vorzusehen haben, einen niedrigeren Kostenansatz als bei Tarifen mit Deckungsrückstellungsberechnung ermöglichen.

Die Festlegung der Sterblichkeitsgrundlagen erfordert eine etwas eingehendere Betrachtung. Durch die Aufgabe 3.1 haben wir erkannt, daß aus

$$q'_{x+t} > q_{x+t}$$

$$\ddot{a}'_{x:\overline{n}|} < \ddot{a}_{x:\overline{n}|}$$

und

$$A'_{x:\overline{n}|} > A_{x:\overline{n}|}$$

folgt. Nun können wir den Barwert $\ddot{a}_{x:\overline{n}|}$ als Nettoeinmalbeitrag für eine temporäre Leibrente der Höhe 1 und den Anwartschaftsbarwert $A_{x:\overline{n}|}$ als Nettoeinmalbeitrag für eine gemischte Versicherung mit der (im Todesfall wie im Erlebensfall fällig werdenden) Leistung der Höhe 1 interpretieren. Die Ungleichungen sind plausibel: Bei wachsender Sterblichkeit q'_{x+t} werden weniger Ratenzahlungen fällig, deshalb sinkt $\ddot{a}'_{x:\overline{n}|}$. Dagegen werden bei der gemischten Versicherung, bei der die Leistung zwar zeitlich ungewiß, aber auf jeden Fall einmal fällig wird, mehr Todesfälle zu vorgezogenen Sterbefällen und damit zu Zinseinbußen beim Versicherungsunternehmen führen. Also wächst der erforderliche Beitrag $A'_{x:\overline{n}|}$ an.

Im Vergleich zur tatsächlichen Sterblichkeit müssen wir daher, wenn wir vorsichtig rechnen wollen, bei der Leibrente mit einer niedrigeren, bei der gemischten Versicherung mit einer höheren Sterblichkeit rechnen. Dieses unterschiedliche Verhalten bezeichnen wir so:

Die Versicherung einer Leibrente gegen Einmalbeitrag hat **Erlebensfallcharakter**, die gemischte Versicherung gegen Einmalbeitrag hat **Todesfallcharakter**.

Die Frage, wann eine Versicherungsform den Charakter einer Erlebensfallversicherung bzw. einer Todesfallversicherung hat, also die Frage nach entsprechenden Kriterien, wurde vor einigen Jahrzehnten lebhaft diskutiert und dürfte in der nächsten Zeit wieder an Bedeutung gewinnen.

Wir wollen hier auf einen Ansatz von *Peter Leepin* aus dem Jahr 1956 [5.1] zurückgreifen. Der Vollständigkeit erwähnen wir, daß *Hans Storck* kurze Zeit danach [5.2] eine umfassend mathematische Fundierung dieses Problemkreises vorgelegt hat. Unserer Betrachtung legen wir – aus Gründen der Praktikabilität – die folgende Definition zugrunde:

Es wird der Beitrag – sei er einmalig oder jährlich zu zahlen – einer Versicherungsform bei gleichen Zins- und Kostenansätzen für zwei Sterbetafeln, für die

$$q'_{x+t} < q_{x+t}$$

für alle $x+t$ gilt, berechnet. Ist dann der (mit der niedrigeren Sterblichkeit gerechnete) Barwert der sich ergebenden Prämiendifferenzen $b_tB' - b_tB$ negativ, so sagen wir, daß diese Versicherung bezüglich dieser beiden Sterbetafeln **Todesfallcharakter** hat. Ist der Barwert **positiv**, so hat diese Versicherung bezüglich dieser beiden Sterbetafeln **Erlebensfallcharakter.**

Wir vereinfachen die folgende Betrachtung etwas, wenn wir von

$$w = 0, \quad n_0 = n$$

ausgehen. Offenbar lassen sich die Fälle

$$w > 0 \quad \text{und} \quad n_0 < n$$

auch dadurch erzeugen, daß bei $w > 0$ für alle Ausscheideleistungen

$$s^{(i)}_{x+t} = 0 \quad (i = 1, \ldots, m;\ 1 \leqslant t \leqslant w)$$

und bei $n_0 < n$

$$b_t = 0 \qquad (t = n_0, \ldots, n-1)$$

entgegen unseren ursprünglichen Konventionen angesetzt wird.

Aus der in Abschnitt 4.3 abgeleiteten Beziehung für den Sparbeitrag (vgl. auch Abschnitt 4.4) erhalten wir für den Beitrag

$$\begin{aligned}(1-\beta)\, b_tB &= v\,V(x, t+1, n) - V(x, t, n) + v\,p_{x+t}\, r_{x+t+1} \\ &\quad + v \sum_{i=1}^{m} q^{(i)}_{x+t}\, s^{(i)}_{x+t+1} - v\,q_{x+t}\, V(x, t+1, n) + \Gamma_t.\end{aligned}$$

Gegen wir von anderen Sterblichkeitsgrundlagen aus – wir bezeichnen sie mit $q_{x+t}^{(i)'}$ –, so gilt für den dann zu erhebenden Beitrag B′ die Relation

$$(1-\beta)\, b_t B' = v\, V'(x, t+1, n) - V'(x, t, n) + v\, p'_{x+t}\, r_{x+t+1} + v \sum_{i=1}^{m} q_{x+t}^{(i)'}\, s_{x+t+1}^{(i)} - v\, q'_{x+t}\, V'(x, t+1, n) + \Gamma_t.$$

Für die Differenz beider Beiträge erhalten wir dann

$$\begin{aligned}(1-\beta)\, b_t (B' - B) &= v\, V'(x, t+1, n) - V'(x, t, n) - v\, V(x, t+1, n) \\ &\quad + V(x, t, n) + v(p'_{x+t} - p_{x+t})\, r_{x+t+1} \\ &\quad + v \sum_{i=1}^{m} q_{x+t}^{(i)'}\, s_{x+t+1}^{(i)} - v\, q'_{x+t}\, V(x, t+1, n) \\ &\quad + v\, q'_{x+t}\, V(x, t+1, n) - v\, q'_{x+t}\, V'(x, t+1, n) \\ &\quad - v \sum_{i=1}^{m} q_{x+t}^{(i)}\, s_{x+t+1}^{(i)} + v\, q_{x+t}\, V(x, t+1, n) \\ &= [v\, V'(x, t+1, n) - v\, V(x, t+1, n) + V(x, t, n) \\ &\quad - V'(x, t, n) + v\, q'_{x+t}\, V(x, t+1, n) - v\, q'_{x+t}\, V'(x, t+1, n)] \\ &\quad + v(p'_{x+t} - p_{x+t})\, r_{x+t+1} \\ &\quad + v \sum_{i=1}^{m} (q_{x+t}^{(i)'} - q_{x+t}^{(i)})(s_{x+t+1}^{(i)} - V(x, t+1, n)).\end{aligned}$$

Bilden wir

$$\frac{1}{D'_x} \sum_{t=0}^{n-1} D'_{x+t} [\quad].$$

so folgt

$$\begin{aligned}\frac{1}{D'_x} \sum_{t=0}^{n-1} D'_{x+t} [\quad] &= \frac{1}{D'_x} \sum_{t=0}^{n-1} D'_{x+t} [V(x, t, n) - V'(x, t, n) \\ &\quad - v\, p'_{x+t} \cdot (V(x, t+1, n) - V'(x, t+1, n))] \\ &= \frac{1}{D'_x} \sum_{t=0}^{n-1} D'_{x+t} (V(x, t, n) - V'(x, t, n)) \\ &\quad - \frac{1}{D'_x} \sum_{t=0}^{n-1} v\, D'_{x+t}\, p'_{x+t} (V(x, t+1, n) - V'(x, t+1, n)).\end{aligned}$$

Mit

$$v D'_{x+t} p'_{x+t} = v^{x+t+1} l'_{x+t} (1 - q'_{x+t}) = v^{x+t+1} l'_{x+t+1} = D'_{x+t+1}$$

gilt

$$\frac{1}{D'_x} \sum_{t=0}^{n-1} D'_{x+t} [\quad] = \frac{1}{D'_x} \sum_{t=0}^{n-1} D'_{x+t} (V(x, t, n) - V'(x, t, n))$$
$$- \sum_{t=0}^{n-1} D'_{x+t+1} (V(x, t+1, n) - V'(x, t+1, n))$$
$$= \frac{1}{D'_x} \left(\sum_{t=0}^{n-1} - \sum_{t=1}^{n} \right) = \frac{1}{D'_x} (D'_x (V(x, 0, n) - V'(x, 0, n))$$
$$- D'_{x+n} (V(x, n, n) - V'(x, n, n))) = 0$$

wegen

$$V(x, 0, n) = V'(x, 0, 0) = -A$$

und

$$V(x, n, n) = V'(x, n, n) = s^E_{x+n}.$$

Mit diesem Zwischenergebnis vereinfacht sich der Barwert der Beitragsdifferenzen zu

$$\frac{1}{D'_x} \sum_{t=0}^{n-1} (1 - \beta) b_t D'_{x+t} (B' - B) = \frac{1}{D'_x} \sum_{t=0}^{n-1} D'_{x+t} (p'_{x+t} - p_{x+t}) r_{x+t+1}$$
$$+ \frac{1}{D'_x} v \sum_{t=0}^{n-1} D'_{x+t} \sum_{i=1}^{m} (q^{(i)'}_{x+t} - q^{(i)}_{x+t}) \cdot$$
$$\cdot (s^{(i)}_{x+t+1} - V(x, t+1, n)).$$

Also gilt schließlich die Beziehung

$$\frac{(1 - \beta)}{D'_x} \sum_{t=0}^{n-1} b_t D'_{x+t} (B' - B) = \frac{1}{D'_x} v \sum_{t=0}^{n-1} D'_{x+t} \sum_{i=1}^{m} (q^{(i)'}_{x+t} - q^{(i)}_{x+t}) (s^{(i)}_{x+t+1}$$
$$- V(x, t+1, n) - r_{x+t+1})$$

oder

$$B' - B = \frac{v \sum_{t=0}^{n-1} D'_{x+t} \sum_{i=1}^{m} (q^{(i)'}_{x+t} - q^{(i)}_{x+t}) (s^{(i)}_{x+t+1} - V(x, t+1, n) - r_{x+t+1})}{(1 - \beta) \sum_{t=0}^{n-1} b_t D'_{x+t}}$$

In der Praxis wird der Charakter einer Versicherung fast ausschließlich auf das Verhalten gegenüber Sterblichkeitsänderungen bezogen. Deshalb beschränken wir uns – so reizvoll auch allgemeinere Betrachtungen sein könnten – auf den Fall

$$q^{(1)'}_{x+t} < q^{(1)}_{x+t}$$

und

$$q^{(i)'}_{x+t} = q^{(i)}_{x+t} \qquad (i = 2, \ldots, m).$$

Schreiben wir noch

$$s^{(1)}_{x+t} = s_{x+t},$$

so gilt für die Beitragsdifferenz

$$B' - B = \frac{v \sum_{t=0}^{n-1} D'_{x+t} (q^{(1)'}_{x+t} - q^{(1)}_{x+t})(s_{x+t+1} - V(x, t+1, n) - r_{x+t+1})}{(1-\beta) \sum_{t=0}^{n-1} b_t D'_{x+t}}$$

Dieser Ausdruck erlaubt sofort die folgende Aussage:

Gilt im Fall $q^{(1)'}_{x+t} < q^{(1)}_{x+t}$, $q^{(i)'}_{x+t} = q^{(i)}_{x+t}$ $(i = 2, \ldots, m)$ für alle $t = 1, \ldots, n$

$$s_{x+t} > V(x, t, n) + r_{x+t},$$

so hat die Versicherung Todesfallcharakter.

Gilt dagegen für diese t

$$s_{x+t} < V(x, t, n) + r_{x+t},$$

so hat die Versicherung Erlebensfallcharakter.

Der Deutlichkeit halber schließen wir folgende Bemerkungen an:

1. Da sich die Zahlungsweise des Beitrags (einmalig oder jährlich) auf die Höhe der Deckungsrückstellung auswirkt, beeinflußt sie auch den Charakter der Versicherung.
2. Sind die eben genannten hinreichenden Bedingungen erfüllt, kommt es offenbar auf den „Abstand“ zwischen beiden Sterbetafeln nicht an. Die Aussage gilt also für jedes beliebige Paar von Sterbetafeln, sofern nur die Voraussetzung $q^{(1)'}_{x+t} < q^{(1)}_{x+t}$ für alle $x + t$ erfüllt ist.
3. Sind die hinreichenden Bedingungen nicht erfüllt, hat also der Ausdruck

   $$s_{x+t+1} - V(x, t+1, n) - r_{x+t+1}$$

   wechselndes Vorzeichen, so werden mitunter folgende pragmatische Verfahren angewandt:

Für die zu betrachtende Versicherungsform werden die Beiträge B und B' mit den vom Bundesaufsichtsamt für das Versicherungswesen zugelassenen Rechnungsgrundlagen

für Versicherungen mit Todesfallcharakter beim Beitrag B nach Anhang 1,
für Versicherungen mit Erlebensfallcharakter beim Beitrag B' nach Anhang 3

oder der Beitrag B' für eine Versicherungsform, bei der alle Alter um ein Jahr vermindert worden sind, berechnet.

Ist dann $B > B'$, so hat diese Versicherung Todesfallcharakter, ist $B < B'$, so hat sie Erlebensfallcharakter.

Wir werden später beide Verfahren wenigstens beispielhaft zu betrachten haben.

Denken wir an die säkulare Sterblichkeitsentwicklung, unterstellen wir also eine aufgrund besser werdender medizinischer Versorgung sinkende Sterblichkeitswahrscheinlichkeit, so kann die Sicherheit von Todesfallversicherungen nur besser werden, wenn man ihre Sterblichkeitsgrundlagen nicht ändert. Anders ist dies bei Erlebensfallversicherungen. Hält man an der gewählten Grundlage fest, so nimmt die Sicherheit offenbar mit der säkularen Sterblichkeitsminderung ab. Deshalb wird bei Erlebensfallversicherungen von einer sich ändernden Grundlage für die Sterblichkeit ausgegangen. Dabei beruht diese auf dem Verfahren der Rueff'schen Altersverschiebung. Dabei wird von einer Grundsterbetafel ausgegangen. Bis vor kurzem war dies die Allgemeine Deutsche Sterbetafel 1949/51 für Männer; man kann erwarten, daß dies künftig die Generationentafel G 1950 M bzw. F (vgl. Anhang 3) sein wird.

In Abhängigkeit vom Geburtsjahr τ werden die Alter um eine vorgegebene Zahl $\Delta\tau$ von Jahren verschoben. Ist x das Beitrittsalter (offenbar) im Kalenderjahr $\tau + x$, so wird mit der Sterbewahrscheinlichkeit

$$q'_{x+t} = q_{x+t+\Delta\tau}$$

gerechnet. Sicherlich gibt es theoretisch interessantere Verfahren der Erfassung des säkularen Sterblichkeitstrends, das Verfahren der Altersverschiebung ist aber an Einfachheit nicht zu übertreffen. Seine Entwicklung ist von *Fritz Rueff* in [5.5] beschrieben worden.

Die bis vor kurzem geltenden Verlautbarungen des Bundesaufsichtsamtes über die Grundlagen der Versicherungen mit Todesfallcharakter (kurz Todesfallversicherungen genannt) können [5.3] und über die Grundlagen der Versicherungen mit Erlebensfallcharakter (kurz Erlebensfallversicherungen genannt) [5.4] entnommen werden.

Als Beispiel für eine Versicherungsform mit wechselndem Vorzeichen des Ausdrucks

$$s_{x+t+1} - V(x, t+1, n) - r_{x+t+1}$$

betrachten wir wieder eine lebenslängliche Todesfallversicherung mit vorgezogener Beitragszahlung. Betrachten wir die Lösung der Aufgabe 4.3, so erkennen wir, daß die Deckungsrückstellung im Intervall $0 \leqslant t \leqslant w$ – von den ersten Versicherungsjahren abgesehen – positiv ist. Da in diesem Bereich $s_{x+t} = 0$ ist, ist der Ausdruck (mit $r_{x+t} = 0$) negativ. Im Intervall $w + 1 \leqslant t \leqslant \omega$ wächst die Deckungsrückstellung bis zum Betrag der versicherten Summe an, ist also kleiner als diese.

Folglich ist der Ausdruck hier positiv. Welcher Einfluß überwiegt, hängt von den einzelnen Gegebenheiten ab. Es kann sogar so sein, daß eine Versicherungsform je nach vorliegender Alterskombination in einem Fall Todesfallcharakter, im anderen Fall Erlebensfallcharakter haben kann.

Mit dieser Bemerkung schließen wir die etwas allgemeiner gehaltene Betrachtung ab und betrachten einige gebräuchliche Versicherungsformen. Wir stellen diese zunächst durch eine kurze Inhaltsangabe dar und geben dann die Formeln für Beiträge und Deckungsrückstellungen an, die wir jeweils durch ein Beispiel erläutern wollen. Über die anzusetzenden Kostensätze ist anzumerken, daß es in der Bundesrepublik bislang ein relativ einheitliches Kostensystem gab. Die zur Zeit stattfindende Neuordnung der Lebensversicherungstarife wird vermutlich zu unterschiedlichen Kostensystemen führen. Insbesondere werden in erhöhtem Maße Stückkosten anzutreffen sein. Auch die von uns geschilderte Methode, Kostenannahmen (und ihre Bezugsgrößen) möglichst ihren Bedarfsquellen entsprechend anzusetzen, könnte vermutlich mehr oder weniger aufgegeben werden. Unsere Beispiele können daher nicht die Wirklichkeit wiedergeben. Außerdem beschränken wir uns auf die Betrachtung männlicher Versicherter. Dem Leser möchten wir raten, diese Beispiele auch für weibliche Versicherte zu berechnen. Neben der Übung werden auch Erkenntnisse über die unterschiedliche Tarifierung beider Geschlechter gewonnen. Unsere Beispiele beschränken sich weiter auf die Versicherung von Einzelpersonen. Werden Versicherungen für Kollektive abgeschlossen, können die Kostensätze etwas niedriger angesetzt werden.

5.2 Versicherungen mit Todesfallcharakter

Wir beginnen mit den **Risikoversicherungen**. Bei ihnen wird eine Leistung nur dann fällig, wenn die versicherte Person in der Altersspanne von $x+w$ bis $x+n$ stirbt. Die Leistung kann aus einer konstant gehaltenen Versicherungssumme oder auch aus einer Zeitrente bestehen, die vom Tod an bis zum ursprünglich vereinbarten Ablauf der Versicherung gezahlt werden soll. Haupttyp ist die **Risikoversicherung gegen jährliche Beiträge**:

Versicherungsform: **Risikoversicherung gegen jährliche Beiträge**		
Vertragsdauer:	$n \geqslant 1$	Beitragszahlungsdauer: $n_0 = n$
Aufschubzeit:	$w = 0$	Ausscheidegründe: Tod $(m = 1)$
Beitragszahlung:	$b_t = 1$	
Erlebensfalleistung:	$s^E_{x+n} = 0$	Verbleibsleistung: $r_{x+t} = 0$
Ausscheideleistung:	$s^{(1)}_{x+t} = 1$	$s^{(2)}_{x+t} = -$
Abschlußkosten: z. B.	$\alpha = (0{,}035 + 0{,}001\, \ddot{a}_{x:\overline{n}\rvert}) \left(1 - \frac{D_{x+n}}{D_x}\right)$	
Verwaltungskosten: z. B.	$\gamma = 0{,}002$	
Zillmersatz: z. B.	$\alpha_1 = 0{,}035 \left(1 - \frac{D_{x+n}}{D_x}\right)$	Inkassokosten: z.B. $\beta = 0{,}06$

Die angegebenen Kostensätze gelten im allgemeinen bei Versicherungsdauern zwischen 5 und 10 Jahren. Bei Dauern über 10 Jahren werden die Verwaltungskosten sukzessiv an die Sätze der gemischten Kapitalversicherung herangeführt.

Mit der Beitragsformel B1 aus Abschnitt 4.1 erhalten wir für den jährlich zu zahlenden Beitrag bei der Versicherungssumme 1

$$_{|n}B_x = \frac{_{|n}A_x + \gamma\, \ddot{a}_{x:\overline{n}|} + \alpha}{(1-\beta)\, \ddot{a}_{x:\overline{n}|}}$$

$$= \frac{_{|n}A_x + \left(0{,}002 + 0{,}001\left(1 - \frac{D_{x+n}}{D_x}\right)\right) \ddot{a}_{x:\overline{n}|} + 0{,}035\left(1 - \frac{D_{x+n}}{D_x}\right)}{0{,}94\, \ddot{a}_{x:\overline{n}|}}$$

mit

$$_{|n}A_x = \frac{M_x - M_{x+n}}{D_x}.$$

Für die Deckungsrückstellung folgt mit der Formel D1 aus Abschnitt 4.2

$$V(x, t, n) = {}_{|n-t}A_{x+t} + \gamma'\, \ddot{a}_{x+t:\overline{n-t}|} - (1-\beta)\, {}_{|n}B_x\, \ddot{a}_{x+t:\overline{n-t}|}.$$

wobei

$$\gamma' = \gamma + 0{,}001\left(1 - \frac{D_{x+n}}{D_x}\right)$$

zu setzen ist.

Die Deckungsrückstellung, die hier nicht der Ansammlung einer Erlebensfalleistung dient, bewirkt, daß der Beitrag in gleichbleibender Höhe gezahlt werden kann.

Beispiel: Sei x = 50, n = 10, S = 1000. Mit den Anhängen 1 und 2 folgt dann

$$S \cdot {}_{|10}B_{50} = \frac{_{|10}A_{50} + \left(0{,}003 - 0{,}001\,\frac{D_{60}}{D_{50}}\right) \ddot{a}_{50:\overline{10}|} + 0{,}0035\left(1 - \frac{D_{60}}{D_{50}}\right)}{0{,}94\, \ddot{a}_{50:\overline{10}|}} \cdot 1000$$

$$= \frac{0{,}09275 + (0{,}003 - 0{,}001 \cdot 0{,}62808)\, 8{,}2554 + 0{,}0035 \cdot 0{,}37192}{0{,}94 \cdot 8{,}2554}$$

$$\cdot 1000 = \frac{0{,}11363}{7{,}76008}\, 1000 = 14{,}64.$$

Die Deckungsrückstellung nimmt folgende Werte an:

x + t	$_{\|10-t}A_{x+t} \cdot 1000$	$2{,}37\, \ddot{a}_{x+t:\overline{10-t}\|}$	$0{,}94 \cdot 14{,}64 \cdot \ddot{a}_{x+t:\overline{10-t}\|}$	S · V(x, t, n)
50	92,75	19,57	113,59	− 1,27
51	88,87	17,94	104,14	+ 2,67
52	84,15	16,25	94,35	+ 6,05
53	78,48	14,50	84,20	+ 8,78
54	71,86	12,69	73,65	+ 10,90
55	64,06	10,80	62,68	+ 12,18
56	54,91	8,83	51,25	+ 12,49
57	44,21	6,77	39,32	+ 11,66
58	31,69	4,62	26,84	+ 9,47
59	17,08	2,37	13,76	+ 5,69
60	0	0	0	0

Bei den niedrigen Werten der Deckungsrückstellung bei kurzer Versicherungsdauer ist es verständlich, daß diese Deckungsrückstellungen sowohl was die Zwecke der Bilanz als auch was eine mögliche Rückvergütung angeht durch Null ersetzt werden können. Da die Verwaltungskosten im wesentlichen nicht proportional zur Versicherungssumme anfallen, werden bei großen Versicherungssummen Summenrabatte von den Beiträgen abgezogen. Bei kleinen Versicherungssummen werden die Beiträge durch Summenzuschläge angehoben. Ferner können jährlich zahlbare Beiträge auch in Raten gezahlt werden. Diese Ergänzungen werden wir in Abschnitt 5.6 behandeln.

Versicherungsform: **Risikoversicherung gegen Einmalbeitrag**

Vertragsdauer:	$n \geqslant 1$	Beitragszahlungsdauer:	$n_0 = 1$
Aufschubzeit:	$w = 0$	Ausscheidegründe:	Tod $(m = 1)$
Beitragszahlung:	$b_0 = 1, b_t = 0 \ (t \geqslant 1)$		
Erlebensfalleistung:	$s^E_{x+n} = 0$	Verbleibsleistung:	$r_{x+t} = 0$
Ausscheideleistung:	$s^{(1)}_{x+t} = 1$		$s^{(2)}_{x+t} = -$
Abschlußkosten: z. B.	$\alpha = 0{,}001 \cdot n$	Inkassokosten: z. B.	$\beta = 0{,}06$
Verwaltungskosten: z. B.	$\gamma = 0$		

Die angegebenen Kostensätze könnten bei Versicherungsdauern von 5 Jahren gelten.

Für den Einmalbeitrag gilt

$$_{|n}B^E_x = \frac{1}{1-\beta}\left(_{|n}A_x + \gamma\, \ddot{a}_{x:\overline{n|}} + \alpha \right)$$

und für die Deckungsrückstellung bei $t > 0$

$$V(x, t, n) = {}_{|n-t}A_{x+t} + \gamma\, \ddot{a}_{x+t:\overline{n-t|}}\,.$$

Hier hat die Deckungsrückstellung offensichtlich die Aufgabe, die Versicherungsleistungen während der restlichen Vertragsdauer zu finanzieren.

Beispiel: Sei $x = 55, n = 5, S = 1000$. Mit Anhang 2 folgt dann

$$S \cdot {}_{|5}B^E_{55} = \frac{1}{1-\beta}\left(_{|5}A_{55} + \gamma\, \ddot{a}_{55:\overline{5|}} + \alpha \right) \cdot S = \frac{1}{0{,}94}(64{,}06 + 0 \cdot 4{,}5550 + 5)$$

$$= 73{,}47.$$

Für die Deckungsrückstellungen erhalten wir:

$x + t$	$S \cdot V(x, t, n) = {}_{\lvert 5-t}A_{x+t} \cdot 1000$
56	54,91
57	44,21
58	31,69
59	17,08
60	0

Zu den als selbständig abzuschließenden Versicherungen können Zusatzversicherungen angefügt werden, die das Leistungsschema noch besser an den individuellen Bedarf anpassen sollen. So findet man oftmals eine **Zeitrentenzusatzversicherung**, die z. B. mit einer selbständigen gemischten Kapitalversicherung gekoppelt ist. Dabei wird zur Leistung aus der Hauptversicherung aus der Zeitrentenzusatzversicherung im Fall des Todes eine Zeitrente geleistet, die sich vom Tod an bis zum ursprünglich vorgesehenen Ablauf der Versicherung erstreckt. Da Zusatzversicherungen allein nicht bestehen können, werden in der Regel kaum Abschlußkosten sowie im Vergleich zur Hauptversicherung niedrigere Verwaltungs- und Inkassokosten eingerechnet. Wir gehen der Einfachheit halber davon aus, daß die Todesfalleistungen am Ende des Sterbejahres fällig werden, und daß die Zeitrenten vorschüssig jährlich gezahlt werden.

Schreiben wir für den Barwert dieser Zeitrente vom Betrag 1 $\ddot{a}_{\overline{n}|} = \sum_{\nu=0}^{n-1} v^\nu$, so können wir wie folgt zusammenfassen:

Versicherungsform: **Zeitrentenzusatzversicherung**

Vertragsdauer:	$n > 1$	Beitragszahlungsdauer: $n_0 = n$
Aufschubzeit:	$w = 0$	Ausscheidegründe: Tod ($m = 1$)
Beitragszahlung:	$b_t = 1$	
Erlebensfalleistung:	$s^E_{x+n} = 0$	Verbleibsleistung: $r_{x+t} = 0$
Ausscheideleistung:	$s^{(1)}_{x+t} = \ddot{a}_{\overline{n-t}|}$	$s^{(2)}_{x+t} = -$
Abschlußkosten:	α	Inkassokosten: β
Verwaltungskosten:	$\gamma = \begin{cases} \gamma_1 & \text{während der Beitragszahlung} \\ \gamma_2 & \text{während des Rentenbezugs} \end{cases}$	

Für den Barwert der versicherten Leistung erhalten wir im Alter $x+t$ bei einer Zeitrente vom Betrag 1

$$\begin{aligned} {}_{|n-t}A^{ZR}_{x+t} &= \frac{1}{l_{x+t}} \{ v\, l_{x+t}\, q_{x+t}\, \ddot{a}_{\overline{n-t-1}|} + v^2\, l_{x+t+1}\, q_{x+t+1}\, \ddot{a}_{\overline{n-t-2}|} \\ &\quad + \ldots + v^{n-t-1}\, l_{x+n-2}\, q_{x+n-2}\, \ddot{a}_{\overline{1}|} \} \\ &= \frac{1}{l_{x+t}} \sum_{\nu=0}^{n-t-2} l_{x+t+\nu}\, q_{x+t+\nu}\, v^{\nu+1}\, \ddot{a}_{\overline{n-t-\nu-1}|} \\ &= \frac{1}{D_{x+t}} \sum_{\nu=0}^{n-t-2} C_{x+t+\nu}\, \ddot{a}_{\overline{n-t-\nu-1}|}. \end{aligned}$$

Nach Aufgabe 5.3 gilt auch die einfachere Darstellung

$${}_{|n-t}A^{ZR}_{x+t} = \ddot{a}_{\overline{n-t}|} - \ddot{a}_{x+t:\overline{n-t}|}.$$

Also folgt für den jährlichen Bruttobeitrag

$${}_{|n}B^{ZR}_x = \frac{(1+\gamma_2)\, {}_{|n}A^{ZR}_x + \gamma_1\, \ddot{a}_{x:\overline{n}|} + \alpha}{(1-\beta)\, \ddot{a}_{x:\overline{n}|}}$$

und für die Deckungsrückstellungen solange die versicherte Person lebt

$$V(x, t, n) = (1 + \gamma_2)_{|n-t}A_{x+t}^{ZR} + \gamma_1 \ddot{a}_{x+t:\overline{n-t}|} - (1 - \beta)_{|n}B_x^{ZR} \ddot{a}_{x+t:\overline{n-t}|}.$$

Ist die versicherte Person gestorben, ist die vorhandene Deckungsrückstellung auf den Barwert der nun fällig gewordenen Zeitrente aufzufüllen.

Es gilt dann

$$V(x, t, n) = (1 + \gamma_2)\ddot{a}_{\overline{n-t}|}.$$

Beispiel: Sei $x = 30$, $n = 30$, $\gamma_1 = \gamma_2 = \beta = \alpha = 0$ und sei die Zeitrente in Höhe von jährlich 1.200 DM vorgegeben, so folgt in Nettobetrachtung für den Beitrag (den wir nun mit ${}_{|n}P_x^{ZR}$ bezeichnen) mit Anhang 2

$$1200\, {}_{|30}P_{30}^{ZR} = \frac{{}_{|30}A_{30}^{ZR}}{\ddot{a}_{30:\overline{30}|}} \cdot 1200 = \frac{\ddot{a}_{\overline{30}|} - \ddot{a}_{30:\overline{30}|}}{\ddot{a}_{30:\overline{30}|}} \cdot 1200$$

$$= \frac{\frac{1-v^{30}}{1-v} - \ddot{a}_{30:\overline{30}|}}{\ddot{a}_{30:\overline{30}|}} \cdot 1200 = \frac{\frac{0{,}643722}{0{,}033816} - 18{,}2659}{18{,}2659} \cdot 1200$$

$$= 0{,}04216 \cdot 1200 = 50{,}59 \text{ DM}.$$

Für die Nettodeckungsrückstellung gilt bei lebender versicherter Person

$$1200\, V(30, t, 30) = 1200(\ddot{a}_{\overline{30-t}|} - \ddot{a}_{30+t:\overline{30-t}|} - {}_{|30}P_{30}^{ZR}\, \ddot{a}_{30+t:\overline{30-t}|})$$

$$= 1200\, \ddot{a}_{\overline{30-t}|} - 1200 \cdot 1{,}04216\, \ddot{a}_{30+t:\overline{30-t}|}$$

Für einige Werte von t gilt

t	$\ddot{a}_{\overline{30-t}|}$	$\ddot{a}_{30+t:\overline{30-t}|}$	1200 V(30, t, 30)
0	19,0358	18,2659	− 0,23
5	17,0584	16,3276	+ 50,91
10	14,7098	14,0421	+ 90,82
15	11,9205	11,3751	+ 78,99
20	8,6077	8,2554	+ 5,10
23	6,3286	6,1192	− 58,30
25	4,6731	4,5550	− 88,73
27	2,8997	2,8574	− 93,80
28	1,9662	1,9507	− 80,09
29	1	1	− 50,59
30	0	0	0

Die Deckungsrückstellung nimmt in diesem Beispiel positive wie negative Werte an. Da am Ende der Laufzeit die versicherte Leistung immer geringer wird, der Beitrag aber weiter in der anfänglichen Höhe erhoben wird, muß eine solche Situation von negativen Deckungsrückstellungen ausgehen: Wir können (retrospektiv) auch sagen, daß die Deckungsrückstellung gegen Ende der Versicherung deshalb negativ ist, weil im ersten Teil der Versicherung bei konstantem Beitrag relativ hohe Leistungen versichert sind.

Wir beschließen die Betrachtung der Risikoversicherungen mit einer Versicherungsform, die sozusagen zwischen Risiko- und Kapitalversicherungen steht. Damit ist die

lebenslängliche Todesfallversicherung gemeint. Für sie gelten im allgemeinen die Festlegungen:

Versicherungsform:	**Lebenslängliche Todesfallversicherung gegen jährliche Beiträge**		
Vertragsdauer:	$n = \omega - x + 1$	Beitragszahlungsdauer:	$n_0 = n$
Aufschubzeit:	$w = 0$	Ausscheidegründe:	Tod $(m = 1)$
Beitragszahlung:	$b_t = 1$		
Erlebensfalleistung:	$s^E_{x+n} = 0$	Verbleibsleistung:	$r_{x+t} = 0$
Ausscheideleistung:	$s^{(1)}_{x+t} = 1$		$s^{(2)}_{x+t} = -$
Abschlußkosten: z. B.	$\alpha = 0{,}035 + 0{,}001\, ä_x$	Inkassokosten: z.B.	$\beta = 0{,}03$
Verwaltungskosten: z. B.	$\gamma = 0{,}0031$		
Zillmersatz: z. B.	$\alpha_1 = 0{,}035$		

Mit

$$A_{x+t} = \frac{M_{x+t} - M_{x+(\omega-x+1)}}{D_{x+t}} = \frac{M_{x+t}}{D_{x+t}} = \frac{v N_{x+t} - N_{x+t+1}}{D_{x+t}}$$

und

$$ä_{x+t} = \frac{N_{x+t} - N_{x+(\omega-x+1)}}{D_{x+t}} = \frac{N_{x+t}}{D_{x+t}}$$

und daher

$$A_{x+t} = v\, ä_{x+t} - \frac{N_{x+t} - D_{x+t}}{D_{x+t}} = 1 - (1-v)\, ä_{x+t} = 1 - d\, ä_{x+t}$$

folgt für den Bruttobeitrag

$$B_x = \frac{A_x + \gamma' ä_x + \alpha_1}{(1-\beta)\, ä_x} = \frac{1+\alpha_1}{1-\beta}\, \frac{1}{ä_x} - \frac{d-\gamma'}{1-\beta}$$

mit

$$\gamma' = \gamma + 0{,}001$$

und für die Deckungsrückstellungen

$$V(x, t, n) = A_{x+t} + \gamma\, ä_{x+t} - (1-\beta)\, B^Z_x\, ä_{x+t}$$

mit

$$B^Z = B_x - \frac{\alpha - \alpha_1}{1-\beta} \cdot \frac{1}{ä_x} = B_x - \frac{\gamma' - \gamma}{1-\beta}$$

oder

$$V(x, t, n) = 1 - (d - \gamma + (1 - \beta) B_x^Z) \ddot{a}_{x+t}.$$

Mit der angegebenen Beitragsformel gilt auch

$$V(x, t, n) = 1 - d\ddot{a}_{x+t} + \gamma \ddot{a}_{x+t} - (1 + \alpha_1) \frac{\ddot{a}_{x+t}}{\ddot{a}_x} + (d - \gamma)\ddot{a}_{x+t}$$

$$= 1 - (1 + \alpha_1) \frac{\ddot{a}_{x+t}}{\ddot{a}_x}.$$

Beispiel: Mit S = 10.000, x = 30 erhalten wir für den Bruttobeitrag

$$S B_{30} = 10.000 \left(\frac{1,035}{0,97} \frac{1}{\ddot{a}_{30}} - \frac{0,033816 - 0,0031 - 0,001}{0,97} \right)$$

$$= 10.000 \left(\frac{1,035}{0,97} \frac{D_{30}}{N_{30}} - 0,030635 \right)$$

$$= 10.000 \left(\frac{1,035}{0,79} \frac{34682}{756517} - 0,030635 \right)$$

$$= 10.000 (0,048916 - 0,030635) = 10.000 \cdot 0,018281 = 182,81 \text{ DM}.$$

Mit $\ddot{a}_{30} = \frac{756517}{34682} = 21,8130$ ist

$$V(30, t, 71) = 1 - 0,047449 \, \ddot{a}_{30+t}$$

Für einige Werte von t erhalten wir

t	$\ddot{a}_{30+t}$	10.000 V(30, t, 71)
0	21,8130	– 350,05
10	19,1598	+ 908,87
20	15,8305	+ 2488,59
30	12,0608	+ 4277,27
40	8,2302	+ 6094,85
50	5,1855	+ 7539,53
60	3,3952	+ 8389,01
70	1,0000	+ 9525,51
71	0	+ 10000,00

Die Deckungsrückstellung wächst bis zur Versicherungssumme an, weil im letzten Versicherungsjahr alle noch lebenden Versicherten nach unserer Rechnungsgrundlage sterben, so daß bei jeder Versicherung die Versicherungsleistung fällig wird.

Wir betrachten nun **Kapitalversicherungen**; darunter verstehen wir Versicherungen mit Todesfallcharakter, bei denen neben einer Leistung im Todesfall Leistungen beim Erleben des Ablaufs der Versicherung und gegebenenfalls auch bereits beim Erleben festgelegter Zeiten innerhalb der Versicherungsdauer fällig werden. Wir beginnen mit der **gemischten Kapitalversicherung gegen jährliche Beitragszahlung.** Bei ihr wird die versicherte Leistung bei vorzeitigem Ableben oder beim Erleben des Ablaufs der Versicherung fällig. Es gilt im einzelnen:

Versicherungsform: **Gemischte Versicherung gegen jährliche Beiträge**		
Vertragsdauer:	n	Beitragszahlungsdauer: $n_0 = n$
Aufschubzeit:	$w = 0$	Ausscheidegründe: Tod ($m = 1$)
Beitragszahlung:	$b_t = 1$	
Erlebensfalleistung:	$s^E_{x+n} = 1$	Verbleibsleistung: $r_{x+t} = 0$
Ausscheideleistung:	$s^{(1)}_{x+t} = 1$	$s^{(2)}_{x+t} = -$
Abschlußkosten: z. B.	$\alpha = 0{,}035 + 0{,}001\, \ddot{a}_{x:\overline{n}\rceil}$	Inkassokosten: z. B. $\beta = 0{,}03$
Verwaltungskosten: z. B.	$\gamma = 0{,}0031$	
Zillmersatz: z. B.	$\alpha_1 = 0{,}035$	

Für diese Versicherungsform – man könnte sie in der Bundesrepublik als Standardform bezeichnen – hatten wir im Prinzip bereits mit der Aufgabe 4.4 Beitrag und die Dekkungsrückstellungen abgeleitet. Hier gilt

$$B_{x:\overline{n}\rceil} = \frac{1+\alpha_1}{1-\beta}\,\frac{1}{\ddot{a}_{x:\overline{n}\rceil}} - \frac{d-\gamma}{1-\beta} + \frac{\alpha-\alpha_1}{1-\beta}\,\frac{1}{\ddot{a}_{x:\overline{n}\rceil}}$$

und (unter Berücksichtigung des in diesem Beispiel niedrigeren Zillmersatzes)

$$V(x, t, n) = 1 - (1+\alpha_1)\,\frac{\ddot{a}_{x+t:\overline{n-t}\rceil}}{\ddot{a}_{x:\overline{n}\rceil}}$$

Beispiel: Für $S = 10.000$, $x = 30$, $n = 30$ erhalten wir mit Anhang 2

$$S \cdot B_{30:\overline{30}\rceil} = \left(\frac{1{,}035}{0{,}97}\,\frac{1}{18{,}2659} - \frac{0{,}033816 - 0{,}0031}{0{,}97} + \frac{0{,}001}{0{,}97}\right) 10.000$$

$$= 10.000\,(0{,}058415 - 0{,}031666 + 0{,}001031)$$

$$= 10.000 \cdot 0{,}027780 = 277{,}80.$$

Es ist

$$V(30, t, 30) = 1 - \frac{1{,}035}{18{,}2659}\,\ddot{a}_{30+t:\overline{30-t}\rceil}$$

$$= 1 - 0{,}056663\,\ddot{a}_{30+t:\overline{30-t}\rceil}$$

Für einige Werte von t erhalten wir

t	S · V(30, t, 30)
0	– 350,01
5	+ 748,29
10	+ 2043,32
15	+ 3554,53
20	+ 5322,24
25	+ 7419,00
30	+ 10000,00

Wir sehen an diesem Beispiel, wie die Deckungsrückstellung die im Erlebensfall fällige Leistung aufbaut. Sie spart die Versicherungsleistung an und kann damit Grundlage für Beleihung oder Rückkauf der Versicherung sein.

Mitunter wird die **gemischte Kapitalversicherung gegen Einmalbeitrag** abgeschlossen. Da Aufwendungen für den Beitragseinzug nicht entstehen, können die Kostensätze niedriger angesetzt werden.

Versicherungsform: **Gemischte Versicherung gegen Einmalbeitrag**

Vertragsdauer:	n	Beitragszahlungsdauer: $n_0 = 1$
Aufschubzeit:	$w = 0$	Ausscheidegründe: Tod ($m = 1$)
Beitragszahlung:	$b_t = 1$	
Erlebensfalleistung:	$s^E_{x+n} = 1$	Verbleibsleistung: $r_{x+t} = 0$
Ausscheideleistung:	$s^{(1)}_{x+t} = 1$	$s^{(2)}_{x+t} = -$
Abschlußkosten: z. B.	$\alpha = 0{,}035$	Inkassokosten: z. B. $\beta = 0{,}01$
Verwaltungskosten: z. B.	$\gamma = 000125$	

Offenbar gelten dann die Formeln

$$B^E_{x:\overline{n|}} = \frac{1}{1-\beta}(A_{x:\overline{n|}} + \gamma\, ä_{x:\overline{n|}} + \alpha) = \frac{1}{1-\beta}(1 + \alpha - (d-\gamma)\, ä_{x:\overline{n|}})$$

und

$$V(x, t, n) = A_{x+t:\overline{n-t|}} + \gamma\, ä_{x+t:\overline{n-t|}} = 1 - (d-\gamma)\, ä_{x+t:\overline{n-t|}}.$$

Beispiel: Für S = 10.000, x = 30, n = 30 erhalten wir

$$S \cdot B^E_{30:\overline{30|}} = \frac{10.000}{0{,}99}(1{,}035 - 0{,}032566 \cdot 18{,}2659)$$

$$= \frac{10.000}{0{,}99}(1{,}035 - 0{,}594847) = 4.445{,}99$$

und

$$V(30, t, 30) = 1 - 0{,}032566\, ä_{30+t:\overline{30-t|}}$$

Für einige Werte von t folgt bei S = 10.000

t	S · V(30, t, 30)
0	4051,53
5	4682,75
10	5427,05
15	6295,58
20	7311,55
25	8516,62
30	10000,00

Zwischen diesen beiden Formen der gemischten Versicherung steht die **gemischte Kapitalversicherung mit abgekürzter Beitragszahlungsdauer**. Für diese Dauer gilt demnach $1 < n_0 < n$.

Versicherungsform: **Gemischte Versicherung mit abgekürzter Beitragszahlung**			
Vertragsdauer:	n	Beitragszahlungsdauer:	$1 < n_0 < n$
Aufschubzeit:	$w = 0$	Ausscheidegründe:	Tod ($m = 1$)
Beitragszahlung:	$b_t = 1$		
Erlebensfalleistung:	$s^E_{x+n} = 1$	Verbleibsleistung:	$r_{x+t} = 0$
Ausscheideleistung:	$s^{(1)}_{x+t} = 1$		$s^{(2)}_{x+t} = -$
Abschlußkosten: z. B.	$\alpha = 0{,}035 + 0{,}001\, \ddot{a}_{x:\overline{n}\rceil}$	Inkassokosten: z. B.	$\beta = 0{,}03$
Verwaltungskosten: z. B.	$\gamma_1 = 0{,}00185$ während der Beitragszahlungsdauer und $\gamma_2 = 0{,}00125$ während der gesamten Versicherungsdauer		
Zillmersatz: z. B.	$\alpha_1 = 0{,}035$		

Für den Beitrag dieser Versicherungsform gilt dann

$$_{n_0}B_{x:\overline{n}\rceil} = \frac{A_{x:\overline{n}\rceil} + \gamma_1\, \ddot{a}_{x:\overline{n_0}\rceil} + \gamma_2\, \ddot{a}_{x:\overline{n}\rceil} + \alpha}{(1-\beta)\, \ddot{a}_{x:\overline{n_0}\rceil}}$$

$$= \frac{1 + \alpha - (d - \gamma_2)\, \ddot{a}_{x:\overline{n}\rceil}}{(1-\beta)\, \ddot{a}_{x:\overline{n_0}\rceil}} + \frac{\gamma_1}{1-\beta}$$

und

$$_{n_0}B^Z_{x:\overline{n}\rceil} = \frac{1 + \alpha_1 - (d - \gamma_2)\, \ddot{a}_{x:\overline{n}\rceil}}{(1-\beta)\, \ddot{a}_{x:\overline{n_0}\rceil}} + \frac{\gamma_1}{1-\beta}\,.$$

Die Deckungsrückstellungen bestimmen sich aus den beiden folgenden Beziehungen:
Während der beitragspflichtigen Zeit ($t < n_0$)

$$V(x,t,n) = A_{x+t:\overline{n-t}\rceil} + \gamma_1\, \ddot{a}_{x+t:\overline{n_0-t}\rceil} + \gamma_2\, \ddot{a}_{x+t:\overline{n-t}\rceil}$$

$$- (1-\beta)\, {_{n_0}B^Z_{x:\overline{n}\rceil}}\, \ddot{a}_{x+t:\overline{n_0-t}\rceil}$$

$$= 1 - (d - \gamma_2)\, \ddot{a}_{x+t:\overline{n-t}\rceil} - \frac{1 + \alpha_1 - (d-\gamma_2)\, \ddot{a}_{x:\overline{n}\rceil}}{\ddot{a}_{x:\overline{n_0}\rceil}}\, \ddot{a}_{x+t:\overline{n_0-t}\rceil}$$

Während der beitragsfreien Zeit ($n_0 \leqslant t \leqslant n$)

$$V(x,t,n) = 1 - (d - \gamma_2)\, \ddot{a}_{x+t:\overline{n-t}\rceil}\,.$$

Beispiel: Sei $x = 30$, $n_0 = 15$, $n = 30$, $S = 10.000$. Dann ist

$$S_{15}B_{30:\overline{30}\rceil} = \frac{1{,}035 + 0{,}001 \cdot 18{,}2659 - 0{,}032566 \cdot 18{,}2659}{0{,}97 \cdot 11{,}7508} \cdot 10.000$$

$$+ \frac{0{,}00185}{0{,}97}\, 10.000 = 402{,}18 + 19{,}07 = 421{,}55$$

mit

$$\ddot{a}_{30:\overline{15}|} = \frac{N_{30} - N_{45}}{D_{30}} = \frac{756517 - 348975}{34682} = 11{,}7508$$

Für die Deckungsrückstellungen erhalten wir bei $0 \leqslant t < 15$ mit

$$\frac{1{,}035 - 0{,}032566 \cdot 18{,}2659}{11{,}7508} = 0{,}037457$$

$$V(30, t, 30) = 1 - 0{,}032566\, \ddot{a}_{30+t:\overline{30-t}|} - 0{,}037457\, \ddot{a}_{30+t:\overline{15-t}|}$$

und bei $15 \leqslant t \leqslant 30$

$$V(30, t, 30) = 1 - 0{,}032566\, \ddot{a}_{30+t:\overline{30-t}|}.$$

Es ergeben sich folgende Zahlenwerte:

t	$\ddot{a}_{30+t:\overline{15-t}|}$	$S \cdot V(30, t, 30)$
0	11,7508	– 349,97
5	8,5120	+ 1494,41
10	4,6422	3688,22
15		6295,58
20		7311,55
25		8516,62
30		10000,00

Wie zu erwarten müssen bei unserem Kostenansatz die Deckungsrückstellungen in der beitragsfreien Zeit mit den Deckungsrückstellungen der gemischten Versicherung gegen Einmalbeitrag übereinstimmen.

Bei der **Versicherung auf festen Termin** (auch Term-fix Versicherung genannt) hört die Beitragszahlung zwar mit dem Ableben der versicherten Person auf, die versicherte Leistung wird aber dennoch erst am vereinbarten Ablauftermin der Versicherung fällig und zwar unabhängig davon, ob der Versicherte diesen Termin erlebt. Wir können auch sagen, daß am Ende des Sterbejahres intern die diskontierte Versicherungssumme fällig wird, die aber erst am Ablauftermin ausgezahlt wird.

Versicherungsform: **Versicherung auf festen Termin**

Vertragsdauer:	n	Beitragszahlungsdauer:	$n_0 = n$
Aufschubzeit:	$w = 0$	Ausscheidegründe:	Tod ($m = 1$)
Beitragszahlung:	$b_t = 1$		
Erlebensfalleistung:	$s^E_{x+n} = 1$	Verbleibsleistung:	$r_{x+t} = 0$
Ausscheideleistung:	$s^{(1)}_{x+t} = v^{n-t}$		$s^{(2)}_{x+t} = -$
Abschlußkosten: z. B.	$\alpha = 0{,}035 + 0{,}001\, \ddot{a}_{x:\overline{n}|}$	Inkassokosten:	z. B. $\beta = 0{,}03$
Verwaltungskosten: z. B.	$\gamma = \begin{cases} \gamma_1 = 0{,}00185 & \text{während der Beitragszahlung} \\ \gamma_2 = 0{,}00125 & \text{während der beitragsfreien Zeit} \end{cases}$		
Zillmersatz: z. B.	$\alpha_1 = 0{,}035$		

Tritt der Tod im Alter $x+t$ bis $x+t+1$ $(0 \leqslant t < n)$ ein, so beträgt die Versicherungsleistung für die versicherte Summe 1

$$v^{n-t-1} + \gamma_2\, \ddot{a}_{\overline{n-t-1|}}.$$

Für den Barwert der Versicherungsleistung erhalten wir dann, wenn wir die Ableitung in Ziffer 3 des Abschnittes 3.3 entsprechend erweitern,

$$A^{TF}_{x:\overline{n|}} = \frac{1}{D_x} \sum_{t=0}^{n-1} C_{x+t} \left(v^{n-t-1} + \gamma_2\, \ddot{a}_{\overline{n-t-1|}}\right) + \frac{D_{x+n}}{D_x}$$

$$= \frac{1}{D_x} \left[\sum_{t=0}^{n-1} l_{x+t}\, q_{x+t}\, v^{x+t+1}\, v^{n-t-1} \right.$$

$$\left. + \frac{\gamma_2}{1-v} \sum_{t=0}^{n-1} l_{x+t}\, q_{x+t}\, v^{x+t+1} \left(1 - v^{n-t-1}\right) + D_{x+n} \right]$$

$$= \frac{1}{D_x} \left[v^{x+n} (l_x - l_{x+n}) - \frac{\gamma_2}{1-v} v^{x+n} (l_x - l_{x+n}) \right.$$

$$\left. + \frac{\gamma_2}{1-v} (M_x - M_{x+n}) + D_{x+n} \right]$$

$$= v^n \left(1 - \frac{\gamma_2}{1-v}\right) \left(1 - \frac{l_{x+n}}{l_x}\right) + \frac{\gamma_2}{1-v}\, {}_{|n}A_x + \frac{D_{x+n}}{D_x}$$

$$= v^n \left(1 - \frac{\gamma_2}{1-v} \left(1 - \frac{l_{x+n}}{l_x}\right)\right) + \frac{\gamma_2}{1-v}\, {}_{|n}A_x.$$

Für den Bruttobeitrag gilt somit

$$B^{TF}_{x:n} = \frac{A^{TF}_{x:\overline{n|}} + \gamma_1\, \ddot{a}_{x:\overline{n|}} + \alpha}{(1-\beta)\, \ddot{a}_{x:\overline{n|}}}$$

und für die Deckungsrückstellungen während der beitragspflichtigen Zeit

$$V(x,t,n) = A^{TF}_{x+t:\overline{n-t|}} + \gamma_1\, \ddot{a}_{x+t:\overline{n-t|}} - (1-\beta)\, B^{TFZ}_{x:\overline{n|}}\, \ddot{a}_{x+t:\overline{n-t|}}$$

mit

$$B^{TFZ}_{x:\overline{n|}} = B^{TF}_{x:\overline{n|}} - \frac{(\alpha - \alpha_1)}{(1-\beta)\, \ddot{a}_{x:\overline{n|}}}$$

und während der beitragsfreien Zeit

$$V(x,t,n) = v^{n-t} + \gamma_2\, \ddot{a}_{\overline{n-t|}}.$$

Beispiel: Sei x = 30, n = 30, S = 10.000. Für den Bruttobeitrag erhalten wir dann mit

$$S \cdot A^{TF}_{30:\overline{30}|} = \left[0{,}356278 \left(1 - \frac{0{,}00125}{0{,}033816}\left(1 - \frac{80358}{97346}\right)\right)\right.$$

$$\left. + \frac{0{,}00125}{0{,}033816} \cdot 0{,}08821 \right] 10.000$$

$$= [0{,}356278 \cdot 0{,}993549 + 0{,}003261]\, 10.000 = 3.572{,}41$$

$$S \cdot B^{TF}_{30:\overline{30}|} = \frac{3572{,}41 + 18{,}5 \cdot 18{,}2659 + 350 + 10 \cdot 18{,}2659}{0{,}97 \cdot 18{,}2659} = 250{,}76.$$

Da die Versicherungsleistung wegen der im Todesfall verzögerten Auszahlung geringer ist als diejenige der gemischten Versicherung, muß auch der Beitrag etwas niedriger sein. Für die gemischte Versicherung betrug der entsprechende Jahresbeitrag 275,96 DM.

Für die Deckungsrückstellungen während der Zeit der Beitragszahlung bestimmen wir zunächst die Anwartschaftsbarwerte.

Es ist

$$A^{TF}_{30+t:\overline{30-t}|} = v^{30-t}\left(1 - \frac{0{,}00125}{0{,}033896}\left(1 - \frac{l_{60}}{l_{30+t}}\right)\right)$$

$$+ \frac{0{,}00125}{0{,}033896} \cdot {}_{|30-t}A_{30+t}.$$

t	v^{30-t}	$1 - \frac{0{,}0010}{0{,}033816}\left(1 - \frac{l_{60}}{l_{30+t}}\right)$	$\frac{0{,}0010}{0{,}033816}\ {}_{\|30-t}A_{30-t}$
0	0,356278	0,993549	0,003261
5	0,423147	0,993856	0,003514
10	0,502566	0,994246	0,003726
15	0,596891	0,994836	0,003765
20	0,708919	0,995785	0,003429
25	0,841973	0,997365	0,002368
30	1	1	0

t	$A^{TF}_{30+t:\overline{30-t}\|}$
0	0,357241
5	0,424061
10	0,503400
15	0,597574
20	0,709360
25	0,842122
30	1

Mit diesen Werten und mit

$$B^{TFZ}_{30:\overline{30}|} = B^{TF}_{30:\overline{30}|} - \frac{0{,}001 \cdot \ddot{a}_{30:\overline{30}|}}{0{,}97 \cdot \ddot{a}_{30:\overline{30}|}} = 0{,}025076 - 0{,}001031 = 0{,}024045$$

ist

$$S \cdot V(30, t, 30) = (A^{TF}_{30+t:\overline{30-t}|} + 0{,}00185\, \ddot{a}_{30+t:\overline{30-t}|}$$
$$- 0{,}97 \cdot 0{,}024045 \cdot \ddot{a}_{30+t:\overline{30-t}|}) \cdot 10.000$$
$$= (A^{TF}_{30+t:\overline{30-t}|} - 0{,}021474\, \ddot{a}_{30+t:\overline{30-t}|})\, 10.000.$$

Im einzelnen gilt daher

t	S V(30, t, 30)
0	– 350,01
5	+ 734,42
10	2018,60
15	3533,05
20	5320,84
25	7443,08
30	10000,00

Für die Deckungsrückstellungen nach dem Tod der versicherten Person erhalten wir mit

$$S\, V(30, t, 30) = \left(v^{30-t} + 0{,}00125\, \frac{1 - v^{30-t}}{0{,}033816}\right) 10.000$$
$$= (v^{30-t} \cdot 0{,}963029 + 0{,}036971)\, 1000$$

die folgenden Werte:

t	S V(30, t, 30)
5	4.444,74
10	5.209,57
15	6.117,94
20	7.196,81
25	8.478,15
30	10.000,00

Betrachten wir noch die **Aussteuerversicherung**, so sieht diese vor (vgl. Ziffer 4 in Abschnitt 3.3), daß die Versicherungssumme dann fällig wird, wenn das versicherte Mädchen zwischen den Altern $y + n_1$ und $y + n_2$ heiratet oder das Alter $y + n_2$ als Ledige erlebt. Der Einfachheit halber sehen wir keine Todesfalleistung vor. Beiträge werden geleistet, solange sowohl der Versorger als auch das versicherte Mädchen als Ledige leben.

Versicherungsform: **Aussteuerversicherung** (Versorger: V; Mädchen: M)

Vertragsdauer:	$n \geqslant n_2 - n_1$	Beitragszahlungsdauer: $n_0 = n_2$
Aufschubzeit:	$w = n_1$	Ausscheidegründe: $m = 3$
Beitragszahlung:	$b_t = 1$	
Erlebensfalleistung:	$s^E_{x+n} = 1$	Verbleibsleistung: $r_{x+t} = 0$
Ausscheideleistung:	$s^{(1)}_{x+t} = 0$ (Ableben des M.)	$s^{(2)}_{x+t} = 1$
	$s^{(3)}_{x+t} = 0$ (Ableben des V.)	(Heirat des M.)
Abschlußkosten: z. B.	$\alpha = 0{,}035 + 0{,}001\, \ddot{a}_{y:\overline{n_2}|}$	Inkassokosten: z. B. $\beta = 0{,}03$
Verwaltungskosten: z. B.	$\gamma = \begin{cases} \gamma_1 = 0{,}00185 & \text{während der Beitragszahlung} \\ \gamma_2 = 0{,}00125 & \text{während der beitragsfreien Zeit} \end{cases}$	
Zillmersatz: z. B.	$\alpha_1 = 0{,}035$	

Für den Barwert der Versicherungsleistungen erhalten wir mit Ziffer 4 in 3.3, wenn die versicherte Summe S beträgt,

$$S\left({}_{n_1}A^{\text{Ausst.}}_{y:\overline{n_2}|} + \alpha + \beta\, {}_{n_1}B^{\text{Ausst.}}_{xy:\overline{n_2}|} + \gamma_1\, \ddot{a}^{\text{Ausst.}}_{xy:\overline{n_2}|} + \gamma_2\left(\ddot{a}^{1}_{x:\overline{n_2}|} - \ddot{a}^{\text{Ausst.}}_{xy:\overline{n_2}|}\right)\right).$$

Dabei ist $\ddot{a}^{\text{Ausst.}}_{xy:\overline{n_2}|}$ der Leibrentenbarwert einer Rente, die solange gezahlt wird wie der Versorger lebt und das Mädchen als Ledige lebt. $\ddot{a}^{1}_{y:\overline{n_2}|}$ ist der Rentenbarwert einer Rente, die solange gezahlt wird wie das Mädchen als Ledige lebt. Der Barwert der Beitragszahlung hat den Wert

$$S\ {}_{n_1}B^{\text{Ausst.}}_{xy:\overline{n_2}|}\ \ddot{a}^{\text{Ausst.}}_{xy:\overline{n_2}|}\,.$$

Aus der Äquivalenzbeziehung folgt dann

$$S\ {}_{n_1}B^{\text{Ausst.}}_{xy:\overline{n_2}|} = S\,\frac{{}_{n_1}A^{\text{Ausst.}}_{y:\overline{n_2}|} + \alpha + (\gamma_1 - \gamma_2)\,\ddot{a}^{\text{Ausst.}}_{xy:\overline{n_2}|} + \gamma_2\,\ddot{a}^{1}_{y:\overline{n_2}|}}{(1-\beta)\,\ddot{a}^{\text{Ausst.}}_{xy:\overline{n_2}|}}\,.$$

Entsprechend haben wir bei der Deckungsrückstellung zu verfahren. Da die Aussteuerversicherung in der Praxis (z. B. bezüglich der Leistung beim Tod des versicherten Mädchens oder bei einem Ansatz als Zusatzversicherung zu einer Term-fix-Versicherung) unterschiedlich behandelt wird, wollen wir auf weitere Einzelheiten verzichten.

Die **Versicherung auf verbundene Leben** kann, wie wir im Abschnitt 2.1 gesehen haben, wenn die Sterblichkeit der Gompertz-Makeham'schen Sterbeformel genügt, auf eine Versicherung gleichaltriger verbundener Leben zurückgeführt werden. Sie kann dann weiter wie eine gemischte Versicherung behandelt werden, wenn man die dort auftretenden Kommutationswerte D_x durch

$$D_{xx\ldots x} = v^x\, l_{xx\ldots x} = v^x\, l_x \ldots l_x$$

ersetzt.

Wir gehen nun zu den Versicherungen mit Erlebensfallcharakter über.

5.3 Versicherungen mit Erlebensfallcharakter

Nach den Standardformen der Versicherungen mit Todesfallcharakter betrachten wir nun einige Versicherungsformen, die Erlebensfallcharakter aufzuweisen haben. Dabei beginnen wir mit Versicherungen, für die die hinreichende Bedingung aus Abschnitt 5.1 erfüllt ist. Es sollen also zunächst die Deckungsrückstellung und die Erlebensfallleistung eine möglicherweise vorhandene Todesfalleistung übersteigen. Der Einfachheit halber unterstellen wir, daß zu zahlende Renten immer jährlich vorschüssig geleistet werden. In der Praxis findet man im allgemeinen eine vierteljährliche oder eine monatliche Rentenzahlung. Vielfach wird zur Rueff'schen Altersverschiebung nach Anhang 3 noch eine weitere Altersermäßigung von ein bis zwei Jahren vorgenommen, die die sogenannte Rentnerselektion erfassen soll. Mit ihr soll berücksichtigt werden, daß z. B. Interessenten für eine sofort beginnende Rente von sich überzeugt sind, länger als ein gleichaltriger Bevölkerungsquerschnitt zu leben. Im anderen Fall hätten diese Interessenten sicherlich eine Versicherung mit Todesfallcharakter abgeschlossen. Von einer Rentnerselektion wird man natürlich dann nicht mehr sprechen, wenn die Versicherung gegen laufende Beiträge geraume Zeit vor dem Rentenbeginn einsetzt. Ebenfalls der Einfachheit halber wollen wir auf die Berücksichtigung der Rentnerselektion verzichten.

Sofort beginnende Altersrente ohne Rückgewähr gegen Einmalbeitrag:

Vom Alter x an wird eine lebenslängliche Rente jährlich vorschüssig vom Betrage 1 gezahlt. Wir treffen also die folgende Festlegung:

Versicherungsform: **Sofort beginnende Altersrente ohne Rückgewähr gegen Einmalbeitrag**

Vertragsdauer:	$n = \omega - x + 1$	Beitragszahlungsdauer:	$n_0 = 1$
Aufschubzeit:	$w = 0$	Ausscheidegründe:	Tod ($m = 1$)
Beitragszahlung:	$b_t = 1$		
Erlebensfalleistung:	$s^E_{x+n} = 0$	Verbleibsleistung:	$r_{x+t} = 1$
Ausscheideleistung:	$s^{(1)}_{x+t} = 0$		$s^{(2)}_{x+t} = -$
Abschlußkosten: z.B.	$\alpha = 0{,}03$*	Inkassokosten:	z.B. $\beta = 0{,}01$ des Einmalbeitrags
Verwaltungskosten: z.B.	$\gamma_2 = 0{,}015$ der Jahresrente		
Stückkosten: z.B.	$\sigma = 25$ DM		

* bezogen auf den Bruttobarwert

Gehört zum Alter x das Geburtsjahr τ und damit die Altersverschiebung $\Delta\tau$, so erhalten wir als Bruttobeitrag (ohne Stückkosten) für die Rente 1

$$B_x^{RE} = \frac{1+\alpha}{1-\beta}\frac{N_{x+\Delta\tau}}{D_{x+\Delta\tau}}(1+\gamma_2) = \frac{(1+\alpha)(1+\gamma_2)}{1-\beta}\ddot{a}_{x+\Delta\tau}$$

und für die Deckungsrückstellungen

$$V(x, t, \omega - x + 1) = (1+\gamma_2)\ddot{a}_{x+t+\Delta\tau}.$$

Beispiel: Sei $x = 63$, $\tau = 1921$, Jahresrente $R = 1200$. Es ist nach der im Anhang 3.3 enthaltenen Tabelle $\Delta_{1921} = 2$. Dann ist mit Anhang 3

$$R \cdot B_{63}^{RE} + \sigma = \frac{1{,}03}{0{,}99}\frac{N_{x+\Delta\tau}}{D_{x+\Delta\tau}} 1{,}015 \cdot 1200 + 25$$

$$= 1{,}05601 \frac{94555}{8345} 1200 + 25 = 14.358{,}45 + 25$$

$$= 14.383{,}45 \text{ DM}.$$

Für einige Deckungsrückstellungen erhalten wir die Tabelle

t	$x + \Delta\tau + t$	$RV(63, t, 38) = 1{,}015 \cdot \ddot{a}_{65+t} \cdot 1200$
0	65	13.800,84
5	70	11.469,70
6	71	11.023,88
10	75	9.367,40
15	80	7.591,82
20	85	6.162,24
25	90	5.067,37
30	95	4.308,96
35	100	3.654,00
40	105	2.030,00
41	106	0

Im rechnungsmäßigen Alter 70 ist also eine Deckungsrückstellung von 11.469,70 vorhanden. Ihr entnehmen wir die Rente in Höhe von 1200 und die Kosten von $0{,}015 \cdot 1200 = 18$ jeweils zu Beginn des folgenden Versicherungsjahres. Diesen Betrag zinsen wir mit dem Rechnungszins von 3,5 % bis zum Alter 71, also um ein Jahr, auf und erhalten

$$(11.469{,}70 - 1200 - 18) \cdot 1{,}035 = 10.610{,}51.$$

Die Deckungsrückstellung beträgt zum Alter 71 nach unserer Tabelle

$$11.023{,}88,$$

so daß rein rechnerisch noch ein Betrag von $11.023{,}88 - 10.610{,}51 = 413{,}37$ fehlt. Da wir jedoch keine Rückgewähr im Falle des Todes, also keine Todesfalleistung vorgesehen haben, können die freiwerdenden Beträge in Höhe von je 10.610,51 der Ablebenden auf die Lebenden verteilt werden. Wir haben dies früher Vererbung genannt. Die Berechnung ergibt (wie üblich von Rundungsabweichungen abgesehen):

Anzahl der im Alter von 70 Sterbenden:

$$l_{70} - l_{71} = d_{70} = 67.746 - 65.201 = 2.545$$

Freiwerdender Betrag:

$$d_{70} \cdot 10.610{,}51 = 27.003.748$$

Anteil eines Lebenden des Alters 71:

$$\frac{d_{70}}{l_{71}} \cdot 10.610{,}51 = \frac{27.003.748}{65.201} = 414{,}16 \sim 413{,}37.$$

Diese Vererbung sorgt also dafür, daß die Rente lebenslänglich gezahlt werden kann. Kann (wegen einer Rückgewähr im Todesfall) nicht alles vererbt werden, muß der Einmalbeitrag zwangsläufig höher sein.

Sofort beginnende Altersrente mit Rentengarantiezeit gegen Einmalbeitrag:

In gewisser Weise stellt eine Rentengarantiezeit, also eine Zeit, in der die Rente auch dann gezahlt wird, falls die versicherte Person in dieser Zeit sterben sollte, eine Art von Rückgewähr im Todesfall dar. Bei Tod wird nämlich eine Zeitrente geleistet, die sich bis zum Ende der Garantiezeit erstreckt. Wir gehen daher von folgender Festlegung aus:

Versicherungsform: **Sofort beginnende Altersrente mit Rentengarantiezeit gegen Einmalbeitrag**

Vertragsdauer:	$n = \omega - x - 1$	Beitragszahlungsdauer: $n_0 = 1$
Aufschubzeit:	$w = 0$	Ausscheidegründe: Tod ($m = 1$)
Beitragszahlung:	$b_t = 1$	Rentengarantiezeit: z
Erlebensfalleistung:	$s^E_{x+n} = 0$	Verbleibsleistung: $r_{x+t} = 1$
Ausscheideleistung:	$s^{(1)}_{x+t} = \ddot{a}_{\overline{z-t}\rceil}$ für $t < z$.	$s^{(2)}_{x+t} = -$
Abschlußkosten: z.B.	$\alpha = 0{,}03$*	Inkassokosten: z.B. $\beta = 0{,}01$ des Einmalbeitrags
Verwaltungskosten: z.B.	$\gamma_2 = 0{,}015$ der Jahresrente	
Stückkosten: z.B.	$\sigma = 25$ DM	

* bezogen auf den Bruttobarwert

Wie bei der Versicherung mit fester Verfallzeit können wir den Barwert einfach auch wie folgt ansetzen. Für den Bruttobeitrag (ohne Stückkosten) gilt, wenn z die Rentengarantiezeit ist,

$$B_x^{RE(z)} = \frac{1+\alpha}{1-\beta}(1+\gamma_2)\left(ä_{\overline{z|}} + \frac{D_{x+\Delta\tau+z}}{D_{x+\Delta\tau}} ä_{x+\Delta\tau+z}\right)$$

und für die Deckungsrückstellungen

$$V(x, t, n) = \begin{cases} (1+\gamma_2)\left(ä_{\overline{z-t|}} + \frac{D_{x+\Delta\tau+z}}{D_{x+\Delta\tau+t}} ä_{x+\Delta\tau+z}\right) & t \leqslant z \\ (1+\gamma_2)\, ä_{x+\Delta\tau+t} & t > z\ . \end{cases}$$

Beispiel: Sei x = 63, τ = 1921, also $\Delta\tau$ = 2, z = 5, R = 1.200. Dann ist

$$ä_{\overline{5|}} = \frac{1-v^5}{1-v} = \frac{1-0{,}841973}{1-0{,}966184} = \frac{0{,}158027}{0{,}033816} = 4{,}6731$$

und daher gilt für den Bruttoeinmalbeitrag

$$RB_{63}^{RE(5)} + \sigma = \frac{1{,}03 \cdot 1{,}015}{0{,}99}\left(4{,}6731 + \frac{6096}{8345}\,\frac{57405}{6096}\right) 1200 + 25$$
$$= 14.638{,}92 + 25 = 14.663{,}92 \text{ DM.}$$

Die Rentengarantie hat also gegenüber der vorangegangenen Berechnung einen Wert von 280,47 DM.

Die Deckungsrückstellungen sind vom Alter 68 = 63 + 5 die gleichen wie vorher. Sie weichen nur in den ersten Jahren ab. So ist z.B. für t = 1

$$R\,V(63, 1, 38) = 1{,}015 \cdot 1200\left(\frac{1-0{,}871442}{1-0{,}966184} + \frac{57405}{7879}\right)$$
$$= 1218\,(3{,}8017 + 7{,}2858) = 13.504{,}58 \text{ DM.}$$

Aufgeschobene Altersrente mit Rentengarantiezeit gegen jährliche Beiträge:

Für diese Versicherung werden Beiträge vom Beginn der Versicherung bis zum Fälligwerden der Altersrente gezahlt. Dabei ist die Rentenzahlung mit einer Rentengarantiezeit ausgestattet, während beim Ableben der versicherten Person während der Beitragszahlung keine Leistung erfolgt.

Versicherungsform: **Aufgeschobene Altersrente mit Rentengarantiezeit gegen jährliche Beiträge.**

Vertragsdauer:	$n = \omega - x + 1$	Beitragszahlungsdauer: $n_0 > 1$
Aufschubzeit:	$w = n_0$	Ausscheidegründe: Tod (m = 1)
Beitragszahlung:	$b_t = 1$	
Erlebensfalleistung:	$s_{x+n}^{E} = 0$	Verbleibsleistung: $r_{x+t} = 1\ (t \geqslant n_0)$
Ausscheideleistung:	$s_{x+t+n_0}^{(1)} = ä_{\overline{z-t|}}$ für $t < z$	$s_{x+t}^{(2)} = -$
Abschlußkosten: z.B.	$\alpha = 0{,}030$*	Inkassokosten: z.B. $\beta = 0{,}03$ des Jahresbeitrags

Verwaltungskosten: z.B.	$\gamma_1 = 0{,}01$	der Jahresrente (Aufschubzeit)
	$\gamma_2 = 0{,}015$	der Jahresrente (Rentenzahlung)
Stückkosten: z.B.	25 DM	
* bezogen auf den Bruttobarwert		

Bezogen auf das Beginnalter beträgt der Bruttobarwert

$$\frac{D_{x+n_0+\Delta\tau}}{D_{x+\Delta\tau}}(1+\gamma_2)\left(\ddot{a}_{\overline{z}|}+\frac{D_{x+n_0+\Delta\tau+z}}{D_{x+n_0+\Delta\tau}}\ddot{a}_{x+n_0+\Delta\tau+z}\right)+\gamma_1\,\ddot{a}_{x+\Delta\tau:\overline{n_0}|}$$

und damit der Jahresbeitrag (ohne Stückkosten)

$$B_x^{R(z)}=\frac{(1+\alpha)\left[(1+\gamma_2)\left(\frac{D_{x+n_0+\Delta\tau}}{D_{x+\Delta\tau}}\ddot{a}_{\overline{z}|}+\frac{D_{x+n_0+\Delta\tau+z}}{D_{x+\Delta\tau}}\ddot{a}_{x+n_0+\Delta\tau+z}\right)+\gamma_1\,\ddot{a}_{x+\Delta\tau:\overline{n_0}|}\right]}{(1-\beta)\,\ddot{a}_{x+\Delta\tau:\overline{n_0}|}}$$

Für die Deckungsrückstellung folgt in der beitragspflichtigen Zeit

$$V(x,t,n)=\frac{D_{x+n_0+\Delta\tau}}{D_{x+\Delta\tau+t}}(1+\gamma_2)\left(\ddot{a}_{\overline{z}|}+\frac{D_{x+n_0+\Delta\tau+z}}{D_{x+n_0+\Delta\tau}}\ddot{a}_{x+n_0+\Delta\tau+z}\right)$$
$$+\gamma_1\,\ddot{a}_{x+\Delta\tau+t:\overline{n_0-t}|}-(1-\beta)\,B_x^{R(z)}\,\ddot{a}_{x+\Delta\tau+t:\overline{n_0-t}|}$$

und in der beitragslosen Zeit

$$V(x,t,n)=\begin{cases}(1+\gamma_2)\left(\ddot{a}_{\overline{z-(t-n_0)}|}+\frac{D_{x+n_0+\Delta\tau+z}}{D_{x+\Delta\tau+t}}\ddot{a}_{x+n_0+\Delta\tau+z}\right) & t-n_0\leqslant z\\ (1+\gamma_2)\,\ddot{a}_{x+\Delta\tau+t} & t-n_0>z\end{cases}$$

Beispiel: Sei $x = 30$, $n_0 = 30$, $\tau = 1954$, $R = 1200$, $z = 5$. Es ist mit Anhang 3.3

$$\Delta_{1954} = 0.$$

Dann gilt

$$R\,B_{30}^{R(5)}=\frac{1{,}03\cdot\left[1{,}015\left(\frac{D_{60}}{D_{30}}\ddot{a}_{\overline{5}|}+\frac{D_{65}}{D_{30}}\ddot{a}_{65}\right)+0{,}01\,\ddot{a}_{30:\overline{30}|}\right]}{0{,}97\,\ddot{a}_{30:\overline{30}|}}\cdot 1200+25$$

und mit

$$\ddot{a}_{\overline{5}|}=\frac{1-v^5}{1-v}=\frac{0{,}158027}{0{,}033816}=4{,}6731,$$

$$\ddot{a}_{65}=\frac{N_{65}}{D_{65}}=\frac{94555}{8345}=11{,}3307,$$

$$\ddot{a}_{30:\overline{30}|}=\frac{N_{30}-N_{60}}{D_{30}}=\frac{789858-143609}{35.003}=18{,}4627$$

folgt

$$R\,B_{30}^{R(5)} = 1200\,\frac{1{,}0455\,\frac{10823}{35003}\cdot 4{,}6731 + 1{,}0455\frac{8{,}345}{35003}\cdot 11{,}3307 + 0{,}0103\cdot 18{,}4627}{0{,}97\cdot 18{,}4627} + 25$$

$$= 1200\,\frac{1{,}51068 + 2{,}82424 + 0{,}19017}{17{,}9088} + 25 = 328{,}21 \text{ DM.}$$

Für die Deckungsrückstellungen gelten die Formeln:

$1 \leqslant t < 30$

$$R\,V(30, t, 71) = 1200\left[\frac{D_{60}}{D_{30+t}}\,1{,}015\left(\ddot{a}_{\overline{5}|} + \frac{D_{65}}{D_{60}}\,\ddot{a}_{65}\right) + 0{,}01\cdot\ddot{a}_{30+t:\overline{30-t}|} - 0{,}97\,B_{30}^{R(5)}\cdot\ddot{a}_{30+t:\overline{30-t}|}\right]$$

$30 \leqslant t < 35$

$$R\,V(30, t, 71) = 1200\cdot 1{,}015\left[\ddot{a}_{\overline{35-t}|} + \frac{D_{65}}{D_{30+t}}\,\ddot{a}_{65}\right]$$

$35 \leqslant t$

$$R\,V(30, t, 71) = 1200\cdot 1{,}015\cdot\ddot{a}_{30+t}.$$

Mit ihnen erhalten wir folgende Wertetabelle: xxxxx

t	x + t	R V(30, t, 71)
5	35	1.383,03
10	40	3.233,28
15	45	5.474,62
20	50	8.234,22
25	55	11.730,03
30	60	16.332,89
35	65	13.800,84
40	70	11.469,70
45	75	9.367,40
50	80	7.591,82
55	85	6.162,24
60	90	5.067,37
65	95	4.308,96
70	100	3.654,00
75	105	2.030,00
76	106	0

Man sieht wie die Deckungsrückstellung während der Beitragszahlung aufgebaut wird und wie sie sich mit der Rentenzahlung allmählich auflöst.

5.4 Versicherungen mit wechselndem Charakter

Eine in der Praxis häufiger vorkommende Versicherungsform, die je nach den ihr zugrunde liegenden Fakten wechselnden Charakter zeigen kann, ist die Versicherung einer aufgeschobenen oder sofort beginnenden Altersrente unter Einschluß einer Anwartschaft auf Witwenrente.

Für unsere beispielhafte Betrachtung sehen wir keine Leistung beim Tod der Frau vor ihrem Mann und keine Abfindung bei Wiederheirat der Witwe vor. Außerdem beschränken wir uns auf den Fall einer sofort beginnenden Altersrente mit Witwenanwartschaft gegen Zahlung eines Einmalbeitrages, wobei wir wiederum auf die Berücksichtigung der Rentnerselektion verzichten. Schließlich wollen wir ebenfalls von der Einrechnung von Kosten absehen.

Wir gehen von folgenden Bezeichnungen aus:

Eintrittsalter des Mannes:	x
Geburtsjahr des Mannes:	τ_x
Rueff'sche Altersverschiebung:	$\Delta\tau_x$
Eintrittsalter der Frau:	y
Geburtsjahr der Frau:	τ_y
Rueff'sche Altersverschiebung:	$\Delta\tau_y$
Jährlich vorschüssig zahlbare Altersrente:	R
Jährlich vorschüssig vom Endes des Sterbejahres an zahlbare Witwenrente:	wR.

Wie in Abschnitt 3.1 erläutert definieren wir die Ausscheideordnung des verbundenen Paares durch

$$l_{x+t\,y+t} = l_{x+t}\, l_{y+t}$$

mit

$$l_{x+t} = l_{x+t-1}\,(1 - q_{x+t-1})$$

$$l_{y+t} = l_{y+t-1}\,(1 - q_{y+t-1}).$$

Für den Barwert der sofort beginnenden Altersrente erhalten wir mit den Grundlagen der Todesfallversicherung (Anhang 1)

$$R \cdot A_x^A = \ddot{a}_x \cdot R = \frac{N_x}{D_x} R$$

und mit den Grundlagen der Erlebensfallversicherung (Anhang 3)

$$R \cdot A_x^{A'} = \ddot{a}_{x+\Delta\tau_x} \cdot R = \frac{N_{x+\Delta\tau_x}}{D_{x+\Delta\tau_x}} R.$$

Für den Barwert der Anwartschaft auf Witwenrente vom Betrag wR gilt mit den Grundlagen der Todesfallversicherung

$$wR \cdot A_{xy}^W = wR\, \frac{1}{l_{xy}}\, [l_{xy}\, q_x\, (1 - p_y)\, \ddot{a}_{y+1}\, v +$$

$$+ l_{x+1\,y+1}\, q_{x+1}\, (1 - q_{y+1})\, \ddot{a}_{y+2}\, v^2 + \ldots]$$

$$= wR \cdot \frac{1}{l_{xy}} \sum_{\nu=0}^{\omega-x} l_{x+\nu\; y+\nu}\, q_{x+\nu} (1 - q_{y+\nu})\, ä_{y+\nu+1}\, v^{\nu+1}$$

$$= wR \frac{1}{v^x\, l_{xy}} \sum_{\nu=0}^{\omega-x} l_{x+\nu\; y+\nu}\, q_{x+\nu}\, v^{x+\nu+1} (1 - q_{y+\nu+1}) \cdot ä_{y+\nu+1}$$

Mit

$$v^{x+1}\, l_{xy}\, q_x (1 - q_y) = v\, D_x\, q_x (1 - q_y)\, l_y = (v\, D_x - D_{x+1})\, l_{y+1}$$
$$= C_x\, l_{y+1}$$

folgt für den Barwert

$$wR\, A_{xy}^W = wR \frac{1}{D_x\, l_y} \sum_{\nu=0}^{\omega-x} C_{x+\nu}\, l_{y+\nu+1}\, ä_{y+\nu+1}\,.$$

Wir formen diesen Barwert um, um ihn für Berechnungen geeigneter zu erhalten. Diese Umformung setzt allerdings voraus, daß wir zwischen der Sterblichkeit einer verheirateten und einer verwitweten Frau nicht unterscheiden. Dies wäre im Prinzip bei der vorstehenden Ableitung möglich gewesen. Es ist

$$A_{xy}^W = \frac{1}{D_x\, l_y} \sum_{\nu=0}^{\omega-x} C_{x+\nu}\, l_{y+\nu+1} \frac{l_{y+\nu+1} + v\, l_{y+\nu+2} + v^2\, l_{y+\nu+3} + \ldots}{l_{y+\nu+1}}$$

$$= \frac{1}{D_x\, l_y} \sum_{\nu=0}^{\omega-x} v^{x+\nu+1}\, d_{x+\nu} (l_{y+\nu+1} + v\, l_{y+\nu+2} + v^2\, l_{y+\nu+3} + \ldots)$$

$$= \frac{1}{D_x\, l_y} [v^{x+1}\, d_x (l_{y+1} + v\, l_{y+2} + v^2\, l_{y+3} + \ldots)$$
$$+ v^{x+2}\, d_{x+1} (l_{y+2} + v\, l_{y+3} + v^2\, l_{y+4} + \ldots)$$
$$+ \ldots$$
$$+ v^{x+\nu}\, d_{x+\nu-1} (l_{y+\nu} + v\, l_{y+\nu+1} + v^2\, l_{y+\nu+2} + \ldots)$$
$$+ \ldots]$$

$$= \frac{1}{D_x\, l_y} [v^{x+1}\, l_{y+1} \cdot d_x + v^{x+2}\, l_{y+2} (d_x + d_{x+1}) + \ldots$$
$$+ v^{x+\nu}\, l_{y+\nu} (d_x \ldots + d_{x+\nu-1}) + \ldots]$$

$$= \frac{1}{D_x\, l_y} \sum_{\nu=1}^{\omega} v^{x+\nu}\, l_{y+\nu} \sum_{\mu=0}^{\nu-1} d_{x+\mu}$$

$$= \frac{1}{D_x\, l_y} \sum_{\nu=1}^{\omega} v^{x+\nu}\, l_{y+\nu} (l_x - l_{x+\nu})$$

$$= \frac{1}{l_y} \sum_{\nu=1}^{\omega} v^\nu l_{y+\nu} \left(1 - \frac{l_{x+\nu}}{l_x}\right) = \frac{1}{l_y} \sum_{\nu=0}^{\omega} v^\nu l_{y+\nu} \left(1 - \frac{l_{x+\nu}}{l_x}\right)$$

$$= \sum_{\nu=0}^{\omega} v^\nu \frac{l_{y+\nu}}{l_y} - \sum_{\nu=0}^{\omega} v^\nu \frac{l_{x+\nu}\, l_{y+\nu}}{l_x\, l_y}$$

$$= \sum_{\nu=0}^{\omega} \frac{D_{y+\nu}}{D_y} - \sum_{\nu=0}^{\omega} \frac{D_{x+\nu\ y+\nu}}{D_{xy}} \quad \text{mit} \quad D_{x+\nu\ y+\nu} = D_{x+\nu}\, l_{y+\nu}$$

$$= \ddot{a}_y - \ddot{a}_{xy}.$$

Damit haben wir für den Barwert der Anwartschaft auf Witwenrente vom Betrag wR

$$wR\, A_{xy}^W = wR\, (\ddot{a}_y - \ddot{a}_{xy})$$

erhalten.

Werden die Grundlagen der Erlebensfallversicherung benutzt, gilt

$$wR\, A_{xy}^{W'} = wR\, (\ddot{a}_{y+\Delta\tau_y} - \ddot{a}_{x+\Delta\tau_x,\ y+\Delta\tau_y}).$$

Unzweifelhaft hat die Versicherung einer Altersrente Erlebensfallcharakter, da nach unseren Überlegungen im Abschnitt 5.1 immer

$$0 = s_{x+t} < V(x, t, n) + r_{x+t}$$

gilt. Eine etwa für den Todesfall mitversicherte Beitragsrückgewähr würde (da dann $s_{x+t} > 0$ ist) weitere Überlegungen erfordern. Die Versicherung der Anwartschaft einer Witwenrente allein hat während der Anwartschaftzeit Todesfallcharakter, wenn mit $r_{x+t} = 0$

$$s_{x+t} > V(x, t, n)$$

gegeben ist, wobei s_{x+t} der Barwert der bei Tod im Alter $x+t$ fällig werdenden Witwenrente ist. Nun galt unsere Betrachtung in Abschnitt 5.1 einem Fall, bei dem für beide betrachtete Rechnungsgrundlagen die Deckungsrückstellungen am Ende der Versicherungsdauer übereinstimmen. Das ist hier aber nicht gegeben: Die auf den Tod versicherten Barwerte hängen unmittelbar von den Rechnungsgrundlagen ab.

Wir werden annehmen können, daß diese Abhängigkeit bei nicht zu weit voneinander entfernten Rechnungsgrundlagen keine so große Rolle spielen wird, so daß die Versicherung der Witwenrentenanwartschaft Todesfallcharakter haben wird. Dann ergibt sich aber die Frage, bei welcher Witwenrente vom Betrag w_0 ein Umschlag der gesamten Versicherungsform vom Erlebensfall- zum Todesfallcharakter erfolgt. Für dieses w_0 gilt dann

$$A_x^A + w_0\, A_{xy}^W = A_x^{A'} + w_0\, A_{xy}^{W'}.$$

Liegen die Rechnungsgrundlagen jedoch sehr weit auseinander, kann es durchaus sein, daß die Versicherung der Witwenrentenanwartschaft Erlebensfallcharakter haben wird. In diesem Fall wird es keinen positiven Wert w_0 geben.

Für jedes positive w wird dann

$$A_x^A + w\,A_{xy}^W < A_x^{A'} + w\,A_{xy}^{W'}$$

gelten.

Es kommt bei dieser Mischform offenbar auf die Frage an, auf welche Weise festgestellt werden soll, welcher Charakter gegeben ist.

Wir wollen diese Ausführungen durch einige Beispiele verdeutlichen, wobei wir Versicherungsabschlüsse im Jahr 1986 unterstellen. Die Eintrittsalter für beide zu versichernde Personen haben wir so gewählt, daß die Altersunterschiede von Mann und Frau sowohl bei der Berechnung mit Todesfallgrundlagen (nach Anhang 1) als auch unter Verwendung der Erlebensfallgrundlagen (nach Anhang 3) einheitlich 5 Jahre betragen. Die betrachteten vier Fälle sollen also im Jahr 1986 die folgenden wirklichen Alter aufweisen

	Alter	
Fall	**des Ehemannes**	**der Ehefrau**
	x	y
I	70	65
II	63	58
III	50	45
IV	40	35

Dann gelten für die sofort beginnende Altersrente vom Betrage 1 und für die Anwartschaft auf Witwenrente vom Betrag w_0 folgende Werte, wenn zunächst als Rechnungsgrundlagen die in Anhang 1 enthaltenen Todesfallgrundlagen sowie die in Anhang 3 aufgeführten Erlebensfallgrundlagen gewählt werden.

Fall	**I**	**II**	**III**	**IV**
Altersangaben				
x	70	63	50	40
y	65	58	45	35
τ_x	1916	1923	1936	1946
τ_y	1921	1928	1941	1951
$\Delta\tau_x$	2	2	1	0
$\Delta\tau_y$	2	2	1	0
x'	72	65	51	40
y'	67	60	46	35
Sofort beginnende Altersrente vom Jahresbetrag 1				
N_x	43793	94014	257087	460563
D_x	5321	8629	16240	24038
$N_{x'}$	45640	94555	266216	490412
$D_{x'}$	5249	8345	16036	24412
A_x^A	8,2302	10,8951	15,8305	19,1598
$A_{x'}^{A'}$	8,6950	11,3307	16,6011	20,0890

Anwartschaft auf Witwenrente vom Jahresbetrag 1
(unter Verwendung der Werte aus Anhang 4)

N_y	102863	177168	388384	638159
D_y	8734	12101	20292	29262
$N_{xy} \cdot 10^{-5}$	30614	74043	226070	422914
$N_{xy} \cdot 10^{-5}$	4349	7679	15489	23449
$ä_y$	11,7773	14,6408	19,1492	21,8085
$ä_{xy}$	7,0393	9,6323	14,5955	18,0355
A_{xy}^{W}	4,7380	4,9985	4,5537	3,7730
$N_{y'}$	118109	191564	414463	689139
$D_{y'}$	8829	11823	20024	29626
$N_{x'y'} \cdot 10^{-5}$	36084	80851	245700	466045
$D_{x'y'} \cdot 10^{-5}$	4645	7773	15628	24110
$ä'_y$	13,3774	16,2027	20,6983	23,2613
$ä'_{xy}$	7,7684	10,4015	15,7218	19,3299
$A_{xy}^{W'}$	5,6090	5,8012	4,9765	3,9314

In diesen betrachteten Beispielen gilt

$$A_x^A < A_x^{A'}$$

und

$$A_{xy}^W < A_{xy}^{W'}.$$

Also gilt für jede mitversicherte Witwenrente vom Betrag w

$$A_x^A + w\,A_{xy}^W < A_x^{A'} + w\,A_{xy}^{W'}.$$

Wendet man dieses pragmatische Verfahren an, so gelangen wir zu dem Schluß, daß die Versicherung einer sofort beginnenden Altersrente mit Übergang auf Witwenrente in den betrachteten Beispielen

Erlebensfallcharakter

hat – und zwar unabhängig von der Höhe der mitversicherten Witwenrente.

Ein anderes – ebenso pragmatisches – Verfahren geht von einer einzelnen Sterblichkeitsgrundlage aus und bestimmt den (hier gewählten) Einmalbeitrag einmal zum vorgegebenen Alter und zum anderen zum um ein Jahr erhöhten Alter. Nimmt hierbei der Einmalbeitrag ab, so spricht man der Versicherung Erlebensfallcharakter zu; wächst er, so ordnet man ihr Todesfallcharakter zu.

In unserem Fall kommt es darauf an, ob die Ungleichungen bei $\overline{x} = x + 1$, $\overline{y} = y + 1$

$$A_x^{A'} > A_{\overline{x}}^{A'} \quad \text{und} \quad A_{\overline{x}\overline{y}}^{W'} > A_{xy}^{W'}$$

erfüllt sind. Ist dies der Fall, läßt sich eine Grenze

$$w_0 = \frac{A_x^{A'} - A_{\overline{x}}^{A'}}{A_{\overline{x}\overline{y}}^{W'} - A_{xy}^{W'}}$$

ermitteln; ist die Witwenrente größer als w_0, hat die gesamte (Renten-)Versicherung Todesfallcharakter. Die nachfolgende Berechnung zeigt, daß dies für die Beispiele II, III, IV zutrifft. Man erkennt außerdem, daß sich w_0 mit fallendem Beginnalter verkleinert.

Fall	**I**	**II**	**III**	**IV**
$\overline{x}'$	73	66	52	41
$\overline{y}'$	68	61	47	36
$N_{\overline{x}}'$	40391	86210	250180	466000
$D'_{\overline{x}}$	4838	7879	15395	23530
$A_{\overline{x}}^{A'}$	8,3487	10,9417	16,2507	19,8045
$N_{\overline{y}}'$	109280	179741	394439	659513
$D_{\overline{y}}'$	8444	11359	19311	28599
$N_{\overline{x}\,\overline{y}}' \cdot 10^{-5}$	31439	73078	230072	441935
$N_{\overline{x}\,\overline{y}}' \cdot 10^{-5}$	4238	7298	14976	23218
$\ddot{a}_{\overline{y}}'$	12,9417	15,8237	20,4256	23,0607
$\ddot{a}_{\overline{x}\,\overline{y}}'$	7,4184	10,0134	15,3627	19,0342
$A_{\overline{x}\,\overline{y}}^{W'}$	5,5233	5,8103	5,0629	4,0265
$A_x^{A'} - A_{\overline{x}}^{A'}$		0,3890	0,3504	0,2845
$A_{\overline{x}\,\overline{y}}^{W'} - A_{xy}^{W'}$		0,0091	0,0864	0,0951
w_0		42,7	4,1	3,0

Die Beispiele zeigen zwar, daß in diesen Fällen zu einer sofort beginnenden Altersrente eine ausreichend hohe Witwenrente mitversichert werden kann. Ungewiß ist aber, ob dies in allen Fällen (also auch z. B. bei aufgeschobenen Renten) zutrifft und ob die gebräuchlichen pragmatischen Verfahren bei solchen Mischformen zweckmäßig sind. Mit diesen Andeutungen wollen wir es bewenden lassen.

5.5 Die Versicherung medizinisch erhöhter Risiken in der Kapitalversicherung

Es ist unmittelbar einleuchtend, daß ein nicht gesunder Antragsteller, der eine Kapitalversicherung abschließen will, nicht ohne weiteres versichert werden kann. Ein nicht gesunder Antragsteller, wir bezeichnen ihn als medizinisch erhöhtes Risiko (oder kurz als erhöhtes oder anomales Risiko), hat sicherlich eine größere Sterbenswahrscheinlichkeit aufzuweisen als ein gesunder Antragsteller gleichen Alters. Trotzdem ist die Möglichkeit versichert zu werden für erhöhte Risiken von besonderem Wert. Deshalb sollen nach allgemeinen Bemerkungen die in der Praxis anzutreffenden Verfahren zur Versicherung erhöhter Risiken kurz besprochen werden.

Einige grundsätzliche Bemerkungen

Wir nehmen an, daß wir ein Kollektiv gleichaltriger Personen, die jeweils die gleiche Versicherungsform wünschen, bezüglich ihres Gesundheitszustands einteilen, weiter beobachten und statistisch auswerten können. Beginne die Betrachtung zur Zeit 0, so läßt sich das Kollektiv $\mathfrak{M}(0)$ je nach Gesundheitszustand in Teilmengen $\mathfrak{M}_i(0)$ mit

$$\mathfrak{M}(0) = \bigcup_{i=1}^{m} \mathfrak{M}_i(0), \quad \mathfrak{M}_i(0) \cap \mathfrak{M}_k(0) = \phi$$

einteilen.

Dabei denken wir an eine Aufteilung, die wir durch die Aufzählung

$\mathfrak{M}_0(0)$: Gesunde Personen

$\mathfrak{M}_1(0)$: Personen mit leichten Gallenblasenentzündungen

$\mathfrak{M}_2(0)$: Personen mit Magengeschwüren

...

$\mathfrak{M}_k(0)$: Personen mit Diabetes

...

$\mathfrak{M}_r(0)$: Personen mit Diabetes und Kreislaufkrankheiten

...

andeuten. Jede dieser Gruppen sei beobachtbar. Durch statistische Auswertungen sei es möglich, jeder dieser Gruppen von Personen des Alters x eine Sterblichkeit zuzuordnen:

$$\mathfrak{M}_k, \; q_x^{(k)}.$$

Wenn diese Personen nun z. B. aufeinanderfolgende einjährige Risikoversicherungen abschließen wollen, so sind dem Grundsatz nach für die Beitragsberechnung zwei Verfahren denkbar.

Verfahren A: Im Kollektiv $\mathfrak{M}_k$ werden die Beiträge für das erste Versicherungsjahr mit der Sterblichkeit $q_x^{(k)}$ berechnet. Am Ende des ersten Versicherungsjahres werden **alle** Personen des Kollektivs $\mathfrak{M}(0)$, die dann noch leben und das Gesamtkollektiv $\mathfrak{M}(1)$ bilden, gesundheitlich überprüft und **neu** eingeteilt:

$$\mathfrak{M}(1) = \bigcup_{i=1}^{m} \mathfrak{M}_i(1), \quad \mathfrak{M}_i(1) \cap \mathfrak{M}_k(1) = \phi.$$

Die Beiträge für das zweite Versicherungsjahr werden dann mit den Sterblichkeiten $q_{x+1}^{(k)}$ neu berechnet. Entsprechend wird in den folgenden Versicherungsjahren verfahren.

Vorteil: Das Verfahren ist leicht zu erläutern.
Wer gesund geworden ist, zahlt niedrigere Beiträge. Die statistischen Daten und Verfahren sind einfacher Natur, da nur auf einjährige Beobachtungen zurückgegriffen wird.

Nachteil: Die jährlichen Untersuchungen sind umständlich.
Wer krank oder kränker geworden ist, muß einen höheren Beitrag zahlen. Schwerkranke sind zu vernünftigen Preisen kaum oder gar nicht versicherbar. Das Verfahren A schützt also eigentlich nur bei plötzlichen Todesfällen.

Verfahren B: Dieses Verfahren hält an der Einteilung

$$\mathfrak{M}(0) = \bigcup_{i=1}^{m} \mathfrak{M}_i(0)$$

fest. Jedes Teilkollektiv wird bis zu seinem Aussterben beobachtet, so daß sich eine Sterbetafel

$$\mathfrak{M}_i(t) : q^{(i)}_{[x]+t}$$

feststellen läßt. Natürlich ändern sich die gesundheitlichen Zustände der im Teilkollektiv $\mathfrak{M}_i(t)$ zusammengefaßten Personen. Einige werden gesund, andere werden kränker, so daß $q^{(i)}_{[x]+t}$ eine mittlere Sterblichkeit beschreibt. Ein Wechsel zu einem anderen Kollektiv ist nicht möglich. Insoweit stellt $\mathfrak{M}_i(t)$ eine Versichertengemeinschaft dar.

Vorteil: Eine einzige Gesundheitsprüfung, kein jährliches Neubestimmen des Beitrags.

Nachteil: Einzelnen Kollektivangehörigen ist mitunter schwer plausibel zu machen, warum gesund gewordene Personen die gegenüber dem Kollektiv $\mathfrak{M}_0(t)$ angehobene Prämie weiter bezahlen müssen.

Das Verfahren A beschreibt im Prinzip das für Kraftfahrtversicherungen praktizierte Verfahren, wo die jährlichen Neueinstufungen von Schadenfällen beeinflußt werden. Es ist aber unmittelbar einleuchtend, daß für die Lebensversicherung nur das Verfahren B möglich ist. Dieses wollen wir nun kurz beschreiben.

Zuschläge für das medizinisch erhöhte Risiko und ihre Rückgewähr im Erlebensfall

Wir unterstellen für den Augenblick, daß uns für ein bestimmtes Teilkollektiv $\mathfrak{M}_i(t)$, das zur Zeit $t = 0$ aus x-jährigen Personen, die an einer bestimmten Krankheit leiden, besteht, die Sterbenswahrscheinlichkeiten $q^{(i)}_{[x]+t}$ bekannt sind. Dabei setzen wir voraus, daß diese Werte als Rechnungsgrundlagen 1. Ordnung zu verwenden sind. Sei q_{x+t} die Rechnungsgrundlage 1. Ordnung für normale Risiken, so enthalten die Werte $q^{(i)}_{[x]+t}$ eine entsprechende Sicherheitsmarge und es gilt für alle Alter

$$q_{x+t} < q^{(i)}_{[x]+t}.$$

Im folgenden werden alle versicherungstechnischen Werte für das anomale Risiko dieses Teilkollektivs mit dem Index i versehen.

An der Aufgabe 3.1 haben wir sehen können, daß dann z.B. für den Nettobeitrag einer gemischten Versicherung

$$P_{x:\overline{n}|} < P^{(i)}_{x:\overline{n}|}$$

gilt. Aus unseren Betrachtungen zum Charakterbegriff am Anfang dieses Kapitels können wir für Versicherungen mit Todesfallcharakter – insbesondere wenn mit der dortigen Bezeichnung immer $s_{x+t} > V(x, t, n) + r_{x+t}$ gilt – schließen, daß die Bruttobeiträge (bei gleichen Kostenansätzen) auch solcher Versicherungen die Ungleichung

$$B_{x:\overline{n}|} < B^{(i)}_{x:\overline{n}|}$$

erfüllen.

Daher können wir auch

$$B^{(i)}_{x:\overline{n}|} = B_{x:\overline{n}|} + Z^{(i)}_{x:\overline{n}|}$$

mit

$$Z^{(i)}_{x:\overline{n}|} > 0$$

schreiben. Wir bezeichnen $Z^{(i)}_{x:\overline{n}|}$ als **Risikozuschlag.**

Mitunter wird von den Versicherungsinteressenten gewünscht, daß beim Ablauf der Versicherung die Summe der gezahlten Risikozuschläge (ohne Zinsen) zurückgezahlt wird. Für sich allein betrachtet, handelt es sich bei dieser Vereinbarung um eine zusätzliche Erlebensfallversicherung.

Ihre Verbindung mit der ursprünglichen Versicherung mit Todesfallcharakter könnte an sich zu einer Änderung des Charakters führen. Für die gemischte Kapitalversicherung und für den speziellen Ansatz

$$q^{(i)}_{x+t} = (1 + \alpha^{(i)})\, q_{x+t}$$

für die erhöhte Sterblichkeit konnte in [5.7] gezeigt werden, daß diese Kapitalversicherung auch dann Todesfallcharakter behält, wenn die Risikozuschläge mit Rückgewähr ausgestattet sind.

Für den Zuschlag mit Rückgewähr $Z^{R(i)}_{x:\overline{n}|}$ gilt bei n-jähriger Dauer, wenn nur der Erlebensfallteil betrachtet wird:

$$(Z^{R(i)}_{x:\overline{n}|} - Z^{(i)}_{x:\overline{n}|})\, \ddot{a}^{(i)}_{x:\overline{n}|} = n\, Z^{R(i)}_{x:\overline{n}|} \frac{D^{(i)}_{x+n}}{D^{(i)}_{x}} .$$

Während die linke Seite den Barwert der für die Rückgewähr zur Verfügung stehenden Zuschlagsteile enthält, stellt die rechte Seite den Barwert der Anwartschaft auf die Erlebensfalleistung in Höhe von n Rückgewährzuschlägen dar. Wir erhalten aus dieser Äquivalenzbeziehung

$$Z^{R(i)}_{x:\overline{n}|} = \frac{\ddot{a}^{(i)}_{x:\overline{n}|}}{\ddot{a}^{(i)}_{x:\overline{n}|} - n\, \dfrac{D^{(i)}_{x+n}}{D^{(i)}_{x}}}\, Z^{(i)}_{x:\overline{n}|} .$$

Der Faktor des Zuschlags $Z^{(i)}_{x:\overline{n}|}$ wird auch Rückgewährfaktor genannt. Selbstverständlich gehört zu dieser zusätzlichen Erlebensfallversicherung auch eine zusätzliche Deckungsrückstellungsberechnung.

Zu den Rechnungsgrundlagen anomaler Risiken

Unser Verfahren B erfordert eine statistische Beobachtung der Teilkollektive $\mathfrak{M}_i(t)$ und zwar von der Einstufung in diese Kollektive an bis zu deren Auslaufen, um die Sterbenswahrscheinlichkeiten $q^{(i)}_{[x]+t}$ festlegen zu können. Natürlich ist ein solches Vorgehen undiskutabel. Deshalb geht man von verschiedenen, aber überschaubaren Hypothesen für die Sterblichkeit aus und ordnet dann jeder Hypothese zu ihr passende Krankheitsbilder zu. Plausibel sind die folgenden **drei Ansätze**:

1. Konstante Alterserhöhung:

$$q^{(i)}_{[x]+t} = q_{x+a_i+t}.$$

Jedes Alter wird in einfacher Weise durch einen von der Erschwerung abhängenden Wert erhöht. Da dieser Wert unabhängig vom Alter ist, gilt z.B. für die gemischte Versicherung

$$B^{(i)}_{x:\overline{n}|} = B_{x+a_i:\overline{n}|}.$$

Der Ansatz ist von bestechender Einfachheit.

2. Konstante additive Sterblichkeitserhöhung:

$$q^{(i)}_{[x]+t} = q_{x+t} + b_i.$$

Um die erforderlichen Zuschläge zu ermitteln, müssen die Beiträge der anomalen Risiken von den Kommutationswerten an neu gerechnet werden.

3. Konstante multiplikative Sterblichkeitserhöhung:

$$q^{(i)}_{[x]+t} = (1 + c_i)\, q_{x+t}.$$

Diese Arbeitshypothesen können wir wie folgt charakterisieren. Sie stehen zur Normalsterblichkeit in folgendem Verhältnis:

Alterserhöhung:

$$q^{(i)}_{[x]+t}/q_{x+t} = \frac{q_{x+t+a_i}}{q_{x+t}}$$

Das Krankheitsbild zeigt zunächst anwachsende, später allenfalls gleichbleibende Schwere.

Additive Sterblichkeitserhöhung:

$$q^{(i)}_{[x]+t}/q_{x+t} = 1 + \frac{b_i}{q_{x+t}}$$

Das Krankheitsbild bessert sich.

Multiplikative Sterblichkeitserhöhung:

$$q^{(i)}_{[x]+t}/q_{x+t} = 1 + c_i$$

Das Krankheitsbild ist gleichbleibend.

Die Aussagen sind bei streng monoton wachsendem q_{x+t} für die multiplikative und die additive Sterblichkeitserhöhung trivial. Für die Alterserhöhung folgt mit $x_1 < x_2$ und $q_{x_1} < q_{x_2}$

$$\frac{q_{x_2+a_i}}{q_{x_2}} - \frac{q_{x_1+a_i}}{q_{x_1}} = \frac{q_{x_1}(q_{x_2} - q_{x_1})}{q_{x_1}\, q_{x_2}} \left(\frac{q_{x_2+a_i} - q_{x_1+a_i}}{q_{x_2} - q_{x_1}} - \frac{q_{x_1+a_i}}{q_{x_1}}\right)$$

Der erste Faktor ist positiv.

In jüngeren Altern wächst q_x überproportional, deshalb sind wegen $q_{x_2+a_i} - q_{x_1+a_i} > q_{x_2} - q_{x_1}$ beide Werte der Klammer > 1.

In niedrigeren Altern liegt der zweite Wert nahe bei 1, während der erste Wert wegen der stärkeren Krümmung der Sterbewahrscheinlichkeiten überwiegen wird. Also nimmt dort die Erschwerung zu.

In höheren Altern wächst q_x etwa proportional mit dem Alter; bei linearem Verlauf der Sterblichkeit ist der Klammerausdruck negativ, so daß die Erschwerung in höheren Altern eher geringer wird.

In der Bundesrepublik Deutschland hat sich der Ansatz einer konstanten multiplikativen Sterblichkeitserhöhung durchgesetzt. Dabei werden die anomalen Risiken in Erschwerungsklassen eingeteilt, denen bestimmte Werte der Konstanten c_i zugeordnet werden. So findet man z. B. das folgende Wertesystem:

$$c_1 = 0{,}25;\; c_2 = 0{,}375;\; c_3 = 0{,}50;\; c_4 = 0{,}75;\; c_5 = 1{,}00;\; c_6 = 1{,}25;$$
$$c_7 = 1{,}50;\; c_8 = 1{,}75;\; c_9 = 2{,}00;\; c_{10} = 2{,}25;\; c_{11} = 2{,}50;\; c_{12} = 3{,}00;$$
$$c_{13} = 3{,}50;\; c_{14} = 4{,}00.$$

In der Praxis werden dann, wenn von diesem System Gebrauch gemacht wird, zu der Grundtafel (etwa wie im Anhang 1) 14 weitere Sterbetafeln berechnet, aus denen sich dann Beiträge und damit Risikozuschläge für die gewünschten Versicherungsformen ergeben.

Der für das Lebensversicherungsunternehmen tätige Versicherungsmediziner begutachtet die ihm vorgelegten Risiken und ordnet ihnen durch eine Schätzung ihrer Sterblichkeit einen c_i-Wert zu. Selbstverständlich sollten die hierdurch entstehenden Risikoklassen, die homogen in ihrer Übersterblichkeit, aber durchaus inhomogen bezüglich ihrer Krankheitsbilder sind, von Zeit zu Zeit statistisch überprüft werden. Dies ist schon deshalb erforderlich, weil die Einstufung ihre besonderen Schwierigkeiten hat. Erinnern wir uns daran, daß die als Rechnungsgrundlage 1. Ordnung benutzte Sterbetafel, die also für normale Risiken gelten soll, als Bevölkerungstafel bereits in jeder Altersstufe ein Durchschnitt aus den Sterblichkeitswahrscheinlichkeiten gesunder und kranker Menschen ist. Mit diesem Durchschnittswert müßte nun das zu begutachtende Risiko verglichen werden. Dazu muß aber diese Durchschnittsbildung wenigstens näherungsweise bekannt oder auch nur nachvollziehbar sein.

Nun kennt aber der Hausarzt, der um ein Gutachten gebeten wird, aus seiner Praxis mehr kranke als gesunde Menschen, also nicht den Bevölkerungsdurchschnitt. Der Versicherungsmediziner kennt ebenfalls mehr kranke Risiken, da ihm Versicherungsanträge von erkennbar normalen Risiken im allgemeinen nicht vorgelegt werden. Beide Mediziner müssen daher ihre Ansichten entsprechend korrigieren, damit sie das anomale Risiko am Durchschnitt und nicht etwa am normalen Risiko messen.

5.6 Die Zahlung des Jahresbeitrags in unterjährigen Raten

Bislang haben wir immer unterstellt, daß der Versicherungsbeitrag jährlich vorschüssig jeweils für ein Versicherungsjahr gezahlt wird. Vielfach wird aber eine Ratenzahlung, d. h. eine unterjährige Beitragszahlung, gewünscht. Würden wir uns bei einem Versicherungsunternehmen nach den Möglichkeiten für eine unterjährige Beitragszahlung erkundigen, so würden wir folgendes feststellen:

1. Man kann den Jahresbeitrag halbjährlich in zwei, vierteljährlich in vier oder monatlich in zwölf Raten zahlen, wofür vom Versicherungsunternehmen entsprechende Ratenzuschläge erhoben werden.
2. Für den Fall des Ablebens innerhalb eines Beitragszahlungsjahres finden wir von Gesellschaft zu Gesellschaft verschieden zwei Varianten:
   A) Mit dem Tod enden die Ratenzahlungen.
   B) Mit dem Tod enden die Ratenzahlungen, aber die für das laufende Versicherungsjahr noch nicht gezahlten Raten werden an der Versicherungsleistung gekürzt.

Wenn wir diese Varianten bei der Bestimmung der unterjährigen Beitragsraten berücksichtigen, so muß das zur Folge haben, daß die Beitragsraten der Variante A wegen des Verzichts auf noch ausstehende Raten etwas höher sein werden als die entsprechenden Raten der Variante B.

Wir betrachten das (t + 1)te Beitragszahlungsjahr, für das der fällige, der Einfachheit halber als konstant vorausgesetzte Beitrag – wir bezeichnen ihn einfach mit B – in k Raten (k = 2, 4, 12) in Höhe von jeweils $B^{(k)}$ gezahlt werden soll. Es liegt dann folgende Situation vor:

(t + 1)tes Beitragszahlungsjahr

Lebende:	l_{x+t} $l_{x+t+\frac{1}{k}}$	...	$l_{x+t+\frac{k-1}{k}}$ $l_{x+t+\frac{k}{k}}$
Gestorben:	$l_{x+t} - l_{x+t+\frac{1}{k}}$	...	$l_{x+t+\frac{k-1}{k}} - l_{x+t+\frac{k}{k}}$
Anzahl der noch ausstehenden Raten:	k – 1	...	0

Um nun die unterjährigen Beitragsraten nach versicherungstechnischen Grundsätzen ermitteln zu können, müßten wir eigentlich den unterjährigen Verlauf der Sterblichkeit kennen. Da aber Werte von Sterbetafeln (vom ersten Lebensjahr abgesehen) nur für ganzzahlige Alter bestimmt werden, müssen wir uns mit einer Näherung begnügen. In erster Näherung wird man von einer linearen Interpolation ausgehen, die sich genau genommen sowohl auf die Sterbenswahrscheinlichkeiten als auch auf die Verzinsung erstrecken müßte. Da sich hieraus komplizierte Formelausdrücke ergeben würden und da die Praxis, die wir sehen werden, diese Frage sehr pragmatisch regelt, interpolieren wir die Kommutationswerte unmittelbar linear. Ohne uns von der Güte der Näherung ein Bild machen zu können, setzen wir

$$D_{x+t+\frac{\mu}{k}} \approx \frac{k-\mu}{k} D_{x+t} + \frac{\mu}{k} D_{x+t+1}$$

und

$$C_{x+t+\frac{\mu}{k}} \approx \frac{1}{k} C_{x+t}.$$

Wir betrachten nun den Barwert der Beitragsraten $B^{(k)}$, wobei wir diesen Barwert auf einen Versicherten sowie auf den Zeitpunkt 0 beziehen.

Für die **Variante A** gilt zunächst für das (t + 1)te Versicherungsjahr

$$B_A^{(k)} \frac{1}{l_x} v^t \left(l_{x+t} + v^{1/k} l_{x+t+\frac{1}{k}} + \ldots + v^{\frac{1-k}{k}} l_{x+t+\frac{k-1}{k}}\right).$$

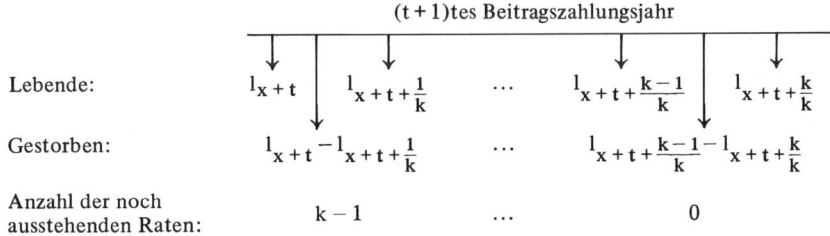

Summieren wir über alle n Beitragsjahre, so folgt aus dem Äquivalenzprinzip die Bestimmungsgleichung

$$\frac{B}{D_x}\sum_{t=0}^{n-1} D_{x+t} = \frac{B_A^{(k)}}{D_x}\sum_{t=0}^{n-1} v^{x+t}\sum_{\mu=0}^{k-1} v^{\frac{\mu}{k}}\, l_{x+t+\frac{\mu}{k}} .$$

Schreiben wir

$$v^{x+t+\frac{\mu}{k}}\, l_{x+t+\frac{\mu}{k}} = D_{x+t+\frac{\mu}{k}},$$

so folgt mit der obigen Näherung

$$\frac{B}{D_x}\sum_{t=0}^{n-1} D_{x+t} = \frac{B_A^{(k)}}{D_x}\sum_{t=0}^{n-1}\sum_{\mu=0}^{k-1} D_{x+t+\frac{\mu}{k}}$$

$$\approx \frac{B_A^{(k)}}{D_x}\sum_{t=0}^{n-1}\sum_{\mu=0}^{k-1}\frac{k-\mu}{k} D_{x+t} + \frac{B_A^{(k)}}{D_x}\sum_{t=0}^{n-1}\sum_{\mu=0}^{k-1}\frac{\mu}{k} D_{x+t+1}$$

$$= \frac{B_A^{(k)}}{D_x}\sum_{t=0}^{n-1} D_{x+t}\sum_{\mu=0}^{k-1}\frac{k-\mu}{k} + \frac{B_A^{(k)}}{D_x}\sum_{t=0}^{n-1} D_{x+t+1}\sum_{\mu=0}^{k-1}\frac{\mu}{k} .$$

Es ist

$$\sum_{\mu=0}^{k-1}\frac{k-\mu}{k} = \frac{1}{k}(1+2+\ldots+k) = \frac{1}{k}\,\frac{k(k+1)}{2} = \frac{k+1}{2}$$

und

$$\sum_{\mu=0}^{k-1}\frac{\mu}{k} = \frac{1}{k}(1+\ldots+k-1) = \frac{1}{k}\,\frac{(k-1)k}{2} = \frac{k-1}{2} .$$

Also folgt die Beziehung

$$\frac{B}{D_x}\sum_{t=0}^{n-1} D_{x+t} = B\,\ddot{a}_{x:\overline{n|}} \approx B_A^{(k)}\cdot\frac{1}{D_x}\sum_{t=0}^{n-1}\left(\frac{k+1}{2}D_{x+t} + \frac{k-1}{2}D_{x+t+1}\right)$$

$$= B_A^{(k)}\frac{1}{D_x}\left(\frac{k+1}{2}(N_x - N_{x+n}) + \frac{k-1}{2}(N_{x+1} - N_{x+n+1})\right)$$

$$= B_A^{(k)}\frac{1}{D_x}\left(\frac{k+1}{2}N_x + \frac{k-1}{2}N_x - \frac{k-1}{2}D_x - \frac{k+1}{2}N_{x+n}\right.$$

$$\left. - \frac{k-1}{2}N_{x+n} + \frac{k-1}{2}D_{x+n}\right)$$

$$= B_A^{(k)}\left[\,k\,\frac{N_x - N_{x+n}}{D_x} - \frac{k-1}{2}\left(1 - \frac{D_{x+n}}{D_x}\right)\right]$$

$$= B_A^{(k)}\left[\,k\,\ddot{a}_{x:\overline{n}|} - \frac{k-1}{2}\left(1 - \frac{D_{x+n}}{D_x}\right)\right]$$

Damit erhalten wir für die Variante A im Fall jährlich konstanter Beitragszahlung:

$$B_A^{(k)} \approx \frac{\ddot{a}_{x:\overline{n}|}}{\ddot{a}_{x:\overline{n}|} - \frac{k-1}{2k}\left(1 - \frac{D_{x+n}}{D_x}\right)} \cdot \frac{B}{k} = \frac{1}{1 - \frac{k-1}{2k}\,\frac{1 - D_{x+n}/D_x}{\ddot{a}_{x:\overline{n}|}}}\,\frac{B}{k} \qquad \text{(A)}$$

Näherungsweise gilt dann auch

$$B_A^{(k)} \approx \left(1 + \frac{k-1}{2k}\,\frac{1 - D_{x+n}/D_x}{\ddot{a}_{x:\overline{n}|}}\right)\frac{B}{k}$$

Es ist weiter

$$\frac{1 - D_{x+n}/D_x}{\ddot{a}_{x:\overline{n}|}} = \frac{D_x - D_{x+n}}{\sum\limits_{t=0}^{n-1} D_{x+t}} = \frac{\sum\limits_{t=0}^{n-1} (D_{x+t} - D_{x+t+1})}{\sum\limits_{t=0}^{n-1} D_{x+t}}$$

$$= \frac{\sum\limits_{t=0}^{n-1} D_{x+t}(1 - v(1 - q_{x+t}))}{\sum\limits_{t=0}^{n-1} D_{x+t}} = \frac{\sum\limits_{t=0}^{n-1} D_{x+t}\,v(i + q_{x+t})}{\sum\limits_{t=0}^{n-1} D_{x+t}}$$

$$\approx v(i + q_{x+\frac{n}{2}}).$$

Mit diesen Näherungen erhalten wir schließlich

$$B_A^{(k)} \approx \frac{B}{k}\left\{1 + \frac{k-1}{2k}\,v(i + q_{x+\frac{n}{2}})\right\}$$

Offenbar ist der Faktor von $\frac{B}{k}$ größer als 1, wir erhalten daher

$$B_A^{(k)} > \frac{B}{k},$$

wie es sein muß.

Betrachten wir nun die **Variante B.**

Sie unterscheidet sich von der Variante A durch eine zusätzliche Versicherungsleistung, die beim Tod in Höhe der noch ausstehenden Raten der eigentlichen Versicherungsleistung entnommen wird. Betrachten wir diese Zusatzleistung zunächst für sich, so beträgt ihr auf das $(t+1)$te Beitragszahlungsjahr entfallender und auf das Alter x bezogener Barwert

$$B_B^{(k)} \frac{1}{l_x} v^t \left\{ (l_{x+t} - l_{x+t+\frac{1}{k}}) v^{\frac{1}{2k}} (k-1) + (l_{x+t+\frac{1}{k}} - l_{x+t+\frac{2}{k}}) v^{\frac{3}{2k}} (k-2) + \ldots + (l_{x+t+\frac{k-2}{k}} - l_{x+t+\frac{k-1}{k}}) v^{\frac{2k-3}{2k}} \cdot 1 \right\}.$$

Summieren wir wieder über alle Beitragsjahre, so beträgt der Barwert Z der Zusatzleistung

$$Z = \frac{B_B^{(k)}}{D_x} \sum_{t=0}^{n-1} v^{x+t} \sum_{\mu=0}^{k-2} (l_{x+t+\frac{\mu}{k}} - l_{x+t+\frac{\mu+1}{k}}) v^{\frac{2\mu+1}{2k}} (k-1-\mu).$$

So wie wir für ganzzahlige Alter den Kommutationswert

$$C_{x+t} = v^{x+t+1} (l_{x+t} - l_{x+t+1})$$

eingeführt haben, setzen wir nun entsprechend

$$C_{x+t+\frac{\mu}{k}} = v^{x+t+\frac{\mu+1}{k}} (l_{x+t+\frac{\mu}{k}} - l_{x+t+\frac{\mu+1}{k}}).$$

Somit erhalten wir für den Zusatzbarwert Z

$$Z = \frac{B_B^{(k)}}{D_x} \sum_{t=0}^{n-1} \sum_{\mu=0}^{k-2} (k-1-\mu) v^{-\frac{1}{2k}} C_{x+t+\frac{\mu}{k}}.$$

Mit der bereits erwähnten Näherung für $C_{x+t+\frac{\mu}{k}}$ folgt nun

$$Z \approx \frac{B_B^{(k)}}{D_x} v^{-\frac{1}{2k}} \sum_{t=0}^{n-1} \sum_{\mu=0}^{k-2} (k-1-\mu) \frac{1}{k} C_{x+t}$$

$$= \frac{B_B^{(k)}}{D_x} v^{-\frac{1}{2k}} \sum_{t=0}^{n-1} C_{x+t+\frac{1}{k}} \sum_{\mu=0}^{k-2} (k-1-\mu) = \frac{B_B^{(k)}}{D_x} v^{-\frac{1}{2k}} \frac{k-1}{2} \sum_{t=0}^{n-1} C_{x+t}$$

$$= B_B^{(k)} \cdot v^{-\frac{1}{2k}} \frac{k-1}{2} \frac{M_x - M_{x+n}}{D_x} = B_B^{(k)} \cdot v^{-\frac{1}{2k}} \frac{k-1}{2} {}_{|n}A_x.$$

Die gesamte Äquivalenzbeziehung für die Variante B hat also die Gestalt

$$B \cdot \ddot{a}_{x:\overline{n|}} \approx B_B^{(k)} \left[k\, \ddot{a}_{x:\overline{n|}} - \frac{k-1}{2} \left(1 - \frac{D_{x+n}}{D_x}\right) + \frac{k-1}{2} v^{-\frac{1}{2k}} {}_{|n}A_x \right],$$

woraus

$$B_B^{(k)} \approx \frac{\ddot{a}_{x:\overline{n}|}}{\ddot{a}_{x:\overline{n}|} - \frac{k-1}{2\,k}\left(1 - \frac{D_{x+n}}{D_x} - v^{-\frac{1}{2k}}\;{}_{|n}A_x\right)} \cdot \frac{B}{k} \qquad \text{(B)}$$

folgt.

Wir wollen die erhaltenen Formeln (A) und (B) auf zwei Beispiele anwenden, die jeweils eine zehnjährige Beitragszahlung vorsehen und für die x = 20 bzw. x = 50 gilt.

Im einzelnen ergibt sich aus Anhang 1 und 2

x	20	50
n	10	10
$\ddot{a}_{x:\overline{n}\|} = \frac{N_x - N_{x+n}}{D_x}$	8,5388	8,2554
$M_x = v\,N_x - N_{x+1}$	9.890,73	–
$M_{x+n} = v\,N_{x+n} - N_{x+n+1}$	9.099,30	–
${}_{\|n}A_x = \frac{M_x - M_{x+n}}{D_x}$	0,01587	0,09275
$\frac{D_{x+n}}{D_x}$	0,6954	0,6281

Für die von der Anzahl k der Raten abhängenden Werte erhalten wir mit

$$\log v^{-\frac{1}{2k}} = -\log v^{\frac{1}{2k}} = -\log \frac{1}{(1+i)^{1/2k}} = \log (1+i)^{1/2k}$$

$$= \frac{1}{2k} \log (1+i) = \frac{0{,}0149403}{2k} \qquad (i = 0{,}035)$$

k	$\frac{k-1}{2k}$	$\log v^{-\frac{1}{2k}}$	$v^{-\frac{1}{2k}}$
2	0,2500	0,003735	1,00864
4	0,3750	0,001868	1,00431
12	0,4583	0,000623	1,00144

Setzen wir diese Werte ein, ergibt sich für

Variante A

$$B_A^{(k)} = \frac{B}{k} \cdot \begin{cases} \dfrac{8{,}5388}{8{,}5388 - \frac{k-1}{2k}\,0{,}3046} & \text{für } x = 20 \\[2ex] \dfrac{8{,}2554}{8{,}2554 - \frac{k-1}{2k}\,0{,}3719} & \text{für } x = 50 \end{cases}$$

Variante B

$$B_B^{(k)} = \frac{B}{k} \cdot \begin{cases} \dfrac{8{,}5388}{8{,}5388 - \frac{k-1}{2k}\,(0{,}3446 - v^{-1/2k} \cdot 0{,}01587)} & \text{für } x = 20 \\[2ex] \dfrac{8{,}2554}{8{,}2554 - \frac{k-1}{2k}\,(0{,}3719 - v^{-1/2k} \cdot 0{,}09275)} & \text{für } x = 50 \end{cases}$$

Die Auswertung ergibt das folgende **Resultat**:

	Verhältnis $B^{(k)}/\frac{B}{k}$			
Beginnalter x	20		50	
Beitragszahlungsdauer n	10		10	
Variante	A	B	A	B
Anzahl der Raten k				
2	1,0090	1,0085	1,0114	1,0085
4	1,0136	1,0128	1,0172	1,0128
12	1,0166	1,0157	1,0211	1,0159

Es ist plausibel, daß sich bei Variante B, bei der im Todesfall ausstehende Raten der Versicherungsleistung entnommen werden, so daß – abgesehen von der zeitlichen Verteilung der Raten – in jedem Fall alle Raten an das Versicherungsunternehmen geleistet werden, die Verhältniszahlen $B^{(k)}/\frac{B}{k}$ mitunter als gleich zeigen. In Wirklichkeit sind sie nur näherungsweise gleich. Andererseits zeigt sich die unterjährige Beitragszahlung als eine nicht ganz einfache Frage. Die relativen Zuschläge in Prozent

$$\left(B^{(k)}/\frac{B}{k} - 1\right) \cdot 100$$

hängen außer von der Zahl der Raten offenbar vom Eintrittsalter, von der Beitragszahlungsdauer und vom Zins ab.

Nun wird der Wunsch nach unterjähriger Beitragszahlung sehr oft an Lebensversicherungsunternehmen herangetragen. Deshalb benötigt man eine praxisnahe Festlegung der Ratenzuschläge. Sehen wir uns unserer Resultate daraufhin an, so müssen wir offenbar feststellen:

1. Die Zuschläge, die wir ermittelt haben, sind wegen der festgestellten Abhängigkeiten in der Praxis zu unhandlich.
2. Wir haben die Ratenzuschläge versicherungstechnisch bestimmt und nach den für echte Versicherungsleistungen geltenden Grundsätzen kalkuliert. Wir befinden uns mit dieser Methode im Einklang mit den üblichen Ausführungen der versicherungsmathematischen Lehrbücher (vgl. z.B. [4.1] S. 71/72). Da nun die Rechnungsgrundlagen vorsichtig festgesetzt worden sind, muß zum einen mit einer eintretenden niedrigeren Sterblichkeit gerechnet werden. Berücksichtigte man diese, würden sich bei der Variante A kleinere Ratenzuschläge ergeben (denn im Mittel werden gegenüber der Annahme mehr Beitragsraten gezahlt). Also ist ein Gewinn aus Sterblichkeit zu erwarten. Zum anderen ist der tatsächli-

che Zinsertrag spürbar höher als der Rechnungszins in Höhe von 3,5 %. Da die Ratenzahlung eine Art Schuldtilgung des Versicherungsnehmers darstellt, führt unser Rechnungsansatz zu einer zu geringen Zinseinnahme, also entsteht hier ein Zinsverlust. (Variante B: vgl. Aufgabe 4.2).

3. Ratenzahlung des Beitrags verursacht erhöhte Kosten. Wir haben aber in unserer versicherungstechnischen Rechnung keine Mittel zur Deckung der Kosten eingerechnet.

Da die den Jahresbeitrag unterjährlich zahlenden Versicherungsnehmer aus Gründen der Gleichbehandlung gegenüber den anderen Versicherungsnehmern weder bevorzugt noch benachteiligt werden dürfen (dies folgt schon wenigstens für Versicherungsvereine auf Gegenseitigkeit aus der gesetzlichen Vorschrift des § 21 (1) des Versicherungsaufsichtsgesetzes, wonach gilt: *„Mitgliederbeiträge ... dürfen bei gleichen Voraussetzungen nur nach gleichen Grundsätzen bemessen sein“*) wäre eine entsprechende Korrektur unserer Ableitung erforderlich. Sie würde dadurch sicher nicht handlicher werden. Aus diesem Grunde wird die Höhe der Ratenzuschläge pragmatisch gelöst. Wir zitieren hierzu (vgl. [4.2] S. 42):

> *„Bekanntlich betragen die Ratenzuschläge in der Regel bei 1/2-jährlicher, 1/4-jährlicher und monatlicher Zahlung des Jahresbeitrags 2 % / 3 % / 5 % bei sogenannten unechten Raten (d. h. Variante B) und 2 % / 4 % / 6 % bei echten unterjährigen Raten (mit Verzicht auf ausstehende Raten des Jahresbeitrags im Todesfall) (d. h. Variante A).“*

Von Praktikern wird im allgemeinen die Auffassung vertreten, daß der halbe Ratenzuschlag den Zinsausfall und die andere Hälfte die zusätzlich anfallenden Kosten decken soll. In gewisser Weise ähnelt eine solche pragmatische Festsetzung einem Verfahren, bei dem von einem reinen Kreditgeschäft ausgegangen wird.

Am Schluß dieses Kapitels wollen wir noch einige Worte über **Summenrabatte und -zuschläge** anmerken. Wir haben bei den Tarifbeschreibungen gesehen, daß die mit einer Versicherung verbundenen Verwaltungsaufwendungen durch einen zur Versicherungssumme proportionalen γ-Kostenaufschlag gedeckt werden sollen. Nun wird der tatsächliche Aufwand sicherlich eher Stückkostencharakter aufweisen als ein proportionales Anwachsen mit der Versicherungssumme haben. Deshalb kalkulieren die Lebensversicherer zur Zeit vermehrt mit Stückkosten (wie wir dies bei den Versicherungen mit Erlebensfallcharakter auch getan haben). Sehr viel üblicher war bislang der Weg, daß man den γ-Kostenansatz durch Summenzuschläge bei kleineren Versicherungssummen oder durch Summenrabatte bei höheren Summen korrigiert. Dabei werden diese Zuschläge und Rabatte in Promille der Versicherungssumme festgelegt. Im allgemeinen kann man z. B. bei einer gemischten Kapitalversicherung mit einer Summe von mehr als 80.000 DM erwarten, daß der Jahresbeitrag um 2 ‰ der Versicherungssumme gekürzt werden kann.

5.7 Aufgaben

Aufgabe 5.1

Prüfe, ob für das Beispiel einer lebenslänglichen Todesfallversicherung mit vorgezogener Beitragszahlung der Aufgabe 4.3 für einen männlichen Versicherten die gewählte Sterbetafel des Anhangs 1 zweckmäßig war. Der Einfachheit halber kann eine Nettobetrachtung ($\alpha = \beta = \gamma = 0$) vorgenommen werden. Das Geburtsjahr sei 1956, der Versicherungsbeginn liege in 1986.

Aufgabe 5.2

Stelle fest, ob für ein anderes Beispiel einer lebenslänglichen Todesfallversicherung mit vorgezogener Beitragszahlung, nämlich für

$$x = 60,\ x + n_0 = 65,\ x + w = 70,\ s = 50.000$$
$$(\alpha = \beta = \gamma = 0),\ \text{Geburtsjahr 1926, Versicherungsbeginn 1986}$$

die gleiche Sterbetafel genommen werden kann wie für das Beispiel der Aufgabe 4.3.

Aufgabe 5.3

Beweise für die Zeitrentenzusatzversicherung die Identität

$$_t A_x^{ZR} = \frac{1}{D_{x+t}} \sum_{\nu=0}^{n-t-2} C_{x+t+\nu}\, \ddot{a}_{\overline{n-t-(\nu+1)}|} = \ddot{a}_{\overline{n-t}|} - \ddot{a}_{x+t:\overline{n-t}|}$$

und gebe für das Ergebnis eine plausible Begründung.

Aufgabe 5.4

Liegt eine konstante multiplikative Sterblichkeitserhöhung $q^{(i)}_{[x]+t} = (1 + c_i)\, q_{x+t}$ vor, so gilt für die Erlebenswahrscheinlichkeit

$$p^{(i)}_{[x]+t} = (1 + c_i)\, p_{x+t} - c_i.$$

Zeige, daß der Ansatz einer konstanten multiplikativen Erlebensminderung

$$p^{(i)}_{[x]+t} = (1 - d_i)\, p_{x+t}$$

durch eine Zinsvariation ersetzt werden kann.
Welcher Art ist die durch diesen Ansatz beschriebene Sterblichkeitserhöhung?

Aufgabe 5.5

Vor mehr als 50 Jahren war folgende Versicherungsform gebräuchlich:

Beitrittsalter x, Ablaufalter x + n, Erlebensfalleistung S; Todesfalleistung (fällig am Ende des Sterbejahres):

In den ersten 5 Versicherungsjahren:	3 S
in den zweiten 5 Versicherungsjahren:	2 S
sonst:	S.

Der Beitrag soll jährlich vorschüssig während der Versicherungsdauer gezahlt werden.

a) Bestimme den zu zahlenden Jahresbeitrag sowie die Deckungsrückstellung am Ende des 10. Versicherungsjahres für $x = 30$, $x + n = 60$, $S = 100.000$ DM (Summenrabatt 2‰), $\alpha = 0{,}035 + 0{,}001\, \ddot{a}_{x:\overline{n}|}$, $\beta = 0{,}03$, $\gamma_1 = 0{,}0031$ während der gesamten Versicherungsdauer,

$$\gamma_2 = \begin{cases} 0{,}0062 & \text{zusätzlich für die ersten 5 Versicherungsjahre} \\ 0{,}0031 & \text{zusätzlich für das 6. bis 10. Versicherungsjahr.} \end{cases}$$

$\alpha, \gamma_1, \gamma_2$ beziehen sich auf die Erlebensfalleistung S, β auf den Jahresbeitrag.

b) Ist diese Deckungsrückstellung höher oder niedriger als die Deckungsrückstellung einer entsprechenden gemischten Versicherung mit gleicher Erlebensfallsumme, gleichem Eintritts- und Ablaufalter?

Stochasius' Randbemerkung 5

Lieber Kollege!

Daß Sie in Ihrem einleitenden Abschnitt dieses Kapitels ausdrücklich auf den Charakterbegriff eingehen, finde ich lobenswert. Aber haben Sie die Folgen bedacht?

Sehen Sie, als Pragmatiker haben Sie – wenn man es genau nimmt – festgestellt, daß nur zwei Möglichkeiten für die Wahl von Sterblichkeitsgrundlagen bestehen: Entweder greift man zu den Sterblichkeitswerten des Anhangs 1 (bei Versicherungen mit Todesfallcharakter) oder zu den Werten des Anhangs 3 (bei Versicherungen mit Erlebensfallcharakter). Diese beiden Grundlagen haben Sie gewählt, weil sie zur Zeit den vom Bundesaufsichtsamt für das Versicherungswesen zugelassenen Sterbetafeln entsprechen. Sodann rechnet man die Beiträge für beide Grundlagen aus und wählt dann die Sterbetafel, die den höheren Beitrag ergab. Auf die Berechnung kann man verzichten, wenn die von Ihnen genannten hinreichenden Bedingungen erfüllt sind. Im Grunde entspricht Ihr pragmatischer Ansatz auch einer Äußerung[13] des Bundesaufsichtsamtes. Diese lautet:

> *„Maßgebend ist in jedem Fall der Gesamtbeitrag für die gesamte Versicherung. Solange bei Erlebensfallversicherungen mit fester Aufschubzeit der Gesamtbeitrag mit wachsendem Eintrittsalter abnimmt, kann im allgemeinen davon ausgegangen werden, daß der Erlebensfallcharakter gewahrt ist. Es ist allerdings zu prüfen, innerhalb welcher Altersbereiche diese Feststellung zutrifft. In denjenigen Fällen, in denen auf diese Weise eindeutige Ergebnisse nicht mehr zu erhalten sind, kann der Beitrag für die gleiche Leistung sowohl nach Erlebensfall – als auch nach Todesfallgrundlagen ermittelt werden. Es sind dann die Grundlagen zugrunde zu legen, die den höheren Beitrag ergeben."*

Ignorieren wir, daß der Charakter hier zunächst durch eine Altersverschiebung festgestellt werden soll. Dieses doch auch pragmatische Verfahren würde ich für zulässig halten, wenn es in etwa zum gleichen Ergebnis führen würde wie das Verfahren der doppelten Beitragsberechnung. Wenn das zutrifft, kann man sich aber dann doch gleich für ein einziges Verfahren entscheiden. Wegen seiner logischen Begründung kommt – so meine ich – nur die Beitragsberechnung mit beiden Grundlagen in Frage.

Sie haben das nun im Abschnitt 5.4 für Versicherungen mit wechselndem Charakter beispielhaft durchgeführt und mit einem interessanten Beispiel belegt. Haben Sie eigentlich bemerkt, daß Sie sich in Widerspruch zur Praxis gesetzt haben? Unterstellen wir, daß auch in den Veröffentlichungen des Bundesaufsichtsamts enthaltene Meinungen die Praxis beschreiben können, so lesen wir dort[14]

> *„Bei Rentenversicherungen mit Einschluß einer Witwenrentenanwartschaft sind zur Wahrung des Erlebensfallcharakters der Gesamtversicherung Höchstsätze für die Witwenrente in Bezug auf die Mannesrente festzulegen, die im wesentlichen vom Rentenbeginnalter, der Aufschubzeit und der Altersdifferenz der Ehepaare abhängen. Zur Feststellung des Erlebensfallcharakters einer aufgeschobenen Rentenversicherung mit Witwenrenteneinschluß wird üblicherweise untersucht, ob der Gesamt-*

13 P. S. bezieht sich auf [5.8] S. 57
14 vgl. [5.9] S. 129

beitrag der Versicherung bei fester Aufschubzeit, fester Altersdifferenz und festem Prozentsatz der Witwenrente mit wachsendem Eintrittsalter abnimmt. Bei entsprechenden Berechnungen sind die Vergleichsrechnungen jeweils für eine um ein Jahr erhöhte Altersverschiebung durchgeführt worden."

und[15]

„Die Witwenrente beträgt bei sofort beginnenden Renten bzw. bei aufgeschobenen Rentenversicherungen mit Rentenbeginnaltern bis einschließlich 60 Jahren höchstens 100% der versicherten Mannesrente; dieser Prozentsatz vermindert sich bei aufgeschobenen Rentenversicherungen um 2% für jedes Jahr, um das das Rentenbeginnalter über 60 Jahre liegt."

Die in diesen Äußerungen enthaltenen Maximalbeträge einer Witwenrente in Höhe von 100% der Altersrente liegen in Ihren Beispielen unterhalb der möglichen Sätze. Die Gründe für diese Diskrepanz haben Sie erläutert.

Ich glaube, wir sollten den Dingen auf den Grund gehen. Eine Globalbetrachtung, also eine Betrachtung, die sich auf die gesamte Versicherungsdauer bezieht, führt in den Fällen, bei denen in jedem Jahr nicht ein und derselbe Charakter gegeben ist, zu einer Kompensation von Jahren mit Erlebensfallcharakter mit Jahren mit Todesfallcharakter. Wenn der ganzen Versicherung z.B. Erlebensfallcharakter aufgrund eines der globalen Verfahren zugesprochen wird, so bedeutet dies, daß auch die Sterblichkeitsgewinne aus den Jahren mit Erlebensfallcharakter mit Sterblichkeitsverlusten aus den Jahren mit Todesfallcharakter verrechnet werden. Im Grenzfall kann somit der Sterblichkeitsgewinn mehr oder weniger aufgezehrt werden. Diese Gefahr wird verringert, wenn – wie in unserem Fall – die Witwenrenten sehr niedrig angesetzt werden.

Aber ist das methodisch? Ist es dann nicht korrekter, wenn man die Rechnungsgrundlagen für jedes Versicherungsjahr getrennt bestimmt? Im Zeitalter der Computer und der vielfältiger werdenden Versicherungstarife (man denke nur an die sogenannten Teilauszahlungstarife, bei denen durch vorgezogene Auszahlungen Erlebensfallleistungen vermehrt werden) wäre so etwas denkbar. Allerdings sind die Konsequenzen (z.B. auch im Bereich der Rechnungslegung) beachtlich.

Sollten wir trotzdem nicht einmal über eine lokale Bestimmung der Rechnungsgrundlagen nachdenken?

Ihr *P. S.*

---

15 vgl. [5.9] S. 87

6 Vom Überschuß in der Lebensversicherung

Die Aufgabe ist ganz allgemein. Ich will sie hier aber auf *Wittwencassen* einschränken. Sie kann auf dieselbe Art bey jeder Versorgungsanstalt beantwortet werden. Es wird allemal auf folgende Puncte ankommen.

1) *In jedem Termin ist der Zustand der Casse*, was sie *baar* hat, was sie *zu erwarten*, und was sie dagegen *auszugeben* hat, *auszumachen*. Daraus ergiebt sich der Ueberschuss oder der Mangel.

2) Es ist auszumachen, *was von dem Ueberschuss als entbehrlich* bey der Casse angesehen werden kann, ohne dass auf den etwanigen künftigen Verlust Rücksicht zu nehmen sey? Eben so in Rücksicht des entstandenen *Defects*, *wie viel so gleich davon als unentbehrlich zu ersetzen sey?*

3) Dann ist zu bestimmen, in welchem *Verhältnisse beydes unter die Interessenten der Gesellschaft zu vertheilen sey?*

Joh. Nicol. Tetens [*6.1*], *S. 189*

Bereits am Anfang unserer Betrachtungen haben wir im 2. Kapitel unter der Ziffer 4 an unserem kleinen Versicherungsbestand aus 1000 Risikoversicherungen bzw. gemischten Versicherungen beobachten können, daß sich am Ende jedes Abrechnungsjahres Überschüsse ergeben. Diese entstehen im deterministischen Modell, weil wir die Versicherungsbeiträge mit vorsichtig bemessenen Rechnungsgrundlagen 1. Ordnung berechnet haben. Wir haben einen Zinsertrag von nur 3,5 % angenommen; der tatsächlich erzielbare Kapitalertrag basiert mit großer Sicherheit auf einem höheren durchschnittlichen Zinssatz. Mit den Sterblichkeitsannahmen des Anhangs 1 haben wir bei Versicherungen mit Todesfallcharakter eine ausreichende Sicherheitsmarge vorgesehen. Entsprechend gilt dies für die Sterblichkeitsgrundlagen des Anhangs 3, wenn wir sie auf Versicherungen mit Erlebensfallcharakter anwenden. Ob die innerhalb der Rechnungsgrundlagen 1. Ordnung enthaltenen Kostenansätze für den Abschluß und die Verwaltung von Versicherungen ausreichen oder unzureichend sind, hängt zum Teil nicht vom einzelnen Versicherungsunternehmen ab, da überbetriebliche Faktoren (wie z. B. Tarifverträge über die Gehälter) die Kostensituation beeinflussen können. Auf jeden Fall bemühen sich die Versicherungsunternehmen schon aus Wettbewerbsgründen um einen möglichst niedrigen Kostenaufwand.

Im Rechenschaftsbericht eines Lebensversicherungsunternehmens, der den Ablauf und das Ergebnis eines Geschäftsjahres beschreibt, ist eine Gewinn- und Verlustrechnung enthalten. Ihre (vereinfachte) Gliederung ist in Anhang 5 dargestellt. Es ist eine der primären Aufgaben der Rechnungslegung einer Lebensversicherung, zunächst einmal den Jahresgewinn insgesamt festzustellen.

In der Gewinn- und Verlustrechnung drückt sich der Jahresgewinn

direkt ablesbar in den Positionen

10. Aufwendungen für Beitragsrückerstattung und
27. Jahresüberschuß sowie

indirekt als Direktgutschrift in den Positionen

11. Aufwendungen aus der Erhöhung versicherungstechnischer Rückstellungen und
16. sonstige versicherungstechnische Aufwendungen

aus.

Wir werden zunächst die Verteilungswege Direktgutschrift und Aufwendungen aus der Rückstellung für Beitragsrückerstattungen beschreiben und einige Verteilungssysteme erläutern. Sodann befassen wir uns mit der Verwendung der beim Versicherungsnehmer anfallenden Überschußanteile. Schließlich berichten wir über einige Wege, bei denen der Überschuß und seine Verwendung der Beurteilung eines Lebensversicherungsunternehmens dienen.

6.1 Grundsätzliches zur Gewinnverteilung

Rückstellung für Beitragsrückerstattung und Direktgutschrift

Der im Abrechnungsjahr entstehende Gewinn wird im Anschluß an dieses Jahr durch die Rechnungslegung über die Gewinn- und Verlustrechnung festgestellt. Wie dem Anhang 5 zu entnehmen ist, müssen hierzu umfangreiche Berechnungen am Versicherungsbestand und zwar einzeln für jede Versicherung durchgeführt werden. Neben den Beiträgen (Pos. 1, 2) und den im Geschäftsjahr angefallenen Versicherungsleistungen (Pos. 8, 9) sind es vor allem die Veränderungen der Beitragsüberträge (Pos. 3) und der Dekkungsrückstellungen (Pos. 4, 11) sowie die Ermittlung der rechnungsmäßig gedeckten Abschlußkosten (Pos. 12), die eine umfangreiche EDV-Verarbeitung verlangen.

Bis vor kurzem wurde der ermittelte Jahresgewinn fast vollständig der Rückstellung für Beitragsrückerstattung (RfB) zugeführt (Pos. 10), um erst von dort aus an die Versicherungsnehmer verteilt zu werden. Die zeitliche Reihenfolge läßt sich so darstellen, wobei auch andere, aber ähnliche Festlegungen am Markt gefunden werden können:

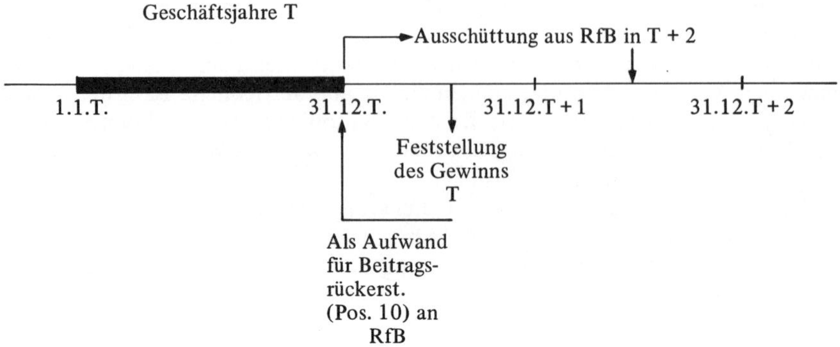

Da der Jahresgewinn im Mittel am 1.7.T entsteht, aus der RfB aber im Durchschnitt erst in der Mitte des Jahres T + 2 ausgeschüttet wird, verbleibt der Jahresgewinn im Durchschnitt zwei Jahre in der RfB. Da diese Zeitverschiebung unbefriedigend erscheint (man darf allerdings nicht übersehen, daß die Ermittlung des Jahresgewinns Zeit kostet und daß das gleiche für die Festlegung der Ausschüttungsmodalitäten und die Verteilung auf die gewinnberechtigten Versicherungen gilt), wird seit dem Jahr 1984 in der Bundesrepublik wie folgt vorgegangen:

Der Gewinn des Jahres T wird vor Beginn dieses Jahres geschätzt. Das Versicherungsunternehmen verpflichtet sich nun, von diesem Gewinn einen Teil in Höhe von f% als Direktgutschrift sofort beim Entstehen an den Versicherungsnehmer auszuschütten. Hierzu muß (wiederum geschätzt) die Direktgutschrift in Höhe von f % des Jahresgewinns umgewandelt werden in g % des an sich fällig werdenden Jahresanteils. Setzt man f = 0,35, so zeigt die Erfahrung, daß mit diesem Teil des Jahresgewinns rd. 60 % des auf die einzelne Versicherung entfallenden Jahresanteils gedeckt werden können.

Der restliche Teil des Jahresgewinns in Höhe von 1 − f % wird wie früher nach Feststellung der RfB zugeführt und später verteilt. Nach Ablauf des Jahres T wird die Schätzung kontrolliert und gegebenenfalls korrigiert.

In einer innerbetrieblichen (man sagt auch: internen) Rechnungslegung wird der auf den gesamten Versicherungsbestand entfallende Jahresgewinn auf die einzelnen Teilbestände, über die als Abrechnungsverbände getrennt abgerechnet wird, verteilt. Diese Teilbestände können aus folgenden Versicherungen zusammengesetzt sein:

1. Kapital- und Risikoversicherungen nach Einzelversicherungstarifen
2. Kapital- und Risikoversicherungen nach Sondertarifen (z. B. für die Gruppenversicherung)
3. Rentenversicherungen
4. Berufsunfähigkeits-Zusatzversicherungen
5. Selbständige Berufsunfähigkeitsversicherung

usw.

Diese Zerlegung in einzelne Abrechnungsverbände läßt viele, meist betriebswirtschaftliche Probleme entstehen. Wesentliche Positionen, wie gerade die Aufwendungen für den Versicherungsbetrieb sind nicht direkt zuordnungsbar sondern müssen in geeigneter Weise aufgeschlüsselt werden. Mit diesem Hinweis wollen wir es bewenden lassen. Wir betrachten nun einen bestimmten Abrechnungsverband, dabei beschränken wir uns der Einfachheit halber auf gemischte Versicherungen.

Die Kontributionsformel

Für gemischte Versicherungen mit jährlicher Beitragszahlung, wie wir sie im 5. Kapitel unter Ziffer 2 beschrieben haben, galten die Festlegungen:

Eintrittsalter: x, Versicherungsdauer: n,
Kostensätze: α, β, γ, Zins i,
Sterbehäufigkeit: q_{x+t}.

Für den Beitrag und die Deckungsrückstellung galten für die Versicherungssumme 1 die Formeln

$$B_{x:\overline{n}|} = \frac{1+\alpha}{1-\beta} \frac{1}{\ddot{a}_{x:\overline{n}|}} - \frac{d-\gamma}{1-\beta}$$

und

$$V(x,t,n) = 1 - (1+\alpha) \frac{\ddot{a}_{x+t:\overline{n-t}|}}{\ddot{a}_{x:\overline{n}|}}.$$

In Kapitel 4, Ziffer 3 hatten wir den Beitrag zerlegen können. Es galt für $t > 0$

$$\begin{aligned} B_{x:\overline{n}|} = {} & v\,V(x,t+1,n) - V(x,t,n) + v(1 - V(x,t+1,n))\,q_{x+t} \\ & + \beta B_{x:n} + \gamma \end{aligned}$$

(Für $t = 0$ ist diese Beziehung noch durch α zu ergänzen).

Wir unterstellen nun, daß im Versicherungsjahr $[x+t, x+t+1]$ ein Zins i' erzielt wurde, die Sterblichkeit q'_{x+t} beobachtet wurde und der Kostenaufwand $\beta' B_{x:\overline{n}|}$ und γ' benötigt wurde. Halten wir die Deckungsrückstellungen $V(x,t,n)$ als Ansparziele fest und vernachlässigen wir Stornoeinflüsse, so betragen bei l_{x+t} Versicherten die Einnahmen des Versicherungsunternehmens, bezogen

auf den Beginn des Jahres: $l_{x+t}(V(x,t,n) + B_{x:\overline{n}|})$,
auf das Ende des Jahres: $l_{x+t}(V(x,t,n) + B_{x:\overline{n}|})(1+i')$.

Die Aufwendungen bezogen auf das Ende des Jahres haben dann die Werte

für Todesfälle: $l_{x+t}\,q'_{x+t}$,
für Rücklagen: $l_{x+t}(1 - q'_{x+t}) \cdot V(x,t+1,n)$,
für Kosten: $(1+i')\,l_{x+t}(\beta' B_{x:\overline{n}|} + \gamma')$.

Am Ende dieses Jahres verbleibt dann ein Gewinn, wenn wir ihn auf die dann noch Lebenden beziehen, in Höhe von

$$\begin{aligned} l_{x+t}(1 - q'_{x+t})\,g_{x+t} := {} & l_{x+t}(V(x,t,n) + B_{x:\overline{n}|})(1+i') - l_{x+t}\,q'_{x+t} \\ & - l_{x+t}(1 - q'_{x+t})\,V(x,t+1,n) \\ & - l_{x+t}(\beta' B_{x:\overline{n}|} + \gamma')(1+i') \end{aligned}$$

oder bezogen auf einen Versicherten

$$\begin{aligned}(1 - q'_{x+t})\, g_{x+t} = {} & (V(x, t, n) + B_{x:\overline{n}|})(1 + i') - q'_{x+t} \\ & - (1 - q'_{x+t})\, V(x, t+1, n) - (\beta' B_{x:\overline{n}|} + \gamma')(1 + i').\end{aligned}$$

Die Beitragsbeziehung in Rechnungsgrundlagen 1. Ordnung können wir auch in der Form

$$\begin{aligned}0 = {} & (-(1-\beta) B_{x:\overline{n}|} - V(x, t, n))(1 + i) + \gamma(1 + i) + q_{x+t} \\ & + (1 - q_{x+t})\, V(x, t+1, n)\end{aligned}$$

schreiben. Addieren wir beide Gleichungen, erhalten wir

$$\begin{aligned}(1 - q'_{x+t})\, g_{x+t} = {} & (V(x, t, n) + B_{x:\overline{n}|})(1 + i') - q'_{x+t} \\ & - (1 - q'_{x+t})\, V(x, t+1, n) - (\beta' B_{x:\overline{n}|} + \gamma')(1 + i') \\ & - (1-\beta) B_{x:\overline{n}|}(1 + i) - V(x, t, n)(1 + i) + \gamma(1 + i) \\ & + q_{x+t} + (1 - q_{x+t})\, V(x, t+1, n) \\ = {} & V(x, t, n)((1 + i') - (1 + i)) + q_{x+t} - q'_{x+t} \\ & - (q_{x+t} - q'_{x+t})\, V(x, t+1, n) + \gamma(1 + i) - \gamma(1 + i') \\ & - \gamma(1 + i') + \gamma(1 + i') + (1 - \beta') B_{x:\overline{n}|}(1 + i') \\ & - (1-\beta) B_{x:\overline{n}|}(1 + i) + (1-\beta) B_{x:\overline{n}|}(1 + i') \\ & - (1-\beta) B_{x:\overline{n}|}(1 + i')\end{aligned}$$

oder

$$\begin{aligned}(1 - q'_{x+t})\, g_{x+t} = {} & \{V(x, t, n) + (1-\beta) B_{x:\overline{n}|} - \gamma\}(i' - i) \\ & + \{1 - V(x, t+1, n)\}(q_{x+t} - q'_{x+t}) \\ & + \{(\beta - \beta') B_{x:\overline{n}|} + (\gamma - \gamma')\}(1 + i').\end{aligned}$$

Offenbar stellt der erste Term den Anteil des Zinsgewinnes, der zweite Term den Anteil des Sterblichkeitsgewinnes (in $[x + t, x + t + 1]$ steht nur noch $1 - V(x, t + 1, n)$ unter Risiko) und der dritte Term den Anteil des Kostengewinnes am Gesamtgewinn dar. Die erhaltene Gleichung ist ein Spezialfall der Kontributionsformel.

Mit Hilfe der Kontributionsformel können zum einen der Jahresgewinn eines Abrechnungsverbandes den Gewinnquellen zugeordnet werden, da sich vom Jahresgewinn relativ einfach sowohl der Zinsgewinn als auch der Sterblichkeitsgewinn abspalten lassen. Zum anderen erlaubt die Formel einen begründeten Hinweis darauf, wie der auf eine Versicherung entfallende Jahresgewinn zu bemessen ist.

Wir sprechen von einem **mechanischen Überschußverteilungssystem**, wenn nicht nach der Gewinnentstehung gefragt wird. So könnte z. B. der Jahresgewinn eines Abrechnungsverbandes in Prozent der jährlichen Beitragseinnahme ausgedrückt werden. Jeder Versicherungsnehmer könnte dann von seinem Beitrag diesen Prozentsatz als Überschußanteil erhalten.

Ein solches Vorgehen, das deshalb auch immer seltener angetroffen wird, würde aber nicht dem Prinzip der Kontributionsformel entsprechen. Da diese Formel in Abhängigkeit von der zurückgelegten Versicherungsdauer einen steigenden Zinsgewinn ausweist, kann das mechanische Dividendensystem mit seinem jährlich konstanten Überschußanteil nicht mit der Kontributionsformel harmonieren. Diese Formel würde für den Versicherungsnehmer einen Überschußanteil in Prozent des Deckungskapitals sowie in Promille des riskierten Kapitals vorsehen, sofern man auf einen Kostenanteil verzichtet. Oftmals wird aus verwaltungstechnischen Gründen das riskierte Kapital durch die Versicherungssumme ersetzt. (Überhaupt ist darauf zu achten, daß die Verteilungskosten nicht etwa einen nennenswerten Anteil des Gewinns verschlingen). Werden die Überschußanteile so oder ähnlich entstehungsgerecht ermittelt und verteilt, spricht man von einem **natürlichen Dividendensystem**.

Im allgemeinen wird ein Unternehmen bestrebt sein, die Sätze, die den Überschußanteil bestimmen, wenigstens für ein paar Jahre konstant zu belassen. Damit dies möglich ist, werden die Jahresanteile den Jahresgewinn nicht vollständig ausschöpfen. Aus diesem Grund kann zum Ablauf der Versicherung noch ein abschließender Schlußanteil gegeben werden. Wir wollen aber anmerken, daß es Bestrebungen und auch Festlegungen gibt, die diesen Schlußanteil möglichst klein sehen wollen, um die Jahresanteile nicht zu sehr schmälern zu müssen.

Wir wollen die finanziellen Auswirkungen des natürlichen Dividendensystems an einem Beispiel einer gemischten Versicherung betrachten. Wir legen dazu den jährlichen Überschußanteil $\ddot{U}_{x+t}$, der im Alter $x+t$, also zu Beginn des $(t+1)$ten Versicherungsjahres, für eine Versicherung der Summe 1 fällig werden soll, durch

$$\ddot{U}_{x+t} = \sigma + j \cdot V(x, t-1, n) \qquad (t = 3, \ldots, n-1)$$

fest. Dabei haben wir berücksichtigt, daß die Überschußbeteiligung in der Regel erst nach einigen Jahren einsetzt, weil die ersten Versicherungsjahre mit höheren Anlaufkosten belastet sind. Der Schlußanteil $\ddot{U}^S_{x+n}$ betrage

$$\ddot{U}^S_{x+n} = n \cdot k.$$

Für das Zahlenbeispiel greifen wir auf die im Abschnitt 2 des Kapitels 5 enthaltene Versicherungskombination

Eintrittsalter	$x = 30$
Versicherungsdauer	$n = 30$

zurück. Für sie galt für den Beitrag

$$B_{30:\overline{30}|} = \frac{1+\alpha}{1-\beta} \frac{1}{\ddot{a}_{30:\overline{30}|}} - \frac{d-\gamma}{1-\beta} = 0{,}027780$$

und für die Deckungsrückstellung

$$V(30, t, 30) = 1 - (1+\alpha) \frac{\ddot{a}_{30+t:\overline{30-t}|}}{\ddot{a}_{30:\overline{30}|}}$$

$$\alpha = 0{,}035.$$

Wirklichkeitsnahe Werte der Überschußanteilsätze sind zur Zeit

$$\sigma = 0{,}003$$
$$j = 0{,}03$$
$$k = 0{,}006.$$

Wir unterstellen, daß diese Anteilsätze während der gesamten Versicherungsdauer unverändert gültig bleiben. Mit diesen Angaben erhalten wir für die Versicherungssumme S = 10.000 DM die folgenden Werte:

Alter bei Auszahlung des Überschusses x + t	V (30, t – 1, 30)	$SÜ_{30+t} = 30 + 300\, V(30, t-1, 30)$ $SÜ^S_{60} = 30 \cdot 0{,}006 \cdot 10.000$
		DM
33	0,006584	31,98
34	0,028513	38,55
35	0,051246	45,37
36	0,074829	52,45
37	0,099183	59,75
38	0,124273	67,28
39	0,150163	75,05
40	0,176845	83,05
41	0,204332	91,30
42	0,232687	99,81
43	0,261964	108,59
44	0,292143	117,64
45	0,323291	126,99
46	0,355453	136,64
47	0,388635	146,59
48	0,422876	156,86
49	0,458171	167,45
50	0,494600	178,38
51	0,532224	189,67
52	0,571146	201,34
53	0,611462	213,44
54	0,653268	225,98
55	0,696711	239,01
56	0,741900	252,57
57	0,788970	266,69
58	0,838091	281,43
59	0,889467	296,84
60		1800,00

Die angegebenen jährlichen Überschußanteile können vom Versicherungsnehmer in verschiedener Weise verwendet werden. Die üblichen Verteilungssysteme sollen nun besprochen werden.

6.2 Arten der Gewinnverwendung

Die einfachste Form einer Gewinnverwendung besteht in der **Barauszahlung** der Überschußanteile oder – was wirtschaftlich gleichbedeutend ist – in der **Verrechnung** der Überschußanteile mit der Beitragszahlung. Die Auswirkungen der Verrechnung wollen wir an unserem Zahlenbeispiel beobachten. Danach sind in den einzelnen Versicherungsjahren folgende Beträge zu zahlen:

Versicherungs-jahr t + 1	**Verbleibender Beitrag**[16]	**Versicherungs-jahr** t + 1	**Verbleibender Beitrag**	**Versicherungs-jahr** t + 1	**Verbleibender Beitrag**
	DM		DM		DM
1	277,80	11	194,75	21	99,42
2	277,80	12	186,50	22	88,13
3	277,80	13	177,99	23	76,46
4	245,82	14	169,21	24	64,36
5	239,25	15	160,16	25	51,82
6	232,43	16	150,81	26	38,79
7	225,35	17	141,16	27	25,23
8	218,05	18	131,21	28	11,11
9	210,52	19	120,94	29	– 3,63
10	202,75	20	110,35	30	– 19,04

Beim Ablauf der Versicherung wird dann noch der Schlußanteil in Höhe von 1800 DM fällig.

Vielfach möchten die Versicherungsnehmer den festgelegten Jahresbeitrag unverändert weiterzahlen. In diesen Fällen können – je nach den im einzelnen Lebensversicherungsunternehmen vorliegenden Möglichkeiten – die verzinsliche Ansammlung der Überschußanteile, die Abkürzung der ursprünglich vorgesehenen Versicherungsdauer durch die Überschußanteile oder die Verwendung der Überschußanteile für einen Versicherungsbonus vorgeschlagen werden.

Wird von der **verzinslichen Ansammlung** der Überschußanteile Gebrauch gemacht, so werden die jährlich fällig werdenden Überschußanteile sozusagen auf ein Sparbuch gelegt und dort im allgemeinen mit dem Zinssatz verzinst, der sich aus dem Rechnungszins i und dem Zinsüberschußanteil j ergibt. In unserem Beispiel würde es sich um einen Zinssatz von

$$3{,}5 + 3 = 6{,}5\,\%$$

handeln. Das verzinsliche Ansammlungsguthaben steht dann beim Ableben oder beim Ablauf zusammen mit der Versicherungssumme, bei Stornierung zusammen mit dem Rückkaufswert zur Auszahlung bereit. Für das Ansammlungsguthaben A_t zu Beginn des Versicherungsjahres t + 1 (t = 2, ..., n – 1) gilt offenbar

$$S \cdot A_t = S \cdot A_{t-1}\,(1 + i + j) + S \cdot \ddot{U}_{x+t}.$$

Für unser Beispiel erhalten wir folgende Werte

16 Zu Beginn des Versicherungsjahres t + 1 (t = 0, ..., n – 1) ist vom Beitrag $S \cdot B_{30:\overline{30|}}$ der Überschußanteil $S \cdot \ddot{U}_{30+t}$ (t = 3, ..., n – 1) abzuziehen. Für das Beispiel galt S = 10.000 DM.

Versicherungs-jahr t + 1	Ansammlungs-guthaben zu Beginn des Jahres	Versicherungs-jahr t + 1	Ansammlungs-guthaben zu Beginn des Jahres	Versicherungs-jahr t + 1	Ansammlungs-guthaben zu Beginn des Jahres
1	–	11	547,05	21	2754,86
2	–	12	673,90	22	3123,60
3	–	13	817,52	23	3527,97
4	31,98	14	979,25	24	3970,73
5	72,61	15	1160,54	25	4454,81
6	122,70	16	1362,96	26	4983,38
7	183,12	17	1588,20	27	5559,87
8	254,78	18	1838,02	28	6187,95
9	338,62	19	2114,35	29	6871,60
10	435,68	20	2419,23	30	7615,09
Guthaben bei Ablauf (einschließlich Schlußanteil)					9910,07

Die vorsichtig bemessenen Beiträge und die dadurch bewirkte Überschußbeteiligung führen bei der verzinslichen Ansammlung der Überschußanteile in unserem Beispiel zu einer gesamten Ablaufleistung, die beinahe so groß ist wie die ursprünglich vereinbarte Versicherungssumme.

Versicherungsnehmern, denen an einer Vergrößerung der Versicherungsleistung nichts gelegen ist, kann die Verwendung der Überschußbeteiligung zur **Abkürzung der Versicherungsdauer** vorgeschlagen werden. Diese Verwendungsart könnte in der Form gestaltet werden, daß aus den fällig werdenden Überschußanteilen solange eine zusätzliche Deckungsrückstellung aufgebaut wird, bis diese zusammen mit der Deckungsrückstellung der Grundversicherung den Betrag der Versicherungssumme erreicht. Ist dies der Fall, werden beide Deckungsrückstellungen ausgezahlt, womit der Versicherungsvertrag beendet ist. Man könnte auch so vorgehen, indem man nach jeder Überschußfälligkeit die Versicherung technisch ändert. Sei $x + n'$ das bislang erreichte Ablaufalter, S die versicherte Summe, B der zu zahlende Beitrag und V die gesamte Deckungsrückstellung, die zu Beginn des (t + 1)ten Versicherungsjahres vorhanden sein möge. Dann gilt für das durch die Änderung, d. h. durch die Einrechnung des Überschußanteils $S\,\ddot{U}_{x+t}$ zu Beginn des (t + 1)ten Versicherungsjahres, nun erreichte Ablaufalter $x + n''$ die Beziehung:

$$\begin{aligned} V &= S \cdot A_{x+t:\overline{n'-t}|} + S\gamma\,\ddot{a}_{x+t:\overline{n'-t}|} - (1-\beta)\,B\,\ddot{a}_{x+t:\overline{n'-t}|} \\ &= S - (S(d-\gamma) + (1-\beta)\,B)\,\ddot{a}_{x+t:\overline{n'-t}|} \\ &= S - (S(d-\gamma) + (1-\beta)\,B)\,\ddot{a}_{x+t:\overline{n''-t}|} + (1-\beta)\,S\,\ddot{U}_{x+t}, \end{aligned}$$

wenn wir wie bei der Beitragszahlung bei der „Einzahlung" der Überschußanteile $100\beta\,\%$ an Kosten ansetzen. Dann gilt mit

$$C = S(d-\gamma) + (1-\beta)\,B$$

$$\ddot{a}_{x+t:\overline{n''-t}|} = \ddot{a}_{x+t:\overline{n'-t}|} - \frac{1-\beta}{C}\,S\,\ddot{U}_{x+t}$$

$$\frac{N_{x+t} - N_{x+n''}}{D_{x+t}} = \frac{N_{x+t} - N_{x+n'}}{D_{x+t}} - \frac{1-\beta}{C}\,S\,\ddot{U}_{x+t}$$

oder schließlich

$$N_{x+n''} = N_{x+n'} + \frac{1-\beta}{C} D_{x+t} \, S\ddot{U}_{x+t}.$$

Die rechte Seite ist berechenbar, mit Hilfe einer Tabelle der Kommutationswerte N_{x+t} (z. B. Anhang 1) kann dann das Alter $x + n''$ bestimmt werden.

Aus dieser Änderung folgt auch, daß beim Ableben innerhalb der Versicherungsdauer keine Leistung aus der Überschußbeteiligung erfolgen kann. Anders natürlich sieht es im Fall des Rückkaufs aus. Da sich bei dieser Betrachtung nicht ganzzahlige Ablaufalter ergeben können, wird wie erwähnt oftmals eine zusätzliche Deckungsrückstellung geführt.

Auch diese ergänzende Deckungsrückstellung $SV_t^{ÜA}$ ist überschußberechtigt und zwar in der Regel mit einem Zinsanteilsatz. Es gilt daher zu Beginn des $(t + 1)$ten Versicherungsjahres die rekursive Beziehung

$$\begin{aligned} S\,V_t^{ÜA} &= S\,V_{t-1}^{ÜA} \frac{D_{x+t-1}}{D_{x+t}} + (1-\beta)(S\ddot{U}_{x+t} + j\,S\,V_{t-1}^{ÜA}) \\ &= S\,V_{t-1}^{ÜA} \left(\frac{D_{x+t-1}}{D_{x+t}} + (1-\beta)j\right) + (1-\beta)\,S\ddot{U}_{x+t} \end{aligned}$$

Für unser Beispiel

$$S = 10.000, \quad x = 30, \quad n = 30; \quad \beta = 0{,}03, \quad j = 0{,}03$$

erhalten wir mit Anhang 1 den folgenden Verlauf der gesamten Deckungsrückstellung:

Versicherungsjahr $t+1$	$\frac{D_{x+t-1}}{D_{x+t}}$	$(1) + 0{,}00291$	$SV_t^{ÜA} = (2) \cdot SV_{t-1}^{ÜA} + 0{,}97\,S\ddot{U}_{x+t}$	$SV(x,t,n)$	Gesamte Deckungsrückstellung DM
	(1)	(2)	(3)	(4)	(3) + (4)
4			31,02	65,84	96,86
5	1,0371	1,0662	70,47	285,13	355,60
6	1,0371	1,0662	119,14	512,46	631,60
7	1,0372	1,0663	177,92	748,29	926,21
8	1,0374	1,0665	247,71	991,83	1239,54
9	1,0376	1,0667	329,49	1242,73	1572,22
10	1,0378	1,0669	424,33	1501,63	1925,96
11	1,0381	1,0672	533,40	1768,45	2301,85
12	1,0383	1,0674	657,92	2043,32	2701,24
13	1,0385	1,0676	799,21	2326,87	3126,08
14	1,0389	1,0680	958,89	2619,64	3578,53
15	1,0392	1,0683	1138,49	2921,43	4059,92
16	1,0395	1,0686	1339,77	3232,91	4572,68
17	1,0399	1,0690	1564,76	3554,53	5119,29
18	1,0404	1,0695	1815,70	3886,35	5702,05
19	1,0411	1,0702	2095,31	4228,76	6324,07
20	1,0417	1,0708	2406,09	4581,71	6987,80
21	1,0424	1,0715	2751,15	4946,00	7697,15
22	1,0432	1,0723	3134,04	5322,24	8456,28
23	1,0439	1,0730	3558,13	5711,46	9269,59
24	1,0448	1,0739	4028,11	6114,62	**10142,73**

In unserem Beispiel kann durch die Abkürzung der Versicherungsdauer mittels der Überschußbeteiligung die Versicherungssumme statt im Alter

$$x + n = 60$$

bereits im Alter

$$x + n' = 53$$

ausgezahlt werden. Da – wie von uns beispielhaft vorgesehen – der Schlußanteil von der tatsächlichen Versicherungsdauer abhängig ist, ergibt sich folgende Abrechnung im Alter 53:

Versicherungsleistung:	10.142,73 DM
Schlußanteil (23 · 0,006 · 10.000):	1.380,00 DM
Gesamtleistung:	11.522,73 DM

Als letzte Verwendungsmöglichkeit der Gewinnbeteiligung wollen wir die Vereinbarung von Boni betrachten. Aus der Fülle der in der Praxis anzutreffenden Verfahren greifen wir der Einfachheit halber das folgende **Bonussystem** heraus. Die jährlich anfallenden Überschußanteile werden zur Erhöhung der Versicherungsleistung benutzt, indem man sie als Einmalbeiträge für eine gemischte Kapitalversicherung verwendet. Dabei haben die zusätzlichen Versicherungen das gleiche Endalter wie die Grundversicherung. In dieser Form erhöhen sich die Todes- und Erlebensfalleistungen jährlich in gleicher Höhe. Rechnet man den jährlichen Bonus ohne zusätzliche Verwaltungskosten – also auf Nettobasis –, so wird in der Regel auf den Bonus keine zusätzliche Gewinnbeteiligung gegeben.

Wird zu Beginn des Versicherungsjahres $t+1$ der Überschuß $S\,Ü_{x+t}$ fällig, so bestimmt sich die Bonussumme dieses Jahres aus der Beziehung

$$S\,Ü_{x+t} = S \cdot S^{ÜA}_{x+t} \cdot A_{x+t:\overline{n-t}|}$$

Es gilt also

$$S \cdot S^{ÜA}_{x+t} = \frac{S\,Ü_{x+t}}{A_{x+t:\overline{n-t}|}}$$

Die gesamte Bonussumme beträgt dann zu Beginn des $(t+1)$ten Jahres

$$S \sum_{\nu=3}^{t} S^{ÜA}_{x+\nu}.$$

Für unser Beispiel erhalten wir mit Anhang 2 die folgenden auf volle DM gerundeten Resultate:

Versicherungsjahr t + 1	$S \cdot S^{ÜA}_{x+t}$	$S \sum_{\nu=3}^{t} S^{ÜA}_{x+\nu}$ DM	Versicherungsjahr t + 1	$S \cdot S^{ÜA}_{x+t}$	$S \sum_{\nu=3}^{t} S^{ÜA}_{x+\nu}$ DM
			16	206	1884
			17	215	2099
			18	224	2323
4	76	76	19	232	2555
5	89	165	20	240	2795
6	101	266	21	247	3042
7	113	379	22	255	3297
8	125	504	23	262	3559
9	137	641	24	269	3828
10	148	789	25	276	4104
11	158	947	26	283	4387
12	168	1115	27	289	4676
13	178	1293	28	295	4971
14	188	1481	29	301	5272
15	197	1678	30	307	5579

Am Ende der Versicherungsdauer ergibt sich folgende Abrechnung:

Versicherungssumme:	10.000,00 DM
Bonussumme:	5.579,00 DM
Schlußanteil:	1.800,00 DM
Gesamtleistung:	13.379,00 DM

Mit diesem Beispiel wollen wir die Betrachtung einiger möglicher Überschußverwendungsarten beschließen. Abschließend wollen wir aber nochmals betonen, daß selbstverständlich die Höhe der Überschußanteilsätze einerseits als auch die Modalitäten der angesprochenen Verwendungsarten andererseits von Versicherungsunternehmen zu Versicherungsunternehmen durchaus verschieden sind. Besteht bei der Beitragshöhe aufgrund der aufsichtsbehördlichen Praxis zwischen den Lebensversicherungsunternehmen noch eine weitgehende Transparenz, so trifft dies naturgemäß für die Überschußermittlung und -verwendung nicht mehr zu. Schließlich hängen diese vom Geschäftsergebnis der Unternehmen wesentlich ab.

6.3 Beispielrechnungen und Finanzierbarkeitsnachweis

Die unterschiedlichen Überschußverteilungssysteme und mehr noch die verschiedenen Verwendungsarten verhindern, daß ein Laie – und als solchen muß man doch einen Versicherungsinteressenten in der Regel ansehen – in einfacher Weise zwei Versicherungsangebote bewerten kann. Dies gilt, obgleich in vielen Fällen die beiden konkurrierenden Versicherungsunternehmen vom gleichen Beitragsniveau ausgehen. Um auf diesem Gebiet eine tragfähige Basis zu erreichen, hat das Bundesaufsichtsamt für das Versicherungswesen zwei Wege eingeschlagen:

1. Für alle Versicherungsunternehmen wurde verbindlich festgelegt, daß während der Versicherungsdauer anfallende Überschußanteile nur in Form der sogenannten **Beispielrechnungen** dargestellt werden dürfen.

2. Die Genehmigung für die Anwendbarkeit der Beispielrechnungen wurde davon abhängig gemacht, daß das betreffende Unternehmen unter der Voraussetzung gleichbleibender Verhältnisse die **Finanzierbarkeit** der vorgesehenen Überschußbeteiligung **nachweisen** kann.

Die Beispielrechnungen

In [6.2] hat *W. Vogel* das maßgebende Rundschreiben R4/79 des Bundesaufsichtsamtes vom 10.5.1979 kommentiert.

Prinzipiell ähneln die danach zugelassenen Darstellungen unseren beispielhaften Zahlenwerten. Es wird unterstellt, daß die heute geltenden Überschußanteilsätze auch künftig in gleicher Höhe gegeben werden können. Daneben ist aber eine Vergleichsrechnung aufzumachen, die auf der Prämisse eines halbierten Zinsüberschusses beruht. Diese Beispielrechnungen sind ihrer Form nach von allen Unternehmen in gleicher Weise herzustellen. Insbesondere muß jede Beispielrechnung folgenden Wortlaut enthalten:

> *„Der dargestellten Leistung aus der künftigen Überschußbeteiligung liegen die für das Kalenderjahr ... erklärten Überschußanteilsätze zugrunde.* **Diese Leistungen können nicht garantiert werden; sie sind nur als Beispiele anzusehen.** *Die Höhe der künftigen Überschußbeteiligung läßt sich nur unverbindlich darstellen, da die künftige Überschußentwicklung vor allem von den Kapitalerträgen, aber auch vom Verlauf der Sterblichkeit und von der Entwicklung der Kosten abhängt."*

(R4/79, Ziffer 1.3.5). Ferner sind die Tabellen *„in auffälliger Größe mit dem Text UNVERBINDLICHES BEISPIEL schräg zu überdrucken"* (R4/79, Ziffer 1.3.6).

Aufgrund dieser detaillierten Vorschriften soll sichergestellt werden, daß der Versicherungsinteressent von den einzelnen Versicherungsunternehmen in gleicher Weise orientiert wird. Der Vollständigkeit halber sei noch erwähnt, daß auch für Beispielrechnungen, die sich auf die Vergangenheit beziehen und für Angaben in Werbeprospekten entsprechende weitgehende Vorschriften bestehen.

Der Finanzierbarkeitsnachweis

Wie im Rundschreiben R4/79 unter Ziffer 1.2.4 und in [6.2] unter gleicher Ziffer entsprechend kommentiert, setzt die Verwendung dieser Beispielrechnungen voraus, daß die Überschußbeteiligung des Lebensversicherungsunternehmens finanzierbar erscheint.

Ohne auf die schon in [6.2] und stärker noch in [6.3] angesprochenen Divergenzen insbesondere der betriebswirtschaftlichen Prämissen eines Finanzierbarkeitsnachweises einzugehen, wollen wir wenigstens die Grundzüge des gebräuchlichsten Nachweises schildern. Ein mehr theoretischer Ansatz mit ausführlicheren Literaturhinweisen findet sich in [6.4].

Für den vorhandenen, dem Finanzierbarkeitsnachweis zu unterwerfenden Versicherungsbestand werden bis zu seinem Auslaufen für jedes Versicherungsjahr alle Erträge und Aufwendungen festgestellt. Vereinfacht dargestellt wird wie folgt vorgegangen:

Bestimmung der Erträge

Im deterministischen Modell kann für jede Versicherung und für jedes Versicherungsjahr die gezillmerte Nettoprämie (also die in Kapitel 5 ermittelten Beiträge, wenn $\beta = \gamma = 0$ gesetzt wird) unter Berücksichtigung der Häufigkeit, mit der sie zur Zahlung kommt, bestimmt werden. Dazu muß die reale Sterblichkeit (also die Sterblichkeit 2. Ordnung) sowie die tatsächliche Stornohäufigkeit für das Berechnungsjahr T ermittelt sein und unterstellt werden, daß diese Sterbewahrscheinlichkeiten 2. Ordnung und diese Stornohäufigkeiten auch auf die gesamte restliche Dauer anwendbar sind.

Alle so ermittelten individuellen gezillmerten Nettoprämien werden für jedes künftige Jahr T + t (t = 0, 1, 2, ...) addiert. Wir erhalten dann die Zahlenfolge

$$P_T, P_{T+1}, \ldots, P_{T+N} > 0 \quad (P_{T+N+1} = 0)$$

Diese Erträge werden nun korrigiert durch die Berücksichtigung verschiedener Erträge und Aufwendungen des Geschäftsjahres T. Im wesentlichen handelt es sich um

a) das Ergebnis aus sonstigen Risiken, soweit dieses nicht Todesfälle betrifft und bei dem Nachweis zu berücksichtigen ist. Es kann sich hier z. B. um das Heiratsrisiko, das Unfallrisiko aus den zugehörigen Versicherungsteilen handeln (vorwiegend positiv),
b) Erträge aus abgehenden Kapitalanlagen und aus Auflösung von Wertberichtigungen, vermindert um Abschreibungen und Wertberichtigungen (teils positiv, teils negativ),
c) das Ergebnis aus den Abschlußkosten, worunter die Differenz zwischen den eingerechneten und den tatsächlich aufgewendeten Abschlußkosten zu verstehen ist (vorwiegend negativ),
d) das Ergebnis aus den laufenden Verwaltungskosten, worunter die Differenz zwischen den eingerechneten und den tatsächlich aufgewendeten Verwaltungskosten zu verstehen ist (vorwiegend positiv),
e) das Ergebnis aus dem in Rückdeckung gegebenen Versicherungsgeschäft (vorwiegend negativ),
f) das Ergebnis aus sonstigen Erträgen und Aufwendungen aus dem Versicherungsgeschäft, wozu auch Zuweisungen an freie Rücklagen gezählt werden können (vorwiegend negativ).

Die Summe dieser Ergebnisse (deren einzelne Positionen der internen Rechnungslegung eines Versicherungsunternehmens zu entnehmen sind) bezeichnen wir mit K_T, wobei in aller Regel K_T negativ ist. Bilden wir das Verhältnis

$$K_T / P_T = k_T$$

und unterstellen wir, daß auch in den folgenden Jahren mit der gleichen Relativzahl zu rechnen ist, so können wir mittels

$$E_{T+\nu} = P_{T+\nu} (1 + k_T)$$

die in einer Rechnung 2. Ordnung zu erwartende Folge

$$E_T, E_{T+1}, \ldots, E_{T+N} > 0 \quad (E_{T+N+1} = 0)$$

der Erträge bestimmen.

Bestimmung der Aufwendungen

Für eine einzelne Versicherung gliedern sich in jedem Versicherungsjahr die Aufwendungen in vertraglich zugesicherte Leistungen und in Leistungen aus der Überschußbeteiligung.

Die im Jahr T ermittelten und für die Zukunft in gleicher Höhe angenommenen Sterbe- und Stornohäufigkeiten 2. Ordnung erlauben es wie bei der Ertragsberechnung die mit ihnen bewerteten Leistungen für jedes Jahr zu bestimmen. Die vertraglich vereinbarten Leistungen, nämlich

- Todesfalleistungen,
- Erlebensfalleistungen (wie z. B. Renten),
- Stornoleistungen und
- Ablaufleistungen,

sind für jedes Versicherungsjahr bekannt. Hält man an den für das Jahr T erklärten Überschußanteilsätzen (wie z. B. Zinsanteilsatz, Summenanteilsatz, Schlußanteilsatz) auch für alle folgenden Jahre fest, so lassen sich für jedes Versicherungsjahr jeder Versicherung die Leistungen aus der Überschußbeteiligung ermitteln und mit den Rechnungsgrundlagen 2. Ordnung bewerten. Im einzelnen handelt es sich um

• Todesfalleistungen	aus der verzinslichen Ansammlung der Überschußanteile und aus dem Bonus,
• Stornoleistungen	aus der verzinslichen Ansammlung, aus dem Bonus und aus der zusätzlichen Deckungsrückstellung bei Überschußbezugsart „Abkürzung",[17]
• Erlebensfalleistungen	aus dem Barbezug oder der Verrechnung der Überschußanteile,
• Ablaufleistungen	aus der verzinslichen Ansammlung, aus dem Bonus, aus dem Schlußanteil und aus der zusätzlichen Deckungsrückstellung.[17]

Liegen diese Werte für jedes Versicherungsjahr jeder Versicherung vor, so können die bewerteten Aufwendungen eines Jahres $T + \nu$ zum Aufwand $A_{T+\nu}$ zusammengefaßt werden.

Wir erhalten so die Zahlenfolge

$$A_T, A_{T+1}, \ldots, A_{T+M} > 0 \quad (A_{T+M+1} = 0)$$

der Aufwendungen.

Mit etwas Überlegung muß man anmerken, daß die Werte $A_{T+\nu}$, $P_{T+\nu}$ nicht ohne Computer errechenbar sind. Überdies wird man auch dann durch Zusammenfassen annähernd gleichartiger Versicherungen Gruppierungen vornehmen müssen, um die Rechenarbeit zu verringern. Auch wird man an der ein oder anderen Stelle Mittelbildungen über einige Jahre ansetzen, um zufällige Schwankungen möglichst auszuschließen.

Vorhandenes Vermögen

Am Berechnungszeitpunkt (also Anfang des Jahres T) hat unser Bestand ein ihm zuordbares Vermögen. Dieses Vermögen besteht

---

17 Dies gilt, wenn diese nicht mit der Grundversicherung zusammengefaßt wird; bei Ablaufleistung aus der Grundversicherung besteht dann aus dem Deckungskapital, das mit der zusätzlichen Deckungsrückstellung dann die Versicherungssumme ergibt. Im anderen Fall entfallen hier diese Positionen.

- aus der Deckungsrückstellung, die mit den Forderungen gegenüber den Versicherungsnehmern für geleistete, rechnungsmäßig gedeckte Abschlußkosten saldiert ist (= gezillmerte Deckungsrückstellung),
- aus den Guthaben aus der verzinslichen Ansammlung der Überschußanteile,
- aus den Deckungsrückstellungen der Boni und eventuell aus der Abkürzung der Versicherungsdauer,
- aus dem Beitragsübertrag des Vorjahres und
- aus der Rückstellung für Beitragsrückerstattung.

Wir bezeichnen die Gesamtsumme aus diesen Vermögensteilen mit V_T. Sie wird mitunter auch als „vorhandene Mittel" bezeichnet.

Bestimmung des Istzinses

Es wird nun für das Jahr T ein Istzins bestimmt, von dem dann unterstellt wird, daß er auch in Zukunft erwirtschaftet wird. Mit diesem Istzins i_T werden Erträge und Aufwendungen diskontiert.

Bei dem von uns vereinfacht geschilderten Verfahren für den Nachweis wird der Istzins nach der *Hardy-Formel* (vgl. z. B. [6.5], § 46) berechnet. Ist

$E_T^{(K)}$ der Kapitalertrag des Jahres T, der sich im wesentlichen aus der Differenz der Positionen 5 und 14 der Gewinn- und Verlustrechnung (vgl. Anhang 5) ergibt

und ist

K_T die Summe der Kapitalanlagen am Ende des Jahres T,

so gilt für den Istzins i_T die Hardy-Formel

$$i_T = \frac{E_T^{(K)}}{0{,}5\,(K_T + K_{T-1} - E_T^{(K)})}\,.$$

Dabei besteht K_T im wesentlichen aus folgenden Werten, die der Bilanz des Unternehmens entnommen werden können:

- Grundstücke und Grundstücksgleiche Rechte,
- Hypotheken-, Grundschuld- und Rentenschuldforderungen,
- Namensschuldverschreibungen, Schuldscheinforderungen, Darlehen,
- Schuldbuchforderungen,
- Darlehen und Vorauszahlungen auf Versicherungsscheine,
- Beteiligungen,
- Wertpapiere,
- Festgelder, Termingelder, Spareinlagen.

Auswertung der erhaltenen Resultate

Nachdem so alle für den Finanzierbarkeitsnachweis relevanten Daten bereitgestellt wurden, wird nun geprüft, ob das vorhandene Vermögen sowie die künftigen Beiträge ausreichen, um die zu erwartenden Leistungen erbringen zu können. Zu diesem Zweck wird mit dem Diskontierungsfaktor

$$v_T = \frac{1}{1 + i_T}$$

geprüft, ob

$$V_T + \sum_{\nu=0}^{\max(N,M)} (E_{T+\nu} - v_T^{1/2} A_{T+\nu})\, v_T^{\nu} \geqslant 0$$

ist. Ist dies der Fall, so kann man sagen, daß unter sich nicht ändernden Verhältnissen die zur Zeit geltende und für die Zukunft unterstellte Überschußbeteiligung finanzierbar ist. Dabei berücksichtigt der angegebene Ausdruck, daß die Beiträge am Anfang des Jahres, die Leistungen jedoch in der Mitte des Jahres fällig werden.

Es kann auch ein erforderliches Vermögen V_T^{erf} bestimmt werden, wenn man

$$V_T^{erf} = - \sum_{\nu=0}^{\max(N,M)} (E_{T+\nu} - v_T^{1/2} A_{T+\nu})\, v_T^{\nu}$$

ansetzt. Man sagt dann, daß die Finanzierbarkeit gegeben ist, wenn

$$V_T \geqslant V_T^{erf}$$

ist.

Mitunter wird ein Sollzins j mit

$$v_j = \frac{1}{1 + j}$$

als Nullstelle des Polynoms

$$V_T + \sum_{\nu=0}^{\max(N,M)} (E_{T+\nu} - v_j^{1/2} A_{T+\nu})\, v_j^{\nu} = 0$$

bestimmt. Man sagt dann, daß die Finanzierbarkeit gegeben ist, wenn es eine positive reelle Nullstelle j gibt, für die

$$j \leqslant i_T$$

ist. Vielfach wird behauptet, daß die beiden Aussagen

$$V_T \geqslant V_T^{erf} \quad \text{und} \quad j \leqslant i_T$$

gleichwertig sind. Für übliche Versicherungsbestände scheint diese Behauptung richtig zu sein, es gibt aber auch Bestände bestimmter Art, wo dies nicht zu sein braucht. Wir verweisen hierzu auf die Untersuchung von *Martin Steiner* [6.6].

Wie wir am Anfang der Betrachtungen zum Finanzierbarkeitsnachweis bemerkten, hat es um ihn einige Divergenzen gegeben. Grundsätzlich hat sich die Fachwelt auf den geschilderten Nachweis, der auf Vorschläge von *Peter Gessner* zurückgeht, geeinigt. Lediglich bei der Berücksichtigung derjenigen Aufwendungen, die wir an der Beitragseinnahme durch einen prozentualen Abschlag gekürzt haben, gibt es noch verschiedene Meinungen. Der Ansatz von *Peter Gessner* sah vor, diese Aufwendungen im wesentlichen nicht am Beitrag sondern am Vermögensertrag entsprechend dem Verhältnis im Jahr T zu kürzen. Da die Beitragseinnahme durch abgehende Versicherungen von Jahr zu Jahr fällt, das Vermögen eines heute üblichen Bestandes noch für eine Reihe von Jahren wächst um erst dann abzunehmen, wirken sich relative Abschläge am Beitrag und am Vermögensertrag, die im Jahr T absolut gesehen übereinstimmten, in den Folgejahren unterschiedlich aus.

Mit dieser Bemerkung wollen wir unsere Betrachtungen zur Überschußbeteiligung beenden.

6.4 Aufgaben

Aufgabe 6.1

Ein Versicherungsinteressent wünscht zur Verstärkung der Erlebensfalleistung eine gemischte Versicherung über 10.000 DM der Kombination $x = 30$, $x + n = 60$, bei der die jährlich fällig werdenden Überschußanteile lediglich verzinst und vererbt werden. Für das am Ende des Abschnitts 6.1 enthaltene Beispiel soll die auf diese Weise erreichbare Erlebensfalleistung bestimmt werden. Dabei soll auf die Einrechnung von Überschußanteilen und Kosten dieser Verwendungsart der Einfachheit verzichtet werden.

Aufgabe 6.2

Betrachtet man die in Aufgabe 6.1 beschriebene Versicherungsform, so bestehen die Versicherungsleistungen aus einer konstanten Todesfallsumme sowie einer sehr viel höheren Erlebensfalleistung. Es soll daher geprüft werden, ob diese Versicherung noch Todesfallcharakter hat, wenn gleichbleibende Nettoprämien unterstellt werden.

Aufgabe 6.3

Für einen fiktiven Bestand seien das vorhandene Vermögen mit

$$V_T = -260$$

und die jährlich saldierten Aufwendungen durch

$$P_{T+\nu} - A_{T+\nu} = \begin{cases} -\ \ 500 & \text{für } \nu = 0 \\ +1750 & \text{für } \nu = 1 \\ -1000 & \text{für } \nu = 2 \end{cases}$$

vorgegeben.

1. Um die Finanzierbarkeit dieses Bestandes nachzuweisen bestimme den Sollzins und erläutere das Resultat nach Entwicklung der Kontenstände
2. Stelle an Beispielen fest, ob die Äquivalenz zwischen „Sollzins < Istzins“ und „Vorhandenes Vermögen > Erforderliches Vermögen“ verletzt sein kann.

Stochasius' Randbemerkung 6

Lieber Freund!

Die von Ihnen betrachteten Beispiele zur Überschußentstehung und -verwendung haben offengelegt, welche finanziellen Konsequenzen entstehen, wenn man statt mit Rechnungsgrundlagen 2. Ordnung nebst einem nicht übersetzten Sicherheitszuschlag mit sehr vorsichtig gewählten Rechnungsgrundlagen 1. Ordnung rechnet. So endet Ihr Beispiel einer gemischten Versicherung ($x = 30$, $x + n = 60$, $S = 10.000$) *mit der folgenden Schlußabrechnung:*

Vertragliche Versicherungsleistung:	*10.000 DM*
Verzinsliche Ansammlung der Überschußanteile:	*8.110 DM*
Schlußanteil:	*1.800 DM*
Gesamtleistung:	*19.910 DM*

Man kann schon die mir einmal gemachte Äußerung eines im Vertrieb eines Lebensversicherungsunternehmens Tätigen verstehen:

> *„Ich würde mich doch sehr wundern, wenn mir der Verkäufer in einem Schuhgeschäft zu meinem Wunsch nach einem Paar Schuhen sagen würde: Die können Sie kaufen, den rechten Schuh können Sie gleich mitnehmen, den linken Schuh erhalten Sie erst in dreißig Jahren."*

So ist es zu verstehen, daß wenn schon eine in kurzen Abständen erfolgende Anpassung der Rechnungsgrundlagen 1. Ordnung nicht durchgeführt werden kann (schon aus Kostengründen im Interesse der Versicherungsnehmer, da eine Anpassung bei gleicher Beitragszahlung im Grunde nur zu einer Verschiebung der Grenze zwischen verbindlicher und unverbindlicher Leistung führt), darauf gedrungen wird, die zwangsläufig entstehenden Gewinne möglichst bald und möglichst umfassend auszuschütten.

Ein wichtiges Hilfsmittel für die Beurteilung von Lebensversicherungsverträgen sind die Beispielrechnungen. Leider betonen diese besonders – wie auch Ihre Beispiele – die Erlebensfalleistung beim Ablauf der Versicherung. Dabei sollte doch die wirtschaftliche Absicherung für den Fall eines vorzeitigen Ablebens vornehmstes Ziel eines Lebensversicherungsunternehmens sein.

Natürlich weiß ich, daß die Menschen diesen Fall, jedenfalls was ihr eigenes Leben angeht, für sehr unwahrscheinlich halten – wen wundert es, wenn die Werbung und auch die Ausgestaltung der Überschußverwendung diesem gefühlsmäßigen Argument entgegenkommt.

Aber ist das so richtig und zweckmäßig,
fragt Sie wieder einmal *Ihr P. S.*

7 Ausblick in eine weiterführende Lebensversicherungsmathematik

> Was aber befremden könnte, iſt dieſs, daſs wir in Deutſchland in der Wiſſenſchaft ſelbſt zurück blieben, wir, die wir doch ſonſt ſo ſehr geſchäftig ſind, neue auswärts erfundene Kenntniſſe bey uns zu verpflanzen.
>
> Dieſe Lage der Wiſſenſchaft und einer ſo nützlichen Wiſſenſchaft, war es, was mich am meiſten bewog, mich weiter in ſie einzulaſſen, als ichs anfangs gewilliget wär, und als auch vielleicht das Geſchäft, was mich auf ſie führte, für ſich allein es erfordert haben möchte.
>
> *Joh. Nicol. Tetens, S. X, XI*

In diesem abschließenden Kapitel wollen wir insbesondere an einigen Teilgebieten der Versicherungsmathematik aufzeigen, wie unsere bisher erworbenen Kenntnisse vertieft werden können. Dabei werden wir auch mitunter an die Grenzen des bis heute Erkannten gelangen.

Wir beginnen mit der Beschreibung einer allgemeineren Versicherungstechnik. Von ihr nehmen wir an, daß sie in naher Zukunft mehr und mehr in der Praxis benutzt wird. Sodann befassen wir uns mit den Grundzügen eines stochastischen Modells. Nur ein stochastisches Modell und niemals eine deterministische Betrachtungsweise kann eine ausreichende Grundlage z. B. für die Bearbeitung von Rückversicherungsfragen sein.

7.1 Beschreibung einer flexiblen Versicherungstechnik

Die Aufgabe 3.4 zeigte wie kompliziert versicherungstechnische Formeln werden können, wenn z. B. von einem für die gesamte Versicherungsdauer konstanten Zinssatz abgegangen würde. Dieselbe Feststellung würden wir machen können, wenn Versicherungsleistungen und Beiträge ebenfalls nach gewissen, festgelegten Modalitäten variabel wären. Hier bietet sich eine flexible Versicherungstechnik an, die vor einigen Jahren ausführlich von *Edgar Neuburger* in [7.1] beschrieben worden ist (ausführlichere Literaturangaben finden sich in [7.2]). Da diese Methode, wie wir gleich sehen werden, auf bekannte Rekursionsformeln der Versicherungsmathematik zurückgreift, lag es wohl am mangelnden Bedürfnis, daß erst seit kurzem wieder auf sie hingewiesen wird. Seit einiger Zeit kann am Versicherungsmarkt in der Welt eine Hinwendung zu komplexeren Versicherungsformen beobachtet werden, die im Massengeschäft unserer Zeit ohne eine flexiblere Technik im Gegensatz zu den „Kommutationswert-Verfahren“ nicht angeboten und verwaltet werden könnten.

Zur Beschreibung dieser flexiblen Technik gehen wir von der Thiele'schen Gleichung aus, die wir am Beginn des Abschnittes 4.4 erhalten hatten. Für $t = 0, \ldots, n-1$ lautet sie, wenn wir i_t statt i und β_t statt β schreiben:

$$\begin{aligned} V(x, t+1, n) - V(x, t, n) = {} & i_t V(x, t, n) + (1 + i_t)(b_t B - \Gamma_t - \beta_t b_t B) \\ & - \Big(p_{x+t} r_{x+t+1} + \sum_{i=1}^{m} q_{x+t}^{(i)} s_{x+t}^{(i)} \\ & - q_{x+t} V(x, t+1, n) \Big) \end{aligned}$$

Wir ordnen die Bestandteile etwas um und erhalten mit $v_t = \frac{1}{1+i_t}$

$$\begin{aligned} & (1-\beta_t)\, b_t B + V(x, t, n) - v_t \cdot p_{x+t} V(x, t+1, n) \\ & \qquad = \Gamma_t + v_t \left(p_{x+t} r_{x+t+1} + \sum_{i=1}^{m} q_{x+t}^{(i)} s_{x+t}^{(i)} \right). \end{aligned}$$

In aller Regel können Leistungen und Verwaltungskosten proportional zu einer Summe S angenommen werden, so daß wir die Belegungsfunktionen γ_t, g_t, $h_t^{(i)}$ durch

$$\begin{aligned} \Gamma_t &= \gamma_t S, \\ r_{x+t+1} &= g_t S, \\ s_{x+t}^{(i)} &= h_t^{(i)} S, \end{aligned}$$

einführen können. Wir erhalten so die n Gleichungen

$$\begin{aligned} & (1-\beta_t)\, b_t B + V(x, t, n) - v_t p_{x+t} V(x, t+1, n) \\ & \qquad = \left[\gamma_t + v_t p_{x+t} g_t + v_t \sum_{i=1}^{m} q_{x+t}^{(i)} h_t^{(i)} \right] S \\ & \qquad\qquad (t = 0, \ldots, n-1) \end{aligned}$$

für die $n + 3$ Unbekannten

$$B, S, V(x, 0, n), \ldots, V(x, n, n).$$

Wir unterstellen also bei dieser Betrachtung, daß uns die Größen $(1-\beta_t)\, b_t$, v_t, p_{x+t}, $q_{x+t}^{(i)}$, γ_t, g_t, $h_t^{(i)}$ vorgegeben sind.

Wir geben weiter die Werte

$$V(x, 0, n) = -A = -\alpha S$$

und

$$V(x, n, n) = h_n S,$$

d. h. α und h_n vor. (Natürlich könnten wir für $V(x, 0, n)$ einen beliebigen Betrag annehmen, z. B. im Fall der zusätzlichen Zahlung eines Einmalbeitrags oder bei Gutschrift einer aus einer Vorversicherung stammenden Deckungsrückstellung. Im letzten Fall hätten wir es mit einer Änderung eines Versicherungsvertrags zu tun; auf Fragen dieser Art wollen wir jedoch nicht näher eingehen).

Wenn wir nun von den verbleibenden n + 1 Unbekannten noch eine vorgeben, erhalten wir ein lineares Gleichungssystem aus n Gleichungen mit n Unbekannten. Es ist plausibel, daß in der Praxis entweder der Beitrag B oder die Summe S zu bestimmen sind, wenn die andere Unbekannte gegeben ist. Für unsere Betrachtungen wollen wir uns auf den Fall beschränken, daß zu vorgegebener Summe S der Beitrag B zu bestimmen ist. Die umgekehrte Aufgabe ist entsprechend zu lösen.

Mit

$$c_{t+1} = (1 - \beta_t)\, b_t \qquad (t = 0, \ldots, n-1),$$

$$d_{t+1} = v_t\, p_{x+t} \qquad (t = 0, \ldots, n-1),$$

$$e_1 = \left[\gamma_0 + v_0\, p_x g_0 + v_0 \sum_{i=1}^{m} q_x^{(i)} h_0^{(i)} + \alpha\right] S,$$

$$e_{t+1} = \left[\gamma_t + v_t p_x g_t + v_t \sum_{i=1}^{m} q_{x+1}^{(i)} h_t^{(i)}\right] S \qquad (t = 1, \ldots, n-2),$$

$$e_n = \left[\gamma_{n-1} + v_{n-1}\, p_{x+n-1}\, g_{n-1} + v_{n-1} \sum_{i=1}^{m} q_{x+n-1}^{(i)} h_{n-1}^{(i)} + v_{n-1}\, p_{x+n-1} h_n\right] S$$

erhalten wir schließlich das Gleichungssystem

$$\begin{aligned} c_1 B \qquad\qquad\qquad & - d_1 V(x, 1, n) = e_1 \\ c_t B + V(x, t-1, n) & - d_t V(x, t, n) = e_t \qquad (t = 2, \ldots, n-1) \\ c_n B + V(x, n-1, n) & \qquad\qquad\quad = e_n. \end{aligned}$$

Dabei gilt für die Koeffizienten

$$c_\nu \geqslant 0, \text{ mindestens ein } \mu \text{ mit } c_\mu > 0,$$

$$0 < d_\nu < 1,$$

$$e_\nu > 0 \text{ bei } \gamma_{\nu-1} > 0; \text{ sonst } e_\nu \geqslant 0.$$

In Matrizenschreibweise erhalten wir

$$\begin{pmatrix} c_1 & -d_1 & 0 & 0 & \dots & 0 & 0 \\ c_2 & 1 & -d_2 & 0 & \dots & 0 & 0 \\ c_3 & 0 & 1 & -d_3 & \dots & 0 & 0 \\ \vdots & \vdots & \vdots & \vdots & & \vdots & \vdots \\ c_{n-1} & 0 & \dots & & & 1 & -d_{n-1} \\ c_n & 0 & \dots & \dots & \dots & 0 & 1 \end{pmatrix} \begin{pmatrix} B \\ V(x,1,n) \\ V(x,2,n) \\ \vdots \\ V(x,n-2,n) \\ V(x,n-1,n) \end{pmatrix} = \begin{pmatrix} e_1 \\ e_2 \\ e_3 \\ \vdots \\ e_{n-1} \\ e_n \end{pmatrix}$$

$$A_{n \times n} \cdot BV_n = E_n$$

Das lineare Gleichungssystem ist dann eindeutig auflösbar, wenn die Determinante des Systems von Null verschieden ist. Zu diesem Zweck beweisen wir durch vollständige Induktion die Beziehung

$$\det A_{n \times n} = \sum_{i=1}^{n} c_i \sum_{k=1}^{i-1} d_k .$$

Für n = 1 und n = 2 erhalten wir explizit

$$\det A_{1 \times 1} = \det(c_1) = c_1 ,$$

$$\det A_{2 \times 2} = \det \begin{pmatrix} c_1 & -d_1 \\ c_2 & 1 \end{pmatrix} = c_1 + c_2 d_1$$

Sei also

$$\det A_{n-1 \times n-1} = \sum_{i=1}^{n-1} c_i \sum_{k=1}^{i-1} d_k$$

bewiesen, dann erhalten wir, wenn wir $\det A_{n \times n}$ durch Zeilenvertauschen in die Gestalt

$$\det A_{n \times n} = (-1)^{n-1} \det \begin{pmatrix} c_n & 0 & 0 & \dots & 1 \\ c_1 & -d_1 & 0 & \dots & 0 \\ c_2 & 1 & -d_2 & & \cdot \\ \vdots & & & & \cdot \\ c_{n-1} & 0 & . \ 1 & . & -d_{n-1} \end{pmatrix}$$

bringen und nach der ersten Zeile entwickeln

$$\det A_{n\times n} = (-1)^{n-1}\left[(-1)^{1+1} c_n \cdot \det \begin{pmatrix} -d_1 & & & 0 \\ 1 & & & \\ \vdots & & & \\ 0 & \cdot & \cdot\ 1 & -d_{n-1} \end{pmatrix} + (-1)^{n+1} \det A_{n-1\times n-1}\right]$$

$$= (-1)^{n+1} c_n (-1)^{n-1} \prod_{k=1}^{n-1} d_k + (-1)^{2n} \cdot \sum_{i=1}^{n-1} c_i \prod_{k=1}^{i-1} d_k$$

$$= \sum_{i=1}^{n-1} c_i \prod_{k=1}^{i-1} d_k + c_n \prod_{k=1}^{n-1} d_k = \sum_{i=1}^{n} c_i \prod_{k=1}^{i-1} d_k,$$

womit unsere Behauptung bewiesen ist. Nun ist

$$\prod_{k=1}^{i-1} d_k > 0.$$

Ferner ist in $\det A_{n\times n}$ jeder Summand $c_i \prod_{k=1}^{i-1} d_k \geqslant 0$, weil $c_i \geqslant 0$ ist.

Da mindestens ein $c_i > 0$ sein muß (sonst fände ja keine Beitragszahlung statt), gilt dies auch für mindestens einen Summanden in $\det A_{n\times n}$. Also ist

$$\det A_{n\times n} > 0.$$

Also ist unser Gleichungssystem eindeutig lösbar.

Die Lösung des Systems läßt sich folgendermaßen gewinnen. Zunächst bestimmen wir mit Hilfe der *Cramer'schen Regel* den Beitrag B. Für ihn gilt

$$B = \frac{\det A'_{n\times n}}{\det A_{n\times n}},$$

wobei $A'_{n\times n}$ aus der Matrix $A_{n\times n}$ durch Ersetzen der ersten Spalte durch den Vektor E_n hervorgeht. Dann ist aber

$$B = \frac{\sum_{i=1}^{n} e_i \prod_{k=1}^{i-1} d_k}{\sum_{i=1}^{n} c_i \prod_{k=1}^{i-1} d_k}.$$

Mit der Kenntnis von B können nun die Deckungsrückstellungen $V(x, t, n)$ unmittelbar rekursiv aus den Gleichungen

$$V(x, 1, n) = \frac{1}{d_1}(c_1 B - e_1)$$

$$V(x, t, n) = \frac{1}{d_t}(c_t B + V(x, t-1, n) - e_t) \qquad (t = 2, \ldots, n-1)$$

errechnet werden.

Die Vorteile dieser Betrachtung liegen auf der Hand: Beiträge, Leistungen, Kostensätze, Zinssätze können für jedes Jahr fast beliebig vorgegeben werden. Die Nachteile sind durch den Umfang der Berechnungen begründet. Ist z. B. $x = 20$ und $x + n = 90$, so liegt eben ein Gleichungssystem aus 70 Gleichungen mit 70 Unbekannten vor. Mit heute am Markt befindlichen Datenverarbeitungsanlagen bereitet dies keine Schwierigkeiten mehr. Die Vorgabe der Daten erfordert mehr Zeit als das Berechnen der Lösung – in beiden Fällen bewegt man sich im Bereich weniger Millisekunden.

Die beschriebene flexible Versicherungstechnik läßt aber andere Probleme entstehen, die wir kurz ansprechen wollen.

Zulässige Versicherungskombinationen

Nicht alle denkbaren Leistungssysteme sind möglich. Es ist plausibel, daß eine Versicherungsform, bei der z. B. eine Kapitalleistung der Beitragszahlung vorausgeht, nicht zugelassen werden darf. In diesem Fall würde ein Kreditgeschäft vorliegen, das zum Aufgabengebiet der Banken und Sparkassen gehören würde. Diese Institutionen sichern Kredite überdies nicht nur durch die Rückzahlungsmodalitäten ab, sondern bedienen sich weiterer zu stellender Sicherheiten.

Es muß daher der Leistungsvektor E_n so festgelegt werden, daß für $t = 0, 1, \ldots, n_\alpha$

$$-\alpha S \leqslant V(x, t, n) < 0$$

und für $t = n_\alpha + 1, \ldots, n$

$$V(x, t, n) \geqslant 0$$

gilt. Dabei umfaßt $n_\alpha \geqslant 0$ nur wenige Jahre. Zur Zeit läßt sich die Frage, wie der Leistungsvektor E_n und die Beitragszahlungsmodalität b_t beschaffen sein müssen, damit $V(x, t, n)$ die obige Bedingung erfüllt, allgemein nur durch probeweises Rechnen lösen. Die im Kapitel 5 vorgestellten speziellen und einfachen Versicherungsformen erfüllen diese Forderung, wie man auch allgemein zeigen kann.

Lokaler Todes- bzw. Erlebensfallcharakter

Da diese flexible Versicherungstechnik die unterschiedlichsten Leistungen erlaubt, kann es durchaus sein, daß sich der Charakter der vorgegebenen Versicherungsform wie im Abschnitt 5.4 gezeigt während der Versicherungsdauer ein oder auch mehrere Male ändert. Will man nichts an Flexibilität einbüßen, so wird wohl im Sinne von Stochasius' Randbemerkung 5 ein Übergang zu lokaler Festlegung der Rechnungsgrundlagen notwendig sein.

Ein praxisnahes Verfahren kann darin bestehen, daß man für jedes Versicherungsjahr die Leistungsbarwerte mit beiden Rechnungsgrundlagen ermittelt. Die Grundlage, die in einem bestimmten Versicherungsjahr zum höheren Barwert führt, wird zur Rechnungsgrundlage für die endgültige Berechnung gewählt. Im Grunde führt dieses Verfahren zur Bestimmung der sogenannten jährlichen **natürlichen** Prämie. Diese, im allgemeinen variablen natürlichen Prämien werden dann mit Hilfe der gewonnenen kombinierten Rechnungsgrundlage umgerechnet in Beiträge, die dem vorgegebenen b_t-Ansatz folgen. Wir illustrieren dieses Verfahren durch ein fiktives einfaches Beispiel.

Es seien vorgegeben:

Jahr	Erlebenswahrscheinlichkeit nach Todesfall-grundlagen	Erlebenswahrscheinlichkeit nach Erlebensfall-grundlagen	Versicherungsleistung im Todesfall	Versicherungsleistung im Erlebensfall
1	0,950	0,990	500	2000
2	0,800	0,950	3000	500
3	0,750	0,800	4000	1000
4	0,700	0,750	1000	5300

Wir verzichten auf die Berücksichtigung von Zinsen und Kosten. Alle Leistungen werden am Ende des Jahres fällig. Dann erhalten wir für die Versicherungsleistungen folgende Barwerte, die gleichzeitig die erforderlichen natürlichen Prämien sind:

Jahr	Barwerte der Versicherungsleistungen nach Todesfallgrundlagen	Barwerte der Versicherungsleistungen nach Erlebensfallgrundlagen	Charakter
1	1925	1985	E
2	1000	625	T
3	1750	1600	T
4	4010	4225	E

Berechnen wir den jährlich gleichbleibenden Beitrag einmal mit Todesfallgrundlagen und zum anderen mit Erlebensfallgrundlagen, so erhalten wir:

Beitrag B_T mit Todesfallgrundlagen

$$B_T = \frac{1925 + 0{,}950 \cdot 1000 + 0{,}950 \cdot 0{,}800 \cdot 1750 + 0{,}950 \cdot 0{,}800 \cdot 0{,}750 \cdot 4010}{1 + 0{,}950 + 0{,}950 \cdot 0{,}800 + 0{,}950 \cdot 0{,}800 \cdot 0{,}750}$$

$$= \frac{6.490{,}70}{3{,}28} = 1.978.$$

Beitrag B_E mit Erlebensfallgrundlagen

$$B_E = \frac{1985 + 0{,}990 \cdot 625 + 0{,}990 \cdot 0{,}950 \cdot 1600 + 0{,}990 \cdot 0{,}950 \cdot 0{,}800 \cdot 4225}{1 + 0{,}990 + 0{,}990 \cdot 0{,}950 + 0{,}990 \cdot 0{,}950 \cdot 0{,}800}$$

$$= \frac{7287{,}44}{3{,}6928} = 1.978.$$

Beide Beträge stimmen überein – so war es beabsichtigt. Der dann naheliegende Schluß, daß diese Versicherung unabhängig von den Rechnungsgrundlagen sei, ist sicherlich nicht richtig. In beiden Fällen werden nämlich Jahre mit falschen Grundlagen berechnet, da in ihnen Charakter und Rechnungsgrundlagen nicht übereinstimmen.

Unser fiktives Beispiel würden wir richtiger wie folgt behandeln:

Jahr	Charakter	Erlebenswahrscheinlichkeit T/E	Barwerte nach T/E-Grundlagen
1	E	0,990	1985
2	T	0,800	1000
3	T	0,750	1750
4	E	0,750	4225

Wir erhalten dann als Beitrag

$$B_{T/E} = \frac{1985 + 0{,}990 \cdot 1000 + 0{,}990 \cdot 0{,}800 \cdot 1750 + 0{,}990 \cdot 0{,}800 \cdot 0{,}750 \cdot 4225}{1 + 0{,}990 + 0{,}990 \cdot 0{,}800 + 0{,}990 \cdot 0{,}800 \cdot 0{,}750}$$

$$= \frac{6870{,}65}{3{,}376} = 2.035.$$

Entsprechend würden sich nun mit der kombinierten Rechnungsgrundlage auch die Deckungsrückstellungen berechnen lassen.

Der Beitrag $B_{T/E}$ ist mindestens so hoch wie B_T oder B_E. Bei nicht wechselndem Charakter der natürlichen Prämien stimmt er mit B_T bzw. B_E überein.

Unseres Erachtens lohnt sich eine Beschäftigung mit dieser Frage, auch wenn dadurch die Betrachtungen des Kapitels 6 komplizierter werden. Unserer Meinung nach kann aber bei Versicherungen mit wechselndem Charakter nur so eine zutreffende Überschußbeteiligung bestimmt werden.

7.2 Grundzüge eines stochastischen Modells

In unserem zweiten Kapitel haben wir dargelegt, wie uns die Notwendigkeit in der Praxis durchführbarer Verfahren von einem stochastischen Ansatz zum deterministischen Modell geführt hat. Dieses Modell konnte wie die Kapitel 3 bis 5 gezeigt befriedigend entwickelt werden. Die ihm zugrunde zu legenden vorsichtig bemessenen Rechnungsgrundlagen 1. Ordnung bewirkten jährlich anfallende Überschüsse. Dies konnten wir bereits im ersten Kapitel einleitend, umfassender im Kapitel 6 feststellen.

Über der sich in über 150 Jahren bewährten Anwendbarkeit in der Praxis darf trotzdem nicht der ursprünglich stochastische Charakter jeder Lebensversicherung vergessen werden. Es gibt Fragen, die für ein Lebensversicherungsunternehmen von großer Bedeutung sind und die im deterministischen Modell weder gestellt noch beantwortet werden können.

Dies betrifft schon die Frage, in welchem Ausmaß jährliche Todesfalleistungen oder komplexer auch der Jahresgewinn eines Lebensversicherungsunternehmens schwanken können. Da die Unternehmen eine möglichst relativ gleichbleibende Überschußverteilung anstreben, stellt sich als weitere Frage, ob und wie durch Rückversicherung ein solches Schwanken gemildert werden kann.

Wir wollen nun die Grundzüge eines solchen stochastischen Modells aufzeigen, wobei wir uns auf eine diskontinuierliche Darstellung beschränken. Eine allgemeine Betrachtung, die sowohl die kontinuierliche als auch die diskontinuierliche Methode enthält (d.h. die als Funktionstypen sowohl stetige Funktionen als auch Treppenfunktionen zuläßt), kann [7.3] entnommen werden. Außerdem beschränken wir uns auf die beiden Ereignisse Tod und Erleben und verzichten auf die Berücksichtigung von Kosten.

Die Verteilungsfunktion der Leistung aus einem Versicherungsvertrag

Eine Versicherungsdauer besteht aus aneinander gereihten Versicherungsperioden. Diese sind dadurch gekennzeichnet, daß Beitragszahlungen am Anfang und Versicherungsleistungen sowohl nach dem Ableben innerhalb der Versicherungsperiode als auch beim Erleben erst am Ende dieser Periode fällig werden. Sei $[t, t+1]$ $(t = 0, 1, \ldots, n-1)$ die Versicherungsperiode, werde die Summe S_T beim Ableben und die Summe S_E beim Erleben jeweils zur Zeit $t+1$ gezahlt, so haben die Beträge zur Zeit t die Werte

$$\overline{S}_T = v(t, t+1)\, S_T = v\, S_T$$

und

$$\overline{S}_E = v(t, t+1)\, S_E = v\, S_E.$$

Dabei stellt $v(t, t+1)$ eine deterministisch gegebene Diskontierungsfunktion dar, die den Betrag 1 von der Zeit $t+1$ auf die Zeit t diskontiert. Die Werte S_T, S_E und v können von t und von anderen Einflußgrößen abhängen.

Sei nun x das Alter der betreffenden versicherten Person, p_{x+t} ihre wahre Wahrscheinlichkeit die Versicherungsperiode $[t, t+1]$ zu überleben, so besteht, wenn wir auch das Erleben als fiktives Ausscheiden ansehen, für diese Periode die einfache Verteilungsfunktion der Ausscheidezeit η

$$F(\tau) = p(\eta \leqslant \tau) = \begin{cases} 0 & \tau < t+1 \\ 1 & t+1 \leqslant \tau \end{cases}$$

$$= F_T(\tau) + F_E(\tau)$$

mit

$$F_T(\tau) = \begin{cases} 0 & \tau < t+1 \\ 1 - p_{x+t} & t+1 \leqslant \tau \end{cases} \quad \text{und} \quad F_E(\tau) = \begin{cases} 0 & \tau < t+1 \\ p_{x+t} & t+1 \leqslant \tau \end{cases}$$

Diese Verteilungsfunktionen sehen schon dann komplizierter aus, wenn z. B. die Leistung S_T unmittelbar beim Ableben fällig werden würde. In diesem Fall hätte $F_T(\tau)$ einen stetigen Verlauf und $\overline{S}_T$ wäre wegen der Diskontierung ebenfalls eine stetige Funktion.

Wir gehen nun von der Verteilungsfunktion einer Zeit zur Verteilungsfunktion einer Leistung über. Die Leistung, obwohl vom Betrage her nicht zufallsabhängig, ist wegen der stochastischen Ausscheidezeit η eine Zufallsvariable ζ. Ihre Verteilungsfunktion besteht offenbar aus zwei Komponenten:

$$H_T(z) = p(\zeta \leqslant z) = \begin{cases} 0 & z < \overline{S}_T \\ 1 - p_{x+t} & \overline{S}_T \leqslant z \end{cases},$$

$$H_E(z) = p(\zeta \leqslant z) = \begin{cases} 0 & z < \overline{S}_E \\ p_{x+t} & \overline{S}_E \leqslant z \end{cases}.$$

Da nur eines der beiden Ereignisse eintreffen kann, gilt für die Leistungsverteilungsfunktion dieser Versicherung

$$H(z) = p(\zeta \leqslant z) = H_T(z) + H_E(z).$$

Will man nun zu Anwendungen übergehen, muß man bereits an dieser Stelle Fallunterscheidungen vornehmen:

a) $\bar{S}_T = \bar{S}_E = \bar{S}$

Es ist

$$H(z) = \begin{cases} 0 & z < \bar{S} \\ 1 & \bar{S} \leqslant z \end{cases}$$

und somit liegt keine Versicherung vor, da das Ausscheiden – sei es durch Tod durch Erleben – mit Sicherheit erfolgt.

b) $\bar{S}_T > \bar{S}_E$: Todesfallversicherung

$$H(z) = \begin{cases} 0 & z < \bar{S}_E \\ p_{x+t} & \bar{S}_E \leqslant z < \bar{S}_T \\ 1 & \bar{S}_T \leqslant z \end{cases}$$

c) $\bar{S}_E > \bar{S}_T$: Erlebensfallversicherung

$$H(z) = \begin{cases} 0 & z < \bar{S}_T \\ 1 - p_{x+t} & \bar{S}_T \leqslant z < \bar{S}_E \, . \\ 1 & \bar{S}_E \leqslant z \end{cases}$$

In allen drei Fällen ist $H(z)$ eine einfache Treppenfunktion. Wir wollen $H(z)$ mit dem Index i versehen, wenn wir unsere betrachtete Versicherung als i-te Versicherung in einem Bestand betrachten wollen.

Die Leistungsverteilungsfunktion eines Versicherungsbestandes

Wir unterstellen für diese Einführung, daß unser Bestand in der Versicherungsperiode $[t, t+1]$ aus n, stochastisch voneinander unabhängigen Todesfallversicherungen besteht. Die einzelnen Leistungsverteilungsfunktionen haben die Gestalt

$$H_i(z) = p(\zeta_i \leqslant z) = \begin{cases} 0 & z < \bar{S}_E^{(i)} \\ p_i & \bar{S}_E^{(i)} \leqslant z < \bar{S}_T^{(i)} . \\ 1 & \bar{S}_T^{(i)} \leqslant z \end{cases}$$

Wir benötigen die Leistungsverteilungsfunktion $H^{(n)}(z)$ des Bestandes

$$H^{(n)}(z) = p(\zeta \leqslant z) = p(\zeta_1 + \ldots + \zeta_n \leqslant z)$$

Aus der Wahrscheinlichkeitstheorie (vgl. z. B. [7.4] Kap. V, § 3b) wissen wir, daß diese Verteilung aus der Faltung der einzelnen Verteilungen hervorgeht:

$$H^{(n)}(z) = H_1(z) * \ldots * H_n(z).$$

Ohne auf den mathematischen Gehalt näher einzugehen, wollen wir pragmatisch überlegen, wie wir empirisch diese Leistungsverteilungsfunktion des Bestandes erhalten können. Wenn wir jede mögliche Leistung kennen und sie mit ihren Wahrscheinlichkeiten versehen können, ist der Weg zur Leistungsverteilungsfunktion nicht mehr schwer. Wir erinnern daran, daß wir diesen Weg bereits in unserem zweiten Kapitel beispielhaft eingeschlagen haben.

Wir beginnen daher mit der Erstellung einer Liste 1. Diese enthält alle möglichen Leistungen mit zugehörigen Wahrscheinlichkeiten. Sie hat das folgende Aussehen:

Liste 1

Nr.	Leistung	Wahrscheinlichkeit
1	$\overline{S}_E^{(1)} + \overline{S}_E^{(2)} + \overline{S}_E^{(3)} + \ldots + \overline{S}_E^{(n)}$	$p_1 \cdot p_2 \cdot p_3 \cdots p_n$
2	$\overline{S}_T^{(1)} + \overline{S}_E^{(2)} + \overline{S}_E^{(3)} + \ldots + \overline{S}_E^{(n)}$	$(1-p_1)\, p_2\, p_3 \cdots p_n$
3	$\overline{S}_E^{(1)} + \overline{S}_T^{(2)} + \overline{S}_E^{(3)} + \ldots + \overline{S}_E^{(n)}$	$p_1\, (1-p_2)\, p_3 \cdots p_n$
⋮		
n + 1	$\overline{S}_E^{(1)} + \overline{S}_E^{(2)} + \overline{S}_E^{(3)} + \ldots + \overline{S}_T^{(n)}$	$p_1\, p_2\, p_3 \cdots (1-p_n)$
⋮		
2^n	$\overline{S}_T^{(1)} + \overline{S}_T^{(2)} + \overline{S}_T^{(3)} + \ldots + \overline{S}_T^{(n)}$	$(1-p_1)(1-p_2)(1-p_3)\ldots(1-p_n)$

Wenn wir einmal vom Hinschreiben aller 2^n Leistungen absehen, so erfordert die Herstellung der Liste 1 $n2^n$ Additionen und $n2^n$ Multiplikationen, also

$$2n \cdot 2^n$$

elementare Rechenoperationen.

Wir müssen nun die Leistungen der Größe nach anordnen. Bei dieser Gelegenheit können wir die Wahrscheinlichkeiten gleicher Leistungen addieren. Seien die angeordneten Leistungen mit

$$S_1 = \sum_{\nu=1}^{n} \overline{S}_E^{(\nu)} < S_2 \ldots < S_{<2^n} = \sum_{\nu=1}^{n} \overline{S}_T^{(\nu)}$$

bezeichnet, so hat die Liste 2 das folgende Aussehen:

Liste 2

Nr.	Leistung z	Wahrscheinlichkeit p (z)	Verteilungsfunktion $H^{(n)}(z) = p(\zeta \leq z)$
1	S_1	$p^{(1)}$	$p^{(1)}$
2	S_2	$p^{(2)}$	$p^{(1)} + p^{(2)}$
⋮	⋮	⋮	⋮
$< 2^n$	$S_{<2^n}$	$p^{(<2^n)}$	$p^{(1)} + p^{(2)} + \ldots + p^{(<2^n)} = 1$

Ein Computerfachmann kann uns bestätigen, daß das Sortieren der Leistungen $a \cdot n2^n$ (a = const) Operationen erforderlich macht. Schließlich müssen die Wahrscheinlichkeiten in Gruppen zusammengefaßt und zur Verteilungsfunktion addiert werden, was durch 2^n Additionen ausgeführt werden kann. Ohne auf Stellenkapazitäten usw. zu achten, können wir sagen, daß zur Ermittlung der Verteilungsfunktion H(z) mindestens

$$n2^{n+1} + a \cdot n2^n + 2^n = ((2 + a)\,n + 1)\,2^n$$

Rechenoperationen erforderlich sind. Wir wollen die hierzu notwendige mindeste Rechnerzeit abschätzen. Dazu unterstellen wir (was zu optimistisch ist), daß unser Rechner für eine Operation eine Nanosekunde (= 10^{-9} Sekunde) benötigt. Gehen wir von nur 2^n Operationen aus, so beträgt die mindeste Rechnerzeit

$$2^n \cdot 10^{-9}\,\text{Sek} = \frac{2^n \cdot 10^{-9}}{60 \cdot 60 \cdot 24 \cdot 365}\,\text{Jahre}$$

$$= 3{,}2 \cdot 2^n \cdot 10^{-17}\,\text{Jahre.}$$

Für einige Bestandsgrößen n erhalten wir folgende Werte

Anzahl n	**Rechnerzeit in Jahren**
10	$3{,}3 \cdot 10^{-14}$
50	$3{,}6 \cdot 10^{-2}$
100	$4{,}1 \cdot 10^{13}$
1000	$3{,}4 \cdot 10^{284}$
10000	$6{,}4 \cdot 10^{2993}$
100.000	$3{,}3 \cdot 10^{30.086}$

Auch wenn wir bedenken, daß es in einem Versicherungsbestand gleichverteilte Versicherungsverträge gibt, die also in den Funktionen $H_\nu(z)$ übereinstimmen, so liegt doch im allgemeinen ein Altersbereich von 20 bis 70 Jahren und ein Summenbereich von vielleicht 10 Werten vor. Es verblieben dann immer noch rd. 500 Teilbestände, deren Leistungsverteilungsfunktionen obendrein komplizierter als die $H_\nu(z)$ sind. Sie können zwar für sich durch Binomialverteilungen beschrieben werden, wie wir dies im Kapitel 2 Abschnitt 1 beispielhaft durchgeführt haben, ihre Faltung untereinander führt aber wieder zu den hohen Rechnerzeiten.

Wir müssen also (überrascht) erkennen, daß eine exakte numerische Ermittlung der Leistungsverteilungsfunktion von in der Praxis vorkommenden Versicherungsbeständen unmöglich ist.

Dennoch können wir auf die Kenntnis dieser Funktion nicht verzichten, wie die folgenden Bemerkungen zeigen.

Beitragsberechnung im stochastischen Modell

Jedes Unternehmen – und auch ein Lebensversicherungsunternehmen ist ein Unternehmen – übt seine Tätigkeit mit einem von ihm gewählten Risiko aus. In unserem Fall, nämlich der Betrachtung der Vorgänge in einem Versicherungsbestand während einer Versicherungsperiode, muß ein Gesamtbeitrag so festgesetzt werden, daß ein Ruin nur mit sehr geringer Wahrscheinlichkeit eintreten kann. Verzichten wir der Kürze halber auf die Berücksichtigung von Kosten und in der Regel vorhandenem Garantiekapital, so muß demnach mit einer vorgegebenen, kleinen Ruinwahrscheinlichkeit ρ

$$p(\zeta > B) \leqslant \rho$$

gelten. Hieraus folgt mit

$$p(\zeta > B) = 1 - p(\zeta \leqslant B) = 1 - H^{(n)}(B) \leqslant \rho$$

die Forderung

$$H^{(n)}(B) \geqslant 1 - \rho.$$

Als Gesamtbeitrag $B^{(n)}$ legen wir daher

$$B^{(n)} = \underset{B}{\mathrm{Min}}\ (H^{(n)}(B) \geqslant 1 - \rho)$$

fest.

Wenn nun im Bereich $0 < H^{(n)}(B) < 1$ $H^{(n)}(B)$ eine streng monoton wachsende, stetige Funktion ist, so existiert dann eine entsprechende Umkehrfunktion $G^{(n)}(z)$ mit

$$G^{(n)}(H^{(n)}(B)) \equiv B.$$

Mit ihr gilt

$$B^{(n)} = G^{(n)}(H^{(n)}(B^{(n)})) = G^{(n)}(1 - \rho).$$

Ist $H^{(n)}(B)$ eine Treppenfunktion, so kann $B^{(n)}$ entsprechend festgelegt werden. Man muß nur darauf achten, ob im Einzelfall $1 - \rho$ ein Wert der Funktion $H^{(n)}(B)$ ist oder nicht.

Ein sich dann weiter ergebendes Problem besteht in der Berechnung eines **Beitrags für eine einzelne Versicherung**. Es muß hierzu ein Aufteilungsprinzip festgelegt werden. So haben wir in den ersten Kapiteln das Äquivalenzprinzip postuliert. Mit ihm werden im deterministischen Modell die Beiträge im Verhältnis der Barwerte aufgeteilt. An die Stelle der Barwerte treten im stochastischen Modell die Erwartungswerte dieser Barwerte, wenn man am Äquivalenzprinzip festhalten will.

Es sind aber auch andere Prinzipien denkbar. Betrachtet man nämlich einen Bestand, der u. a. zwei Risikoversicherungen von einjähriger Dauer mit folgenden Daten enthält:

Alter $x_1 = 20$, Versicherungssumme $S_1 = 100.000$,

Alter $x_2 = 55$, Versicherungssumme $S_2 = 15.627$.

Nehmen wir an, daß die Beiträge ohne Berücksichtigung von Kosten und Summenrabatten nach einem Äquivalenzprinzip mit Hilfe der Rechnungsgrundlagen des Anhangs 1 und einem Zins von 3,5 % gerechnet werden können, weil so eine ausreichende Ruinwahrscheinlichkeit gegeben ist, so erhalten wir

$$B_1 = S_1 \cdot v \cdot q_{x_1} = 100.000 \cdot \frac{1}{1{,}035} \cdot 0{,}00188 = 181{,}64 \text{ DM}$$

und

$$B_2 = S_2 \cdot v \cdot q_{x_2} = 15.627 \cdot \frac{1}{1{,}035} \cdot 0{,}01203 \quad = 181{,}64 \text{ DM}.$$

Beide Beiträge stimmen überein. Sei nun die tatsächliche Sterblichkeit beispielsweise

$$\bar{q}_x = 0{,}7\, q_x$$

und der reale Zins

$$\bar{i} = 7\,\%,$$

so erhalten wir für den Erwartungswert, die Varianz und die Schiefe beider Versicherungen folgende Werte:

$$\mu_1 \;= S_1 \bar{v} \bar{q}_{x_1} = 100.000 \cdot \frac{1}{1{,}07} \cdot 0{,}001316 = 122{,}99 \text{ DM}$$

$$\mu_2 \;= S_2 \bar{v} \bar{q}_{x_2} = \;\; 15.627 \cdot \frac{1}{1{,}07} \cdot 0{,}008421 = 122{,}99 \text{ DM}$$

$$\sigma_1^2 \;= \bar{q}_{x_1} (1 - \bar{q}_{x_1}) \bar{v}^2 S_1^2 = 0{,}001316 \cdot 0{,}998684 \cdot \frac{100{,}000^2}{1{,}07^2} = 11.863.134$$

$$\sigma_2^2 \;= \bar{q}_{x_2} (1 - \bar{q}_{x_2}) \bar{v}^2 S_2^2 = 0{,}008421 \cdot 0{,}991579 \cdot \frac{15627^2}{1{,}07^2} \quad = \;\; 1.781.044$$

$$\gamma_{11} = \frac{1 - 2\bar{q}_{x_1}}{\sqrt{\bar{q}_{x_1} (1 - \bar{q}_{x_1})}} = \frac{1 - 2 \cdot 0{,}001316}{\sqrt{0{,}001316 \cdot 0{,}998684}} = 27{,}514$$

$$\gamma_{12} = \frac{1 - 2\bar{q}_{x_2}}{\sqrt{\bar{q}_{x_2} (1 - \bar{q}_{x_2})}} = \frac{1 - 2 \cdot 0{,}008421}{\sqrt{0{,}008421 \cdot 0{,}991579}} = 10{,}759$$

Zwischen den wahrscheinlichkeitstheoretischen Größen μ, σ^2 und γ_1 beider Versicherungen bestehen also die Beziehungen

$$\mu_1 \;= \mu_2$$
$$\sigma_1^2 \;= 6{,}66\, \sigma_2^2$$
$$\gamma_{11} = 2{,}56\, \gamma_{12}.$$

In einem stochastischen Modell wäre also nicht einzusehen, warum für beide Versicherungen der gleiche Beitrag zu erheben ist, da insbesondere die Varianzen sehr unterschiedlich sind.

Einiges zu den Grundbegriffen der Lebensrückversicherung

Wir gehen von folgender Situation aus:

Vorgegeben sei ein Versicherungsbestand aus 1000 einjährigen Risikoversicherungen mit dem Eintrittsalter 40 und der einheitlichen Summe von je 10.000 DM. Wir haben, wenn wir als tatsächliche Sterblichkeit die St 81/83 M unterstellen, die Verteilungsfunktion der Gesamtleistung für diesen Bestand im Kapitel 2 unter Ziffer 1 ermittelt. (Es handelte sich um eine Binomialverteilung.)

Wie wir dort nachprüfen können, war in diesem Bestand mit Leistungen zu rechnen, die niedriger als 150.000 DM waren. Geben wir eine Ruinwahrscheinlichkeit von

$$\rho = 0{,}001$$

vor, so erhalten wir, wenn wir ohne Kosten und Verzinsung rechnen, als Gesamtbeitrag

$$B^{(1000)} = \min_{B} \left(H^{(1000)}(B) \geqslant 0{,}999\right) = 9 \cdot 10000 = 90.000 \text{ DM}.$$

Da es sich um identische Versicherungen handelt, würden wir in diesem Bestand als Einzelbeitrag

$$B_{\nu}^{(1000)} = \frac{B^{(1000)}}{1000} = 90 \text{ DM} = 0{,}009 \cdot 10.000 \text{ DM}$$

verlangen.

Wir nehmen nun an, daß sich ein ebenfalls 40-jähriger Mann bei dieser Gesellschaft versichern will. Allerdings wünscht er als Versicherungssumme 1.000.000 DM. Würde diese Gesellschaft die obige Beitragsrechnung zur Grundlage eines deterministischen Modells machen, so würde es daran denken, als Einzelbeitrag für diese Versicherung

$$B_{10001} = 0{,}009 \cdot 1.000000 = 9.000 \text{ DM}$$

zu verlangen, womit sich ein Gesamtbeitrag von

$$1000\, B_{\nu}^{(1000)} + B_{10001} = 1000 \cdot 90 + 9.000 = 99.000 \text{ DM}$$

ergeben würde.

Nun läßt sich die Leistungsverteilungsfunktion des neuen Bestandes leicht ermitteln. Wir erhalten folgende Tabelle:

Versicherungsbestand aus 1001 Risikoversicherungen mit einjähriger Dauer und Eintrittsalter 40

Bestand: 1000 Versicherungen mit Versicherungssumme 10.000 DM
1 Versicherung mit Versicherungssumme 1.000.000 DM

Sterblichkeit: $\overline{q}_{40} = 0{,}00268$ nach St 81/83 M

Wahrscheinlichkeiten: Vgl. Abschnitt 2.1

Leistung z in TDM	Wahrscheinlichkeit p (z)	$H^{(1001)}_{(z)} = p(\zeta \leq z)$
0	0,068307 · 0,99732 = 0,068124	0,068124
10	0,183089	0,251213
20	0,245753	0,496966
30	0,219689	0,716655
40	0,147144	0,863799
50	0,078765	0,942564
60	0,035100	0,977664
70	0,013394	0,991058
80	0,004467	0,995525
90	0,001323	0,996848
100	0,000352	0,997200
110	0,000085	0,997285
120	0,000019	0,997304
130	0,000004	0,997308
140	0,000001	0,997309
1000	0,068307 · 0,00268 = 0,000183	0,997492
1010	0,000492	0,997984
1020	0,000660	0,998644
1030	0,000590	0,999234
1040	0,000395	0,999629
1050	0,000212	0,999841
1060	0,000094	0,999935
1070	0,000036	0,999971
1080	0,000012	0,999983
1090	0,000004	0,999987
1100	0,000001	0,999988[18]
1110	0,000000	0,999988

Mit Hilfe dieser Verteilungsfunktion stellen wir fest, daß dem (deterministischen) Gesamtbeitrag eine Ruinwahrscheinlichkeit ρ' aus

$$P(\zeta > 99.000) = 1 - p(\zeta \leq 99.000) = 1 - 0{,}997200$$

$$= 0{,}002800 = \rho'$$

entspricht. Bei diesem Beitrag würde sich also die Qualität des Bestandes wesentlich verschlechtern. Wollen wir an der Ruinwahrscheinlichkeit von $\rho = 0{,}001$ festhalten, erhalten wir als Gesamtbeitrag

$$B^{(1001)} = \underset{B}{\mathrm{Min}}\,(H^{(1001)}(B) \geq 0{,}999) = 1.030.000 \text{ DM}.$$

---

18 Rundungsabweichungen

Teilen wir diesen Beitrag im Verhältnis der Erwartungswerte auf, erhalten wir als Beitrag für die Versicherungssumme 1:

$$B^{(1001)} = \lambda \cdot q_{40} \cdot S_\nu \cdot 1000 + \lambda q_{40} \cdot S_{1001}$$

$$\lambda q_{40} = \frac{B^{(1001)}}{1000 \cdot 10.000 + 1.000.000} = \frac{1.030.000}{11.000.000} = 0{,}093636$$

Die ursprünglich Versicherten müßten danach einen Beitrag von

$$B_\nu^{(1001)} = 0{,}093636 \cdot 10.000 = 936{,}36 \text{ DM}$$

zahlen, was natürlich nicht zumutbar ist. Also muß das Versicherungsunternehmen diesen Versicherungsantrag ablehnen – oder einen Teil der Versicherungssumme (mindestens doch 10.000 DM) annehmen und für den Rest einen anderen Versicherer suchen, damit dieser die Restsumme in seinen Bestand eingliedert. Wir sagen, der Erstversicherer nimmt für den seinen Eigenbehalt übersteigenden Teil Rückversicherung bei seinem Rückversicherer.

Wir wollen zunächst einige allgemeine Zusammenhänge zwischen Erst- und Rückversicherer festhalten.

Direktes gesamtes Geschäft des Erstversicherers:

Gesamte Leistung: ζ

Leistungsverteilungsfunktion: $H(z) = p(\zeta \leqslant z)$

Ruinwahrscheinlichkeit: ρ

Gesamtbeitrag: $B = \underset{B'}{\text{Min}} \; (H(B') \geqslant 1 - \rho)$

$= \lambda \mu$

Erwartungswert der Leistung: $\mu = \int_0^{z_{Max}} z \, dH(z)$

Sicherheitszuschlag: λ

Rückversichertes Geschäft beim Rückversicherer:

Leistung des Rückversicherers an den Erstversicherer: ζ_R

Leistungsverteilungsfunktion dieses Teilbestandes: $H_R(z) = p(\zeta_R \leqslant z)$

Rückversicherungsprämie des Erstversicherers an den Rückversicherer, ermittelt mit seinem Gesamtbestand

$B_R = \lambda_R \cdot \mu_R$

Eigenbehalt des Erstversicherers:

Leistung aus dem Eigenbehalt: $\zeta_E = \zeta - \zeta_R$

Verteilungsfunktion: $H_E(z) = p(\zeta_E \leqslant z)$

Erwartungswert: $\mu_E = \int_{-\infty}^{+\infty} z \, d\, H_E(z).$

Vermögenszuwachs des Erstversicherers:

Zuwachs: $g = \lambda\mu - \lambda_R \mu_R - \zeta_E$

Verteilungsfunktion: $G(z) = p(g < z)$

Wir können einige elementare Beziehungen zwischen diesen eingeführten Größen ableiten. Für den Vermögenszuwachs des Erstversicherers gilt

$$G(z) = p(\lambda\mu - \lambda_R \mu_R - \zeta_E < z) = 1 - p(\zeta_E \leqslant \lambda\mu - \lambda_R \mu_R - z)$$

$$= 1 - H_E(\lambda\mu - \lambda_R \mu_R - z).$$

Für den Erwartungswert μ_G von g gilt

$$\mu_G = \lambda\mu - \lambda_R \mu_R - \mu_E$$

und für die Varianz

$$\sigma_G^2 = \int_{-\infty}^{+\infty} (z - \mu_G)^2 \, d\, G(z) = \int_{-\infty}^{+\infty} z^2 \, d\, G(z) - \mu_G^2$$

$$= \int_{-\infty}^{+\infty} z^2 \, d(1 - H_E(\lambda\mu - \lambda_R \mu_R - z)) - \mu_G^2$$

$$= - \int_{+\infty}^{-\infty} (\lambda\mu - \lambda_R \mu_R - y)^2 \, d\, H_E(y) - \mu_G^2$$

$$= \int_{-\infty}^{+\infty} (\lambda\mu - \lambda_R \mu_R - y)^2 \, d\, H_E(y) - \mu_G^2$$

$$= (\lambda\mu - \lambda_R \mu_R)^2 - 2(\lambda\mu - \lambda_R \mu_R) \int_{-\infty}^{+\infty} y \, d\, H_E(y)$$

$$+ \int_{-\infty}^{+\infty} y^2 \, d\, H_E(y) - (\lambda\mu - \lambda_R \mu_R)^2 + 2(\lambda\mu - \lambda_R \mu_R)\mu_E - \mu_E^2$$

$$= \int_{-\infty}^{+\infty} y^2 \, d\, H_E(y) - \mu_E^2 = \sigma_E^2.$$

Wie nicht anders zu erwarten stimmen also die Varianzen überein. Schreiben wir für den Eigenbehalt

$$\mu_E = \mu - \mu_R,$$

so gilt für den Vermögenszuwachs

$$\mu_G = \lambda\mu - \lambda_R \mu_R - \mu + \mu_R = (\lambda - 1)\mu - (\lambda_R - 1)\mu_R.$$

Für die Varianzen gilt eine so einfache Beziehung nicht.

Wir betrachten nun eine spezielle Form der Rückversicherung, nämlich die **Quotenrückversicherung.**

Ein Quotenrückversicherungsvertrag sieht vor, daß der Erstversicherer von jeder einzelnen Versicherung eine feste Quote α $(0 < \alpha < 1)$ beim Rückversicherer rückversichert. Für den gesamten Bestand beträgt dann die vom Rückversicherer erbrachte Leistung

$$\zeta_R = \alpha\zeta \qquad (0 < \alpha < 1).$$

Für die Leistungsverteilungsfunktion des rückversicherten Teilbestandes gilt dann

$$H_R(z) = p(\zeta_R \leqslant z) = p(\alpha\zeta \leqslant z) = p\left(\zeta \leqslant \frac{z}{\alpha}\right) = H\left(\frac{z}{\alpha}\right).$$

Für den Eigenbehalt erhalten wir

$$H_E(z) = p(\zeta - \zeta_R \leqslant z) = p((1-\alpha)\zeta \leqslant z) = p\left(\zeta \leqslant \frac{z}{1-\alpha}\right) = H\left(\frac{z}{1-\alpha}\right).$$

Für die Erwartungswerte erhalten wir

$$\mu_R = \int_{-\infty}^{+\infty} z \, d\, H_R(z) = \int_{-\infty}^{+\infty} z \, d\, H\left(\frac{z}{\alpha}\right) = \int_{-\infty}^{+\infty} \alpha\, y \, d\, H(y) = \alpha\mu$$

und

$$\mu_E = (1-\alpha)\mu.$$

Für die Varianz des Eigenbehalts folgt

$$\sigma_E^2 = \int_{-\infty}^{+\infty} (z - \mu_E)^2 \, d\, H_E(z) = \int_{-\infty}^{+\infty} (z - (1-\alpha)\mu)^2 \, d\, H\left(\frac{z}{1-\alpha}\right)$$

$$= \int_{-\infty}^{+\infty} ((1-\alpha)y - (1-\alpha)\mu)^2 \, d\, H(y) = (1-\alpha)^2\sigma^2.$$

Die Quotenrückversicherung verringert zwar die Varianz, aber nicht den Streuungskoeffizienten:

$$\delta_E = \frac{\sigma_E}{\mu_E} = \frac{(1-\alpha)\,\sigma}{(1-\alpha)\,\mu} = \frac{\sigma}{\mu} = \delta.$$

Der Erwartungswert des Vermögenszuwachses hat somit den Wert

$$\mu_G = \{(\lambda - 1) - \alpha(\lambda_R - 1)\}\,\mu$$

und seine Varianz ist

$$\sigma_G^2 = (1-\alpha)^2\,\sigma.$$

Unser eingangs geschildertes Problem einer beantragten sehr hohen Versicherung wird offenbar durch eine Quotenrückversicherung nicht gelöst. Das Problem ist der typische Fall einer Lösung durch eine **Exzedentenrückversicherung**. Bei dieser Vertragsart wird eine maximale Leistung des Erstversicherers ζ_{Max} vorgesehen, die für **jede einzelne** Versicherung gilt. Die im Selbstbehalt versicherte Leistung beträgt daher

$$\zeta_{E\nu} = \begin{cases} \zeta_\nu & \text{wenn} \quad \zeta_\nu \leqslant \zeta_{Max} \\ \zeta_{Max} & \text{wenn} \quad \zeta_\nu > \zeta_{Max} \end{cases}$$

Diese Bestimmung greift offenbar in jede einzelne Leistungsverteilungsfunktion $H_\nu(z)$ ein; die geänderten Funktionen unterliegen dann der Faltung.

Aus diesem Grund ist die theoretische Behandlung der Exzedentenrückversicherung sehr schwierig, wobei das Hauptproblem in der risikotheoretischen Bestimmung des Selbstbehaltes ζ_{Max} besteht.

In gewisser Weise ist ein **Stop – Loss – Rückversicherungsvertrag** einfacher zu behandeln. Hier wird auf die Gesamtleistung ζ des Bestandes abgestellt, die einen festen maximalen Betrag ζ_M nicht übersteigen soll. Der Eigenbehalt beträgt dann

$$\zeta_E = \begin{cases} \zeta & \text{wenn} \quad \zeta \leqslant \zeta_M \\ \zeta_M & \text{wenn} \quad \zeta > \zeta_M \end{cases}$$

ist. Für die Leistungsverteilungsfunktion erhalten wir

$$H_E(z) = \begin{cases} H(z) & \text{wenn} \quad z \leqslant \zeta_M \\ 1 & \text{wenn} \quad z > \zeta_M \end{cases}.$$

Also gilt für den Erwartungswert

$$\mu_E = \int_{-\infty}^{+\infty} z\,d\,H_E(z) = \int_{-\infty}^{\zeta_M} z\,d\,H(z).$$

Offenbar führen unsere einführenden Bemerkungen immer wieder auf die Leistungsverteilungsfunktion H(z) eines Versicherungsbestandes zurück. Da eine exakte Bestimmung nicht möglich ist, besteht das zentrale Problem eines stochastischen Modells in der näherungsweisen Bestimmung der Leistungsverteilungsfunktion.

Approximationen der Leistungsverteilungsfunktion H (z)

Denkt man an eine Approximation von H(z), so wird man in erster Näherung vom zentralen Grenzwertsatz Gebrauch machen. Dazu stellen wir zunächst fest, daß unser Bestand aus voneinander unabhängigen Versicherungen mit den Leistungsverteilungsfunktionen

$$H_i(z) = p(\zeta_i \leqslant z) = \begin{cases} 0 & z \leqslant \overline{S}_E^{(i)} \\ p_i & \overline{S}_E^{(i)} \leqslant z < \overline{S}_T^{(i)} \\ 1 & \overline{S}_T^{(i)} \leqslant z \end{cases}$$

bestehen soll. Wir machen ferner folgende Voraussetzung:

Die Zufallsvariablen ζ_i erfüllen mit

$$R_i = \overline{S}_T^{(i)} - \overline{S}_E^{(i)}$$

die Ungleichungen

$$0 < a \leqslant p_i \leqslant b < 1,$$

$$0 < r \leqslant R_i \leqslant R < \infty,$$

wobei a, b, r, R positive feste Zahlen sind.

Für die Erwartungswerte μ_i und die Varianzen σ_i^2 von ζ_i gilt

$$\mu_i = \overline{S}_T^{(i)} - p_i R_i$$

und

$$\sigma_i^2 = p_i(1 - p_i) R_i^2.$$

Wir führen eine neue Zufallsvariable ξ_i durch

$$\xi_i = \zeta_i - \mu_i$$

ein. Ihre Verteilungsfunktion $V_i(z)$ hat dann die Gestalt

$$V_i(z) = p(\xi_i \leqslant z) = p(\zeta_i - \mu_i \leqslant z) = p(\zeta_i \leqslant z + \mu_i) = H_i(z + \mu_i)$$

und es gilt

$$\mu_i(\xi_i) = 0 \quad \text{und} \quad \sigma_i^2(\xi_i) = \sigma_i^2.$$

Es ist

$$\sigma_i^2(\xi_i) = p_i(1-p_i)R_i^2 > a(1-b)r^2 > 0$$

und

$$\sigma_i^2(\xi_i) < b(1-a)R^2 < \infty .$$

Also hat die Zufallsvariable ξ_i einen verschwindenden Erwartungswert und eine endliche, nicht verschwindende Varianz. Für diese Zufallsvariable gilt nach [7.5] Theorem 21 der

Satz von *Lindeberg-Feller*:

Die Folge der Zufallsvariablen ξ_i genüge mit $s_n^2 = \sum_{i=1}^{n} \sigma_i^2(\xi_i)$ den Bedingungen $s_n \to \infty$ und $\sigma_n(\xi_n)/s_n \to 0$.

Sei dann $\overline{V}_n(z)$ die Verteilungsfunktion der Variablen $\frac{1}{s_n}(\xi_1 + \ldots + \xi_n)$, dann gilt für alle z

$$\lim_{n\to\infty} \overline{V}_n(z) = \Phi(z)$$

dann und nur dann, wenn die Lindeberg-Bedingung

$$\lim_{n\to\infty} \frac{1}{s_n^2} \sum_{i=1}^{n} \int_{|x|>\epsilon s_n} x^2 \, d\, V_i(x) = 0$$

für jedes $\epsilon > 0$ erfüllt ist.

Dabei ist

$$\Phi(z) = \frac{1}{\sqrt{2\pi}} \int_{-\infty}^{z} e^{-t^2/2}\, dt$$

die Verteilungsfunktion der Normalverteilung. Wir zeigen, daß unsere Versicherungen die geforderten Bedingungen des zentralen Grenzwertsatzes erfüllen.

Es ist

$$s_n^2 = \sum_{i=1}^{n} \sigma_i^2(\xi_i) = \sum_{i=1}^{n} p_i(1-p_i)R_i^2 \geqslant \sum_{i=1}^{n} a(1-b)r^2 = c\cdot n \quad \text{mit} \quad c > 0.$$

Also gilt

$$s_n^2 \to \infty$$

und damit auch

$$s_n \to \infty .$$

Es ist weiter

$$0 < \frac{\sigma_n^2(\xi_n)}{s_n^2} = \frac{p_n(1-p_n)R_n^2}{\sum\limits_{i=1}^{n} p_i(1-p_i)R_i^2}$$

Wir schätzen ab

$$\frac{\sigma_n^2(\xi_n)}{s_n^2} \geqslant \frac{a(1-b)r^2}{n \cdot b(1-a)R^2} = k_1/n$$

und

$$\frac{\sigma_n^2(\xi_n)}{s_n^2} \leqslant \frac{b(1-a)R^2}{n\,a(1-b)r^2} = k_2/n$$

mit $k_1 > 0$, $k_2 > 0$ und fest. Also gilt

$$\frac{\sigma_n^2(\xi_n)}{s_n^2} \to 0$$

und auch

$$\frac{\sigma_n(\xi_n)}{s_n} \to 0$$

für $n \to \infty$.

Wir weisen nun noch die Gültigkeit der Lindeberg-Bedingung nach. Es sei $\epsilon > 0$ beliebig vorgegeben. Es gilt

$$s_n \to \infty \quad \text{und} \quad s_{n+1} > s_n.$$

Daher gibt es ein n_0 mit

$$s_{n_0} > \frac{\text{Max}(b\,R, (1-a)\,R)}{\epsilon}.$$

Dann gilt auch für alle $n > n_0$

$$s_n > \frac{\text{Max}(b\,R, (1-a)\,R)}{\epsilon}$$

oder

$$\epsilon\, s_n > \text{Max}(b\,R, (1-a)\,R).$$

Für alle $n > n_0$ ist dann aber

$$\sum_{i=1}^{n} \int\limits_{|x|>\epsilon s_n} x^2 \, d\, V_i(x) = \sum_{i=1}^{n_0-1} \int\limits_{|x|>\epsilon s_n} x^2 \, d\, V_i(x) + \sum_{i=n_0}^{n} \int\limits_{|x|>\epsilon s_n} x^2 \, d\, V_i(x).$$

Im zweiten Term wird über

$$|x| > \epsilon s_n > \text{Max}(b\, R, (1-a)\, R)$$

integriert. In diesem Wertebereich haben die $V_i(x)$ $(i \geqslant n_0)$ aber keine Sprungstellen mehr. Diese liegen ja bei $p_i R_i$.

Also verschwindet dieser Term. Der erste Term enthält nur endlich viele Summanden. Jeder Summand ist aber beschränkt, da jedes $V_i(x)$ höchstens zwei Sprungstellen im Wertebereich haben kann. Also ist der erste Term beschränkt und eine Funktion von ϵ. Also gilt

$$\sum_{i=1}^{n_0-1} \int\limits_{|x|>\epsilon s_n} x^2 \, d\, V_i(x) = c(\epsilon)$$

und somit

$$\lim_{n\to\infty} \frac{1}{s_n^2} \sum_{i=1}^{n} \int\limits_{|x|>\epsilon s_n} x^2 \, d\, V_i(x) = \lim_{n\to\infty} \frac{c(\epsilon)}{s_n^2} = 0.$$

Also gilt für unsere Versicherungen der zentrale Grenzwertsatz in der Fassung von *Lindeberg-Feller.* Wir bemerken ausdrücklich, daß unser Bestand nicht gleichverteilt sein braucht.

Wir kehren zur Verteilungsfunktion $H^{(n)}_{(z)}$ zurück.

Es ist

$$\overline{V}_n(z) = p\left(\frac{1}{\sqrt{\sum\limits_{i=1}^{n} \sigma_i^2(\xi_i)}} (\xi_1 + \ldots + \xi_n) \leqslant z\right)$$

$$= p\left(\zeta_1 + \ldots + \zeta_n - \sum_{i=1}^{n} \mu_i \leqslant z \sqrt{\sum_{i=1}^{n} \sigma_i^2}\right)$$

$$= p\left(\zeta_1 + \ldots + \zeta_n \leqslant z \sqrt{\sum_{i=1}^{n} \sigma_i^2} + \sum_{i=1}^{n} \mu_i\right)$$

$$= H^{(n)}\left(z \sqrt{\sum_{i=1}^{n} \sigma_i^2} + \sum_{i=1}^{n} \mu_i\right).$$

Setzen wir

$$y = z\sqrt{\sum_{i=1}^{n} \sigma_i^2} + \sum_{i=1}^{n} \mu_i,$$

so folgt

$$H^{(n)}(y) = p(\zeta \leqslant y) = \overline{V}_n\left(\frac{y - \sum\limits_{i=1}^{n} \mu_i}{\sqrt{\sum\limits_{i=1}^{n} \sigma_i^2}}\right) = \overline{V}_n \; \frac{y-\mu}{\sigma} \underset{n\to\infty}{\rightarrow} \Phi\left(\frac{y-\mu}{\sigma}\right).$$

Damit haben wir eine asymptotische Approximation der Leistungsverteilungsfunktion durch die Normalverteilung erhalten. Für die Bestimmung des Gesamtbeitrags ergibt sich hieraus die plausible Näherung

$$\lim_{n\to\infty} B^{(n)} = \lim_{n\to\infty} \underset{B'}{\mathrm{Min}} \,(H^{(n)}(B') \geqslant 1-\rho) = \underset{B'}{\mathrm{Min}} \,(\lim_{n\to\infty} H^{(n)}(B') \geqslant 1-\rho)$$

$$= B \quad \text{aus} \quad \lim_{n\to\infty} H^{(n)}(B) = 1-\rho \qquad (\text{weil } \lim_{n\to\infty} H^{(n)}(z) \text{ in } z \text{ praktisch stetig ist})$$

$$= B \quad \text{aus} \quad \Phi\left(\frac{B-\mu}{\sigma}\right) = 1-\rho.$$

Da nun $\Phi(z)$ die (tabellarisch wohlbekannte) Umkehrfunktion $\Psi(y)$ besitzt:

$$\Psi(\Phi(z)) \equiv z,$$

folgt nun

$$\Psi\left(\Phi\left(\frac{B-\mu}{\sigma}\right)\right) \equiv \frac{B-\mu}{\sigma} = \Psi(1-\rho)$$

oder schließlich für große n

$$\frac{B^{(n)}}{\sum\limits_{i=1}^{n} \mu_i} \approx 1 + \frac{\sqrt{\sum\limits_{i=1}^{n} \sigma_i^2}}{\sum\limits_{i=1}^{n} \mu_i} \Psi(1-\rho),$$

wobei

$$\frac{\sqrt{\sum\limits_{i=1}^{n} \sigma_i^2}}{\sum\limits_{i=1}^{n} \mu_i} = \frac{\sigma^{(n)}}{\mu^{(n)}}$$

der Streuungskoeffizient des Bestandes ist.

Mit diesem Resultat wollen wir unseren Ausblick in ein stochastisches Modell abschließen, ohne aber die Bemerkung zu vergessen, daß wir nur wenige kleine Schritte gegangen sind. So haben wir die individuelle Beitragsberechnung nur angesprochen und uns vor allem auf die Betrachtung einer einzigen Versicherungsperiode beschränkt. Diese ist in der Regel nur ein Teil der gesamten Vertragsdauer. Die erforderliche Ausdehnung auf die gesamte Versicherungsdauer berührt die Erneuerungstheorie (vgl. z. B. [7.6] Kap. X) und birgt noch viele ungelöste Probleme in sich.

7.3 Aufgaben

Aufgabe 7.1

Zeige für das Gleichungssystem

$$c_1 B - d_1 V(x, 1, n) = e_1$$

$$c_t B + V(x, t-1, n) - d_t V(x, t, n) = e_t \qquad (t = 2, \ldots, n-1)$$

$$c_n B + V(x, n-1, n) = e_n,$$

daß bei

$$0 < d_t < 1 \qquad (t = 1, \ldots, n-1)$$

und

$$c_2 = \ldots = c_n = 0$$

die Bedingungen

$$e_t > 0 \qquad (t = 1, \ldots, n-1)$$

hinreichend dafür sind, daß

$$V(x, t, n) > 0 \qquad (t = 1, \ldots, n-1) \qquad \text{gilt.}$$

Beschreibe die betrachtete Versicherung.

Aufgabe 7.2

Zeige entsprechend, daß bei $0 < d_t < 1$ auch

$$c_1 = c_2 = \ldots = c_n = 1$$

und

$$e_1 = \ldots = e_n = 1$$

hinreichende Bedingungen für

$$V(x, t, n) \geqslant 0 \qquad (t = 1, \ldots, n-1) \qquad \text{sind.}$$

Aufgabe 7.3

Es sei die Leistungsverteilungsfunktion

$$H^{(n)}(z) = p(\zeta \leqslant z)$$

eine rechtsstetige Treppenfunktion. Zeige, daß der Beitrag

$$B^{(n)} = \underset{B}{\mathrm{Min}}\,(H^{(n)}(B) \geqslant 1 - \rho) = B^{(n)}(1 - \rho)$$

eine in $1 - \rho$ linksstetige Treppenfunktion ist.

Aufgabe 7.4

Vorgegeben ein Versicherungsbestand aus 1000 Risikoversicherungen mit einjähriger Dauer, dem Eintrittsalter 40 ($\overline{q}_{40} = 0{,}00268$) und der jeweiligen Versicherungssumme in Höhe von 10.000 DM.

Wird eine weitere Versicherung mit Alter 40 und einjähriger Dauer, aber mit der Summe von 30.000 DM dem Bestand hinzugefügt, so stelle fest, ob wegen dieses Zugangs eine Rückversicherung notwendig ist. Benutzt man die Zahlen des Beispiels „Neuhinzutretende Summe von 1.000.000 DM", so kommt man fast nur mit Additionen aus.

Stochasius' Randbemerkung 7

Mein Lieber,

lassen Sie mich einiges zu Ihrer letzten Aufgabe sagen. Mit ihr zeigen Sie doch, daß im betrachteten Beispiel eine mit der dreifachen Summe neuzugehende Versicherung die Risikosituation des Bestandes nicht verschlechtert, sondern sogar noch verbessert hat.

Dabei haben Sie noch nicht einmal nach dem höchstmöglichen Vielfachen gesucht. Da die Rechnung sehr einfach ist, habe ich sie ausgeführt. Noch eine zugehende Versicherung über 50.000 DM führt bei dem gewählten Ansatz zur Beitragsberechnung zu einem Beitrag, der

$$B \leqslant 0{,}009\, S$$

erfüllt. Erst ein Neuzugang durch eine Versicherung über 60.000 DM erfordert bei ungeänderter Ruinwahrscheinlichkeit eine Neufestsetzung aller Beiträge auf

$$B = 0{,}009040 \cdot S.$$

Selbstverständlich gelten diese Zahlen nur für ihr konkretes Beispiel. Das Ergebnis kann auch so ausgedrückt werden: „In unserem Beispiel eines vollhomogenen Bestandes verschlechtert sich die Risikosituation nicht, wenn dem Bestand eine weitere Versicherung hinzugefügt wird, deren Summe höchstens das 5-fache der durchschnittlichen Versicherungssumme beträgt."

Die klassische Betrachtung in Form des Landré'schen Maximums geht, wie Sie wissen, von einem anderen Ansatz aus. Sie betrachtet und vergleicht den Streuungskoeffizienten δ^A des Altbestandes mit dem Streuungskoeffizienten δ^N des Neubestandes. Für unser Beispiel (wobei ich nur die Anzahl 1000 durch n ersetzt habe) gilt offenbar:

$$\delta^A = \frac{\sqrt{n\,q(1-q)S^2}}{n\,q\,S} = \sqrt{\frac{1-q}{n\,q}},$$

$$\delta^N = \frac{n\,q(1-q)\,S^2 + q(1-q)\bar{S}^2}{n\,q\,S + q\,\bar{S}} = \sqrt{\frac{1-q}{q}}\,\frac{\sqrt{n\,S^2+\bar{S}^2}}{n\,S+\bar{S}}.$$

Aus der Forderung

$$\delta^A \geqslant \delta^N$$

erhalten wir

$$n\,S + \bar{S} \geqslant \sqrt{n}\,\sqrt{n\,S^2 + \bar{S}^2}$$

oder

$$\bar{S}^2 \leqslant 2\,\frac{n}{n-1}\,S\,\bar{S},$$

Diese Ungleichung hat die Lösungen

$$\bar{S} = 0 \quad \text{und} \quad \bar{S} \leqslant 2 \frac{n}{n-1} S.$$

Für die Anzahl $n = 1000$ *erhält man*

$$\bar{S} \leqslant 2{,}002\,S,$$

während die Betrachtung mittels der Ruinwahrscheinlichkeit zu

$$\bar{S} \leqslant 5\,S$$

führte, wenn wir als $\bar{S}$ *nur ganzzahlige Vielfache von S zulassen.*

Was will ich damit deutlich machen? Doch wohl so viel, daß die stochastische Betrachtungsweise gemeinsam mit der Orientierung an die Ruinwahrscheinlichkeit zu wirklichkeitsgetreueren Aussagen führt. Ich meine, daß die Verwendung stochastischer Modelle – auch wenn dadurch der Einsatz von Computern erforderlich wird – unverzichtbar ist; nicht nur für den Theoretiker sondern besonders auch für den Praktiker.

Ich glaube, nein ich weiß es, daß wir beide in diesem Punkt der gleichen Ansicht sind. Wenn es uns gelingt, gemeinsam – wie heutzutage gesagt wird – einen Schritt in die richtige Richtung zu gehen und dabei den ein oder anderen, vor allem aber unsere jungen Kollegen mitzunehmen – nun ich will nicht gerade sagen, daß wir dann nicht umsonst gelebt haben –, so können wir immerhin zufrieden sein.

Teilen Sie mit mir meinen Optimismus und bleiben Sie gewogen

Ihrem P. S.

Literaturhinweise

Zum Kapitel 1

[1.1] Joh. Nicol. Tetens, Einleitung zur Berechnung der Leibrenten- und Anwartschaften, die vom Leben oder Tode einer oder mehrerer Personen abhängen, Leipzig 1785

[1.2] H. Broggi, Versicherungsmathematik, 1911

A. Loewy, Versicherungsmathematik, Berlin 1924

W. Saxer, Versicherungsmathematik, 2 Bände, Berlin–Göttingen–Heidelberg 1955/58

K. H. Wolff, Versicherungsmathematik, Wien–New York 1970

E. Zwinggi, Versicherungsmathematik, 2. Auflage, Basel 1958

[1.3] G. Reichel, Der Mathematiker im Versicherungswesen, Mannheimer Vorträge zur Versicherungswissenschaft, Heft 19, 1981

[1.4] P. Stochasius, Eine Anwendung des Grand Théorème de Schilda, Blätter der Deutschen Gesellschaft für Versicherungsmathematik, Band XIV, S. 379–382 (1979)

Zum Kapitel 2

[2.1] Arthur Engel, Wahrscheinlichkeitsrechnung und Statistik, Band 1, Klett Studienbücher Mathematik, Stuttgart 1973

[2.2] F. G. Gauß, Fünfstellige vollständige logarithmische und trigonometrische Tafeln, 281.–290. Auflage, Stuttgart 1939

[2.3] C. Bremiker, Georg's Freiherrn von Vega logarithmisch-trigonometrisches Handbuch, 55. Auflage, Berlin 1872

[2.4] K. Meyer/G.-R. Rückert, Allgemeine Sterbetafel 1970/72, Wirtschaft und Statistik 1974, Heft 8, S. 465–475 und S. 392*–395*

[2.5] Fischer/Rünger/Parsch/Strick, Vergleichende Zusammenstellung von Sterbenswahrscheinlichkeiten, Bergisch Gladbach 1937

[2.6] Allgemeine Sterbetafel für die Bundesrepublik Deutschland 1949/51, Wirtschaft und Statistik 1953, Heft 1, S. 4*

[2.7] Allgemeine Sterbetafel für die Bundesrepublik Deutschland 1960/62, Wirtschaft und Statistik 1965, Heft 2, S. 64*

[2.8] Sterbetafel 1986, V-Rundschreiben Nr. 5/86 des Verbandes der Lebensversicherungsunternehmen e. V.

Zum Kapitel 3

[3.1] Internationale versicherungsmathematische Bezeichnungsweise, Blätter der Deutschen Gesellschaft für Versicherungsmathematik (DGVM) Bd. II, S. 367–376 (1955)

[3.2] H. Braun, Geschichte der Lebensversicherung und der Lebensversicherungstechnik, unveränderte 2. Auflage 1963 als Heft 70 der Veröffentlichungen des Deutschen Vereins für Versicherungswissenschaft

Zum Kapitel 4

[4.1] E. Zwinggi, Versicherungsmathematik, 2. Auflage, Basel 1958

[4.2] G. Claus, Der Geschäftsplan für die Großlebensversicherung, Veröffentlichungen des Bundesaufsichtsamtes für das Versicherungswesen, 24. Jahrgang 1975, S. 476–484, und 25. Jahrgang 1976, S. 38–44

[4.3] W. Saxer, Versicherungsmathematik, Erster Teil, Reprint Berlin/Heidelberg/New York 1979

[4.4] Pressestelle des Verbandes der Lebensversicherungs-Unternehmen e. V., Die deutsche Lebensversicherung – Jahrbuch 1985, Karlsruhe 1985

[4.5] E. Prölss/R. Schmidt/J. Sasse, Versicherungsaufsichtsgesetz, Beck'sche Kurz-Kommentare Band 15, 8. Auflage, München 1978

[4.6] P. Lorenz, Anschauungsunterricht in Mathematischer Statistik, Band III Vom Menschen, Leipzig 1961

[4.7] K.-H. Wolff, Versicherungsmathematik, Wien/New York 1970

[4.8] N. E. Müller, Einführung in die Mathematik der Pensionsversicherung, München 1973

[4.9] G. Reichel, Mathematische Grundlagen der Lebensversicherung Teil 2: Vom Versicherungsspiel zum Äquivalenzbeitrag, Schriftenreihe Angewandte Versicherungsmathematik, Karlruhe 1976

[4.10] H. Schärf, Über einige Variationsprobleme der Versicherungsmathematik, Mitteilungen der Vereinigung schweizerischer Versicherungsmathematiker, 41. Band, S. 163–196 (1941)

Zum Kapitel 5

[5.1] P. Leepin, Über den Einfluß von Änderungen der Rechnungsgrundlagen auf Prämien und Prämienreserven, Blätter der DGVM Band III, S. 3–22 (1956)

[5.2] H. Storck, Der Charakter einer Lebensversicherung als Hilfsmittel zur Ermittlung risikotechnisch ausreichender Prämien und Reserven, Blätter der DGVM, Band III, S. 417–460 (1958)

[5.3] Einführung einer neuen Sterbetafel für Versicherungen mit Todesfallcharakter, Rundschreiben R 4/67 vom 27.7.1967, Veröffentlichungen des Bundesaufsichtsamtes für das Versicherungswesen 1967, S. 166

[5.4] Einführung neuer Rechnungsgrundlagen für Versicherungen mit Erlebensfallcharakter ..., Veröffentlichungen des Bundesaufsichtsamtes für das Versicherungswesen 1956, S. 2

[5.5] F. Rueff, Ableitung von Sterbetafeln für die Rentenversicherung und sonstige Versicherungen mit Erlebensfallcharakter, Würzburg 1955

[5.6] Allgemeine Sterbetafel für die Bundesrepublik Deutschland 1949/51, Wirtschaft und Statistik 1953, S. 4*–5* (1953)

[5.7] G. Reichel, Über den Charakter abgekürzter Versicherungen anomaler Risiken, Blätter der DGVM Band VII, S. 321–328 (1965)

[5.8] Geschäftsbericht des Bundesaufsichtsamtes für das Versicherungswesen 1970

[5.9] Veröffentlichungen des Bundesaufsichtsamtes für das Versicherungswesen, 28. Jahrgang 1979 (Peter Braa, Der Geschäftsplan für die Renten-Versicherung.)

Zum Kapitel 6

[6.1] J. N. Tetens, Einleitung zur Berechnung der Leibrenten und Anwartschaften, Zweyter Theil, Versuche über einige bey Versorgungs-Anstalten erhebliche Puncte, Leipzig 1786

[6.2] W. Vogel, Die Darstellung und Erläuterung der Überschußbeteiligung in der Lebensversicherung, Veröffentlichungen des Bundesaufsichtsamtes für das Versicherungswesen 28. Jahrgang 1979, S. 248–256

[6.3] Finanzierbarkeit der Überschußbeteiligung, Veröffentlichungen des Bundesaufsichtsamtes für das Versicherungswesen 29. Jahrgang 1980, S. 163–164

[6.4] G. Reichel, Mathematische Grundlagen der Lebensversicherung Teil 4: Vom Finanzierbarkeitsnachweis zur Nutzentheorie, Schriftenreihe Angewandte Versicherungsmathematik Heft 14 (1982)

[6.5] E. Zwinggi, Versicherungsmathematik, 2. Auflage, Basel/Stuttgart 1958

[6.6] M. Steiner, Der Finanzierbarkeitsnachweis und die Äquivalenzbehauptung von Peter Gessner in der Lebensversicherung, Blätter der DGVM Bd. XVI, S. 97–115 (1983)

Zum Kapitel 7

[7.1] E. Neuburger, Notiz über einen rechnerangepaßten Algorithmus zur Berechnung von Prämien und Reserven, Blätter der DGVM Band XI, S. 641–648 (1974)

[7.2] E. Neuburger, Diskussionsbemerkung in Transactions of the 21st International Congress of Actuaries Teil S, S. 148–150 (1980)

[7.3] G. Reichel, Mathematische Grundlagen der Lebensversicherung, Teil 1: Von der Versicherungsfunktion zum Leistungsbarwert, Teil 2: Vom Versicherungsspiel zum Äquivalenzbeitrag, Teil 3: Von der Leistungsverteilungsfunktion zum Versicherungsbeitrag. Schriftenreihe Angewandte Versicherungsmathematik Heft 3 (1975), Heft 5 (1976), Heft 9 (1978)

[7.4] H. Richter, Wahrscheinlichkeitstheorie, Berlin/Göttingen/Heidelberg 1956

[7.5] H. Cramér, Random Variables and Probability Distributions, 3. Auflage, Cambridge 1970

[7.6] W. Saxer, Versicherungsmathematik, 1. Teil, Berlin/Heidelberg/New York 1955/1979

Stichwortverzeichnis

A
Abkürzung der Versicherungsdauer 144
Abschlußkosten 56
Äquivalenzprinzip 3, 24 ff., 31, 58
Anwartschaftdeckungsverfahren 31
Anwartschaftsbarwerte 49
Aufgeschobene Altersrente mit Rentengarantiezeit gegen jährliche Beiträge 111 ff.
Aufwendung aus der Rückstellung für Beitragsrückerstattung 137
Aufzinsung 35
Ausscheidehäufigkeit, partielle 37
Ausscheidehäufigkeit, totale 37
Ausscheideleistung 55
Ausscheideordnung 35
Aussteuerversicherung 45, 107

B
Barauszahlung der Überschußanteile 142
Barwerte von Ausscheideleistungen 43 ff.
Barwerte von Verbleibsleistungen 41 ff.
Beispielrechnung 147 f.
Beiträge 22, 31, 53 ff.
Beitragsermittlung 19
Beitragszahlungsdauer 55
Bernoulli-Versuch 14
Bezeichnungsweise 34 ff.
Binomialverteilung 14
Bonussystem 146
Broggi 10
Bundesaufsichtsamt für das Versicherungswesen 82

C
Cramer'sche Regel 159

D
Deckungsrücklage 27
Deckungsrückstellung 27, 53 ff., 61 ff., 81 ff.
Deckungsrückstellung in prospektiver Darstellung 68
Deckungsrückstellung in retrospektiver Darstellung 69
Deckungsstock 83
Dienger 51
Direktgutschrift 137
Diskontierung 35
Dividendensystem, natürliches 141

E
Eigenbehalt 171
Einmalbeitrag 58
Erlebensfallcharakter 89
Erlebensfallcharakter, lokaler 160 ff.
Erlebensfalleistung 55
Erstversicherer 171
Exzedentenrückversicherung 174

F
Finanzierungsnachweis 147 ff.

G
Gemischte Kapitalversicherung gegen Einmalbeitrag 102
Gemischte Kapitalversicherung gegen jährliche Beitragszahlung 100 f.
Gemischte Kapitalversicherung mit abgekürzter Beitragsdauer 102 ff.
Gesamtbeitrag 167
Gesamtschadenverteilung 22
Geschäftsplan 82
Gessner 153
Gewinn- und Verlustrechnung 137
Gompertz 38
Gompertz-Makeham'sche Sterbeformel 38, 108

H
Hardy-Formel 151

I
Inkassokosten 56
Istzins 151

J
Jahresbeitrag 59

K
Kapitalversicherung 100
Kapitalversicherung, gemischte 44
Karup 51
Kollektiv 36
Kommutationswerte 40
Konstante Alterserhöhung 123
Konstante additive Sterblichkeitserhöhung 123
Konstante multiplikative Sterblichkeitserhöhung 123
Kontributionsformel 139 f.
Kosten 24
Kostenbeitrag 72

L
Landré 12
Landré'sches Maximum 182
Lebenslängliche Todesfallversicherung gegen jährlichen Beitrag 100
Lebensrückversicherung 169
Leepin 89
Leibrentenbarwerte 49
Leibrente, aufgeschobene 42
Leistungsbeitrag 72
Leistungsverteilungsfunktion einer Versicherung 164
Leistungsverteilungsfunktion eines Versicherungsbestandes 164 ff.
Loewy 10
Lorenz 85
Lühr 191, 193, 198, 200 f.

M

Makeham 38
Methode, diskontinuierliche 31
Modell, deterministisches 11, 13, 30
Modell, stochastisches 11, 162 ff.
Modell, wahrscheinlichkeitstheoretisches 13

N

Nettoprämie, gezillmerte 79
Neuburger 155

P

Prämienreserve 27

Q

Quotenrückversicherung 173

R

Raten, unterjährige 124 ff.
Rechenschaftsbericht 137
Rechnungsgrundlagen anomaler Risiken 122 ff.
Rechnungsgrundlagen erster Ordnung 25, 88 ff.
Rentenleistung 55
Risikobeitrag 75
Risikoversicherung 24
Risikoversicherung gegen Einmalbeitrag 96
Risikoversicherung gegen jährliche Beiträge 94 ff.
Risikoversicherung, temporäre 44
Risikozuschlag 121 f.
Riskierte Summe 75
Risikoversicherung 94 ff.
Rückgewähr im Erlebensfall 121 f.
Rückversicherer 171
Rueff 93, 201
Rueff'sche Altersverschiebung 93
Ruinwahrscheinlichkeit 167

S

Satz von Lindeberg-Feller 176
Saxer 10
Sofort beginnende Altersrente mit Rentengarantiezeit gegen Einmalbeitrag 110 f.
Sofort beginnende Altersrente ohne Rückgewähr gegen Einmalbeitrag 109
Sollzins 152
Sparbeitrag 72
Steiner 152
Sterbehäufigkeit 22
Sterbetafel 22, 40
Sterbetafel, abgekürzte 15
Sterbewahrscheinlichkeit 14
Sterblichkeit 1. Ordnung, rechnungsmäßige 48
Sterblichkeitsentwicklung, säkulare 93
Stochasius 11
Stop-Loss-Rückversicherung 174
Storck 89
Stornowahrscheinlichkeit 27
Summenrabatt 131
Summenzuschlag 131

T

Tetens 9, 10, 13, 34, 40, 136, 155
Theorie von Cantelli 54, 85
Thiele'sche Gleichung 53, 76, 156
Todesfallcharakter 89
Todesfallcharakter, lokaler 160 ff.
Transformation von Cantelli 76 ff., 80

U

Überschuß 30 f.
Überschußverteilungssystem, mechanisches 140

V

Vererbung 39, 69
Verrechnung der Überschußanteile 142
Versicherung auf bestimmte Verfallzeit 44 f.
Versicherung auf festen Termin 104 ff.
Versicherung auf verbundene Leben 108
Versicherung medizinisch erhöhter Risiken 119 ff.
Versicherung mit Erlebensfallcharakter 108 ff.
Versicherung mit Todesfallcharakter 94 ff.
Versicherung mit wechselndem Charakter 113 ff.
Versicherungsaufsichtsgesetz 82, 131
Versicherungsbestand 14 ff.
Versicherungssumme 20
Versicherungstechnik, flexible 155 ff.
Versicherungsvertragsgesetz 82
Versicherung, gemischte 24
Vertragsdauer 55
Verwaltung 24
Verwaltungskosten 56
Verzinsliche Ansammlung der Überschußanteile 143
Verzinsung 39, 69

W

Wolff 10

Z

Zahlungsweise, nachschüssige 41
Zahlungsweise, vorschüssige 41
Zeitrentenzusatzversicherung 97
Zentraler Grenzwertsatz 175
Zillmerbeitrag 71
Zins 1. Ordnung, rechnungsmäßiger 48
Zinssatz 23
Zwinggi 10

Anhang

Anhang 1.1: Rechnungsgrundlagen 1. Ordnung für Versicherungen mit Todesfallcharakter

Männliche Personen

Zins: i = 3,5 %; Sterblichkeit: $\overline{q}_x$: ausgeglichene Werte der Abgekürzten Sterbetafel 1981/83 M (vgl. K.-H. Lühr, Neue Sterbetafeln für die Rentenversicherung, Blätter der DGVM Bd. XVII, S. 485–513 (1986), Tabelle 9)

$$q_x = \begin{cases} \overline{q}_x + 0{,}0005 & 15 \leqslant x \leqslant 17 \\ (0{,}00168 + 0{,}00001\,x) & 18 \leqslant x \leqslant 33 \\ \text{Max}\,(\overline{q}_{x+1}, \overline{q}_x + 0{,}0005) & 34 \leqslant x < 100 \\ 1 & x = 100 \end{cases}$$

Quelle: [2.8]

x	$\overline{q}_x$ ‰	q_x ‰	$l_x = l_{x-1}(1 - q_{x-1})$	$D_x = v^x l_x$	$N_x = \sum_{\nu=x}^{100} D_\nu$
15	0,52	1,02	100000	59689	1460630
16	0,77	1,27	99898	57612	1400941
17	1,10	1,60	99771	55593	1343329
18	1,42	1,86	99611	53627	1287736
19	1,56	1,87	99426	51717	1234109
20	1,48	1,88	99240	49875	1182392
21	1,41	1,89	99054	48098	1132517
22	1,37	1,90	98867	46384	1084419
23	1,30	1,91	98679	44730	1038035
24	1,25	1,92	98490	43134	993305
25	1,21	1,93	98301	41596	950171
26	1,21	1,94	98111	40112	908575
27	1,22	1,95	97921	38680	868463
28	1,24	1,96	97730	37299	829783
29	1,27	1,97	97539	35967	792484
30	1,30	1,98	97346	34682	756517
31	1,34	1,99	97154	33443	721835
32	1,38	2,00	96960	32248	688392
33	1,44	2,01	96766	31095	656144
34	1,52	2,02	96572	29983	625049
35	1,64	2,14	96377	28911	595066
36	1,80	2,30	96171	27874	566155
37	1,98	2,48	95949	26869	538281
38	2,20	2,70	95711	25896	511412
39	2,43	2,93	95453	24953	485516
40	2,68	3,18	95173	24038	460563
41	2,93	3,43	94871	23151	436525
42	3,21	3,71	94545	22292	413374
43	3,52	4,02	94194	21458	391082
44	3,86	4,36	93816	20649	369624
45	4,25	4,75	93407	19864	348975
46	4,69	5,21	92963	19101	329111
47	5,21	5,79	92478	18359	310010
48	5,79	6,43	91943	17635	291651
49	6,43	7,12	91352	16929	274016
50	7,12	7,84	90702	16240	257087
51	7,84	8,57	89991	15568	240847
52	8,57	9,33	89219	14913	225279
53	9,33	10,13	88387	14274	210366
54	10,13	11,02	87492	13652	196092

x	$\overline{q}_x$ ‰	q_x ‰	$l_x = l_{x-1}(1 - q_{x-1})$	$D_x = v^x l_x$	$N_x = \sum_{\nu=x}^{100} D_\nu$
55	11,02	12,03	86527	13045	182440
56	12,03	13,20	85487	12452	169395
57	13,20	14,54	84358	11872	156943
58	14,54	16,02	83132	11304	145071
59	16,02	17,63	81800	10747	133767
60	17,63	19,32	80358	10200	123020
61	19,32	21,10	78805	9665	112820
62	21,10	23,01	77142	9141	103155
63	23,01	25,12	75367	8629	94014
64	25,12	27,49	73474	8127	85385
65	27,49	30,19	71454	7637	77258
66	30,19	33,25	69297	7156	69621
67	33,25	36,69	66993	6684	62465
68	36,69	40,57	64535	6221	55781
69	40,57	44,91	61917	5767	49560
70	44,91	49,75	59136	5321	43793
71	49,75	55,09	56194	4886	38472
72	55,09	60,92	53098	4460	33586
73	60,92	67,14	49864	4047	29126
74	67,14	73,73	46516	3648	25079
75	73,73	80,73	43086	3264	21431
76	80,73	88,21	39608	2899	18167
77	88,21	96,30	36114	2554	15268
78	96,30	105,09	32636	2230	12714
79	105,09	114,52	29206	1928	10484
80	114,52	124,58	25862	1650	8556
81	124,58	135,21	22640	1395	6906
82	135,21	146,29	19579	1166	5511
83	146,29	157,83	16715	962	4345
84	157,83	169,76	14077	783	3383
85	169,76	181,78	11687	628	2600
86	181,78	193,24	9562	496	1972
87	193,24	205,19	7715	387	1476
88	205,19	217,27	6132	297	1089
89	217,27	229,41	4799	225	792
90	229,41	241,57	3698	167	567
91	241,57	253,68	2805	123	400
92	253,68	265,68	2093	88	277
93	265,68	277,51	1537	63	189
94	277,51	289,11	1111	43	126
95	289,11	300,42	790	30	83
96	300,42	311,39	552	20	53
97	311,39	321,97	380	14	33
98	321,97	332,09	258	9	19
99	332,09	341,70	172	6	10
100	341,70	1000,00	113	4	4
101	350,78		0	0	0
102	359,26				
103	367,12				
104	374,31				
105	380,82				

Anhang 1.2: Rechnungsgrundlagen 1. Ordnung für Versicherungen mit Todesfallcharakter

Weibliche Personen

Zins: $i = 3{,}5\,\%$; Sterblichkeit: $\overline{q}_y$: ausgeglichene Werte der Abgekürzten Sterbetafel 1981/83 F (vgl. K.-H. Lühr, Neue Sterbetafeln für die Rentenversicherung, Blätter der DGVM Bd. XVII, S. 485–513 (1986), Tabelle 10)

$$q_y = \begin{cases} (0{,}001 + (y-14)\cdot 0{,}00002) & 15 \leqslant y \leqslant 28 \\ 1{,}2 \cdot \mathrm{Max}\,(\overline{q}_{y+1}, \overline{q}_y + 0{,}0005) & 29 \leqslant y \leqslant 70 \\ \overline{q}_{y+1} + \overline{q}_{y+1} \cdot 0{,}01\,(90-y) & 71 \leqslant y \leqslant 90 \\ \overline{q}_{y+1} & 91 \leqslant y < 10 \\ 1 & y = 100 \end{cases}$$

Quelle: [2.8]

y	$\overline{q}_y$ ‰	q_y ‰	$l_y = l_{y-1}(1 - q_{y-1})$	$D_y = v^y l_y$	$N_y = \sum_{\nu=y}^{100} D_\nu$
15	0,31	1,02	100000	59689	1507889
16	0,39	1,04	99898	57612	1448200
17	0,48	1,06	99794	55606	1390588
18	0,53	1,08	99688	53668	1334982
19	0,50	1,10	99581	51798	1281314
20	0,49	1,12	99471	49991	1229516
21	0,48	1,14	99360	48246	1179525
22	0,47	1,16	99246	46561	1131279
23	0,47	1,18	99131	44935	1084718
24	0,47	1,20	99014	43364	1039783
25	0,49	1,22	98896	41848	996419
26	0,51	1,24	98775	40383	954571
27	0,54	1,26	98652	38969	914188
28	0,56	1,28	98528	37604	875219
29	0,60	1,32	98402	36286	837615
30	0,63	1,36	98272	35012	801329
31	0,67	1,40	98138	33782	766317
32	0,72	1,46	98001	32594	732535
33	0,78	1,54	97858	31446	699941
34	0,85	1,62	97707	30336	668495
35	0,92	1,70	97549	29262	638159
36	1,01	1,81	97383	28225	608897
37	1,10	1,92	97207	27221	580672
38	1,19	2,03	97020	26250	553451
39	1,28	2,14	96823	25311	527201
40	1,38	2,26	96616	24403	501890
41	1,50	2,40	96398	23524	477487
42	1,63	2,56	96166	22674	453963
43	1,79	2,75	95920	21851	431289
44	1,96	2,95	95656	21054	409438
45	2,15	3,18	95374	20282	388384
46	2,37	3,44	95071	19534	368102
47	2,60	3,72	94744	18809	348568
48	2,86	4,03	94391	18105	329759
49	3,15	4,38	94011	17422	311654
50	3,45	4,74	93599	16759	294232
51	3,78	5,14	93156	16116	277473
52	4,12	5,54	92677	15491	261357
53	4,47	5,96	92163	14884	245866
54	4,84	6,41	91614	14295	230982

y	$\bar{q}_y$ ‰	q_y ‰	$l_y = l_{y-1}(1 - q_{y-1})$	$D_y = v^y l_y$	$N_y = \sum_{\nu=y}^{100} D_\nu$
55	5,24	6,89	91027	13723	216687
56	5,68	7,44	90400	13168	202964
57	6,20	8,16	89727	12628	189796
58	6,80	8,99	88995	12101	177168
59	7,49	9,90	88195	11587	165067
60	8,25	10,87	87322	11084	153480
61	9,06	11,92	86373	10593	142396
62	9,93	13,03	85343	10113	131803
63	10,86	14,28	84231	9643	121690
64	11,90	15,68	83028	9184	112047
65	13,07	17,29	81726	8734	102863
66	14,41	19,15	80313	8293	94129
67	15,96	21,30	78775	7859	85836
68	17,75	23,82	77097	7432	77977
69	19,85	26,78	75261	7010	70545
70	22,32	30,28	73245	6591	63535
71	25,23	34,06	71027	6175	56944
72	28,62	38,37	68608	5763	50769
73	32,52	43,18	65976	5355	45006
74	36,91	48,51	63127	4950	39651
75	41,82	54,38	60065	4551	34701
76	47,29	60,81	56798	4158	30150
77	53,34	67,88	53344	3773	25992
78	60,07	75,64	49723	3377	22219
79	67,54	84,17	45962	3035	18842
80	75,83	93,49	42094	2685	15807
81	84,99	103,58	38158	2352	13122
82	95,03	114,45	34206	2037	10770
83	105,97	126,07	30291	1743	8733
84	117,82	138,46	26472	1472	6990
85	130,62	151,64	22807	1225	5518
86	144,42	165,41	19348	1004	4293
87	159,05	180,21	16148	810	3289
88	174,96	194,96	13238	641	2479
89	191,14	209,47	10657	499	1838
90	207,40	223,55	8425	381	1339
91	223,55	239,38	6541	286	958
92	239,38	254,68	4976	210	672
93	254,68	269,27	3708	151	462
94	269,27	282,96	2710	107	311
95	282,96	295,56	1943	74	204
96	295,56	306,91	1369	50	130
97	306,91	316,88	949	34	80
98	316,88	325,34	648	22	46
99	325,34	332,19	437	15	24
100	332,19	1000,00	292	9	9
101	339,84		0	0	0
102	347,09				
103	354,54				
104	361,89				
105	369,29				

Anhang 2:
Versicherungsmathematische Barwerte für eine männliche Person

$$\ddot{a}_{x:\overline{(x+n)-x}|} = \frac{N_x - N_{x+n}}{D_x}$$

Barwert der vom Alter x an längstens bis zum Alter x + n jährlich vorschüssig zahlbaren Leibrente vom Betrag 1.

$$_{|(x+n)-x}A_x = \frac{M_x - M_{x+n}}{D_x} = \frac{vN_x - N_{x+1} - (vN_{x+n} - N_{x+n+1})}{D_x}$$

Barwert einer Anwartschaft auf eine beim Ableben zwischen den Altern x und x + n am Ende des Sterbejahres zahlbare Todesfalleistung vom Betrag 1.

$$A_{x:\overline{(x+n)-x}|} = 1 - d\,\ddot{a}_{x:\overline{(x+n)-x}|}$$

Barwert einer Anwartschaft auf eine beim Ableben zwischen den Altern x und x + n am Ende des Sterbejahres oder beim Erleben des Alters x + n zahlbare Leistung vom Betrag 1.

$$A^{Termfix}_{x:\overline{(x+n)-x}|} = v^{(x+n)-x}$$

Barwert einer Anwartschaft auf eine nach n Jahren zahlbare Leistung vom Betrag 1 für einen Versicherten des Alters x. Die Zahlung erfolgt unabhängig davon, ob der Versicherte noch lebt.

Der Deutlichkeit halber haben wir in den Formeln das Endalter x + n hervorgehoben.

Rechnungsgrundlagen 1. Ordnung für Versicherungen mit Todesfallcharakter:

$i = 0{,}035$ $\quad q_x$ gemäß Anhang 1.1

$$x + n = 60$$

x	$\ddot{a}_{x:\overline{60-x}\rceil}$	$_{\lvert 60-x}A_x$ ‰	$A_{x:\overline{60-x}\rceil}$ ‰	$A^{Termfix}_{x:\overline{60-x}\rceil}$ ‰
20	21,2405	77,21	281,72	252,57
21	20,9883	78,18	290,25	261,41
22	20,7270	79,19	299,09	270,56
23	20,4564	80,21	308,24	280,03
24	20,1763	81,24	317,71	289,83
25	19,8853	82,33	327,55	299,98
26	19,5840	83,45	337,74	310,48
27	19,2721	84,59	348,29	321,34
28	18,9486	85,76	359,23	332,59
29	18,6133	86,98	370,57	344,23
30	18,2659	88,21	382,31	356,28
31	17,9055	89,50	394,50	368,75
32	17,5320	90,83	407,13	381,65
33	17,1450	92,19	420,22	395,01
34	16,7438	93,60	433,79	408,84
35	16,3276	95,05	447,86	423,15
36	15,8978	96,46	462,39	437,96
37	15,4550	97,75	477,37	453,29
38	14,9981	98,94	492,82	469,15
39	14,5272	99,97	508,74	485,57
40	14,0421	100,82	525,15	502,57
41	13,5417	101,48	542,07	520,16
42	13,0250	101,98	559,54	538,36
43	12,4924	102,20	577,55	557,20
44	11,9427	102,17	596,14	576,71
45	11,3751	101,85	615,34	596,89
46	10,7895	101,14	635,14	617,78
47	10,1852	99,98	655,57	639,40
48	9,5623	98,24	676,64	661,78
49	8,9194	95,86	698,38	684,95
50	8,2554	92,75	720,83	708,92
51	7,5685	88,87	744,06	733,73
52	6,8570	84,15	768,12	759,41
53	6,1192	78,48	793,07	785,99
54	5,3525	71,86	819,00	813,50
55	4,5550	64,06	845,97	841,97
56	3,7243	54,91	874,06	871,44
57	2,8574	44,21	903,37	901,94
58	1,9507	31,69	934,03	933,51
59	1,0000	17,08	966,18	966,18
60	–	0	1000,00	1000,00

Anhang 3.1:
Rechnungsgrundlagen 1. Ordnung für Versicherungen mit Erlebensfallcharakter

Männliche Personen

Zins: i = 3,5 %   Sterblichkeit: Modifizierte Sterbetafel G 1950, Männer

x	q_x ‰	$l_x = l_{x-1}(1-q_{x-1})$	$D_x = v^x l_x$	$N_x = \sum_{\nu=x}^{105} D_\nu$
15	1,00	100000	59689	1496452
16	1,01	99900	57613	1436763
17	1,02	99799	55608	1379150
18	1,04	99697	53673	1323542
19	1,07	99594	51804	1269869
20	1,11	99487	49999	1218065
21	1,14	99377	48255	1168066
22	1,18	99263	46569	1119811
23	1,22	99146	44941	1073242
24	1,25	99025	43369	1028301
25	1,29	98901	41850	984932
26	1,31	98774	40383	943082
27	1,33	98644	38966	902699
28	1,35	98513	37598	863733
29	1,35	98380	36277	826135
30	1,37	98247	35003	789858
31	1,38	98113	33773	754855
32	1,39	97977	32586	721082
33	1,43	97841	31441	688496
34	1,48	97701	30334	657055
35	1,57	97557	29265	626721
36	1,69	97404	28231	597456
37	1,84	97239	27230	569225
38	2,01	97060	26261	541995
39	2,19	96865	25322	515734
40	2,38	96653	24412	490412
41	2,58	96423	23530	466000
42	2,79	96174	22676	442470
43	3,02	95906	21848	419794
44	3,28	95616	21045	397946
45	3,58	95302	20267	376901
46	3,92	94961	19511	356634
47	4,31	94589	18778	337123
48	4,77	94181	18064	318345
49	5,27	93732	17370	300281
50	5,81	93238	16695	282911
51	6,37	92696	16036	266216
52	6,95	92106	15395	250180
53	7,55	91466	14771	234785
54	8,19	90775	14164	220014
55	8,91	90032	13573	205850
56	9,73	89230	12997	192277
57	10,69	88361	12435	179280
58	11,79	87417	11887	166845
59	13,03	86386	11349	154958

x	q_x ‰	$l_x = l_{x-1}(1 - q_{x-1})$	$D_x = v^x l_x$	$N_x = \sum_{\nu=x}^{105} D_\nu$
60	14,38	85261	10823	143609
61	15,80	84035	10306	132786
62	17,31	82707	9800	122480
63	18,93	81275	9305	112680
64	20,73	79737	8820	103375
65	22,76	78084	8345	94555
66	25,06	76306	7879	86210
67	27,67	74394	7422	78331
68	30,60	72336	6973	70909
69	33,89	70123	6531	63936
70	37,56	67746	6096	57405
71	41,63	65201	5669	51309
72	46,10	62487	5249	45640
73	50,93	59606	4838	40391
74	56,05	56571	4436	35553
75	61,41	53400	4046	31117
76	67,05	50121	3669	27071
77	73,00	46760	3307	23402
78	79,37	43346	2962	20095
79	86,22	39906	2635	17133
80	93,50	36465	2326	14498
81	101,19	33056	2037	12172
82	109,26	29711	1769	10135
83	117,64	26465	1523	8366
84	126,38	23351	1298	6843
85	135,47	20400	1096	5545
86	144,75	17637	915	4449
87	153,80	15084	756	3534
88	163,60	12764	618	2778
89	174,02	10676	500	2160
90	185,20	8818	399	1660
91	196,64	7185	314	1261
92	207,04	5772	244	947
93	216,77	4577	187	703
94	226,01	3585	141	516
95	234,87	2775	106	375
96	243,25	2123	78	269
97	251,29	1607	57	191
98	258,96	1203	41	134
99	266,22	891	30	93
100	273,02	654	21	63
101	279,34	475	15	42
102	285,14	343	10	27
103	290,41	245	7	17
104	295,12	174	5	10
105	299,25	123	3	5
106	1000,00	86	2	2
		0	0	0

Die benutzten Sterbewahrscheinlichkeiten weichen von den von *K.-H. Lühr* in Neue Sterbetafeln für die Rentenversicherung (Blätter der DGVM Bd. XVII, S. 485–513, 1986), Tabelle 5, mitgeteilten Werten in wenigen Altern um 0,01 ‰ nach oben ab.

Anhang 3.2:
Rechnungsgrundlagen 1. Ordnung für Versicherungen mit Erlebensfallcharakter

Weibliche Personen

Zins: i = 3,5 %   Sterblichkeit: Modifizierte Sterbetafel G 1950

y	q_y ‰	$l_y = l_{y-1}(1 - q_{y-1})$	$D_y = v^y l_y$	$N_y = \sum_{\nu=y}^{105} D_\nu$
15	0,50	100000	59689	1562992
16	0,51	99950	57642	1503303
17	0,52	99899	55664	1445661
18	0,53	99847	53754	1389997
19	0,55	99794	51908	1336243
20	0,56	99739	50125	1284335
21	0,58	99683	48403	1234210
22	0,59	99626	46740	1185807
23	0,61	99567	45132	1139067
24	0,62	99506	43579	1093935
25	0,62	99444	42079	1050356
26	0,63	99383	40632	1008277
27	0,64	99320	39233	967645
28	0,65	99257	37882	928412
29	0,66	99192	36577	890530
30	0,68	99127	35317	853953
31	0,70	99059	34099	818636
32	0,73	98990	32923	784537
33	0,77	98918	31787	751614
34	0,81	98841	30688	719827
35	0,87	98761	29626	689139
36	0,92	98675	28599	659513
37	0,98	98585	27607	630914
38	1,04	98488	26647	603307
39	1,10	98386	25719	576660
40	1,16	98277	24822	550941
41	1,24	98163	23955	526119
42	1,33	98042	23116	502164
43	1,43	97911	22305	479048
44	1,55	97771	21520	456743
45	1,68	97620	20760	435223
46	1,83	97456	20024	414463
47	1,99	97277	19311	394439
48	2,16	97084	18621	375128
49	2,35	96874	17953	356507
50	2,56	96646	17305	338554
51	2,77	96399	16677	321249
52	3,00	96132	16068	304572
53	3,22	95844	15478	288504
54	3,46	95535	14907	273026
55	3,71	95204	14353	258119
56	3,99	94851	13816	243766
57	4,32	94473	13296	229950
58	4,70	94065	12790	216654
59	5,13	93623	12300	203864

y	q_y ‰	$l_y = l_{y-1}(1 - q_{y-1})$	$D_y = v^y l_y$	$N_y = \sum_{\nu=y}^{105} D_\nu$
60	5,59	93142	11823	191564
61	6,09	92622	11359	179741
62	6,61	92058	10908	168382
63	7,17	91449	10470	157474
64	7,78	90793	10043	147004
65	8,47	90087	9628	136961
66	9,26	89324	9224	127333
67	10,18	88497	8829	118109
68	11,24	87596	8444	109280
69	12,49	86611	8067	100836
70	13,98	85530	7696	92769
71	15,75	84334	7332	85073
72	17,83	83006	6973	77741
73	20,25	81526	6617	70768
74	23,02	79875	6264	64151
75	26,18	78036	5912	57887
76	29,76	75993	5563	51975
77	33,84	73731	5215	46412
78	38,50	71236	4868	41197
79	43,83	68494	4522	36329
80	49,94	65492	4178	31807
81	56,93	62221	3835	27629
82	64,86	58679	3494	23794
83	73,82	54873	3157	20300
84	83,85	50822	2825	17143
85	95,05	46561	2501	14318
86	107,43	42135	2187	11817
87	120,83	37609	1886	9630
88	135,48	33064	1602	7744
89	150,37	28585	1338	6142
90	164,98	24286	1098	4804
91	179,91	20280	886	3706
92	193,47	16631	702	2820
93	205,94	13414	547	2118
94	217,42	10651	420	1571
95	227,92	8335	317	1151
96	237,24	6436	237	834
97	245,51	4909	174	597
98	252,60	3704	127	423
99	258,45	2768	92	296
100	262,98	2053	66	204
101	268,11	1513	47	138
102	272,88	1107	33	91
103	277,78	805	23	58
104	282,56	581	16	35
105	287,34	417	11	19
106	1000,00	297	8	8
		0	0	0

Die benutzten Sterbewahrscheinlichkeiten weichen von den von *K.-H. Lühr* in Neue Sterbetafeln für die Rentenversicherung (Blätter der DGVM Bd. XVII, S. 485–513, 1986), Tabelle 6, mitgeteilten Werten in wenigen Altern um 0,01 ‰ nach oben ab.

Anhang 3.3:
Altersverschiebungen zur Sterbetafel G 1950

Um den säkularen Sterblichkeitstrend (langfristige Abnahme der Sterblichkeit durch z. B. bessere medizinische Versorgung) zu berücksichtigen, wird, wenn τ_x bzw. τ_y der Geburtsjahrgang der zu versichernden Person ist, von dem Sterblichkeitsansatz

$$q_{x+t}^{\tau_x + x + t} = q_{x+t+\Delta\tau_x}^{1950M}, \quad q_{y+t}^{\tau_y + y + t} = q_{y+t+\Delta\tau_y}^{1950F}$$

mit

$$\Delta\tau_x = \Delta\tau_y = 0 \quad \text{für} \quad \tau_x = \tau_y = 1950$$

Gebrauch gemacht. Dabei ist z. B.

$q_{x+t}^{\tau_x + x + t}$ die Sterblichkeit eines $(x + t)$jährigen Mannes im Kalenderjahr $\tau_x + x + t$.

Motivation und Begründung der von *F. Rueff* entwickelten Methode der Altersverschiebung ist in [5.5] enthalten. Die nachfolgenden Werte entstammen einer Kommissionsarbeit des Verbandes der Lebensversicherungsunternehmen. Sie sind auch in *K.-H. Lühr*, Neue Sterbetafeln für die Rentenversicherung (Blätter der DGVM Bd. XVII, S. 485–513, 1986) Tabellen 7 und 8 enthalten.

Männer		**Frauen**	
Geburtsjahrgänge τ_x	Altersverschiebung in Jahren $\Delta\tau_x$	Geburtsjahrgänge τ_y	Altersverschiebung in Jahren $\Delta\tau_y$
1900–1908	3	1900–1911	3
1909–1925	2	1912–1934	2
1926–1941	1	1935–1944	1
1942–1958	0	1945–1955	0
1959–1974	−1	1956–1965	−1
1975–1991	−2	1966–1975	−2
1992–2000	−3	1976–1985	−3
		1986–1995	−4
		1996–2000	−5

Wir haben vorausgesetzt, daß für die Sterblichkeit q_{x+t} der Todesfallversicherungen und q'_{x+t} der Erlebensfallversicherungen für alle $x + t$ die Ungleichungen

$$q'_{x+t} < q_{x+t}$$

gelten. Dabei sollten diese sowohl für männliche als auch für weibliche Personen zutreffen. Vergleichen wir die Werte der Anhänge 1 und 3, so sind die Ungleichungen (von $x + t = 15$ bei Alterserhöhungen abgesehen) erfüllt.

Anhang 4:
Kommutationswerte für verbundene Leben

$$D_{xy} = D_x l_y \quad \text{und} \quad N_{xy} = \sum_{\nu=0}^{100-x} D_{x+\nu\ y+\nu}$$

für $x - y = 5$

x	Todesfallgrundlagen nach Anhang 1 $D_{xy} \cdot 10^{-5}$	$N_{xy} \cdot 10^{-5}$	Erlebensfallgrundlagen nach Anhang 3 $D_{xy} \cdot 10^{-5}$	$N_{xy} \cdot 10^{-5}$
40	23449	422914	24110	466045
41	22545	399465	23218	441935
42	21669	376920	22355	418717
43	20819	355251	21518	396362
44	19993	334432	20705	374854
45	19192	314439	19918	354149
46	18413	295247	19153	334231
47	17655	276834	18410	315078
48	16915	259179	17687	296668
49	16194	242264	16983	278981
50	15489	226070	16298	261998
51	14801	210581	15628	245700
52	14129	195780	14976	230072
53	13473	181651	14340	215096
54	12834	168178	13721	200756
55	12210	155344	13118	187035
56	11600	143134	12529	173917
57	11003	131534	11954	161388
58	10418	120531	11393	149434
59	9846	110113	10842	138041
60	9285	100267	10304	127199
61	8737	90982	9775	116895
62	8202	82245	9258	107120
63	7679	74043	8753	97862
64	7168	66364	8258	89109
65	6669	59164	7773	80851
66	6181	52527	7298	73078
67	5704	46346	6833	65780
68	5240	40642	6377	58947
69	4788	35402	5930	52570
70	4349	30614	5492	46640
71	3924	26265	5064	41148
72	3513	22341	4645	36084
73	3120	18828	4238	31439
74	2746	15708	3842	27201
75	2391	12962	3461	23359
76	2059	10571	3094	19898
77	1752	8512	2745	16804
78	1471	6760	2415	14059
79	1217	5289	2105	11644

x	$D_{xy} \cdot 10^{-5}$	$N_{xy} \cdot 10^{-5}$	$D_{xy} \cdot 10^{-5}$	$N_{xy} \cdot 10^{-5}$
80	991	4072	1815	9539
81	792	3081	1548	7724
82	622	2289	1304	6176
83	478	1667	1085	4872
84	360	1189	889	3787
85	264	829	718	2898
86	189	565	569	2180
87	132	376	444	1611
88	90	244	339	1167
89	60	154	254	828
90	38	94	186	574
91	24	56	132	388
92	14	32	92	256
93	8	18	62	164
94	5	10	40	102
95	3	5	26	62
96	1	2	16	36
97	1	1	9	20
98	0	0	5	11
99	0	0	3	6
100			2	3
101			1	1
			0	0
			0	0

Anhang 5:
Schema einer Gewinn- und Verlustrechnung

A. Erträge
1. Beiträge einschl. Nebenleistungen
2. Beiträge aus der Rückst. für Beitragsrückerstattung
3. Veränderung der Beitragsüberträge
4. Erträge aus der Verminderung versicherungstechnischer Rückstellungen (soweit nicht zu 3. gehörend)
5. Erträge aus Kapitalanlagen
6. Erträge aus den in Rückdeckung gegebenen Versicherungen
7. sonstige versicherungstechnische Erträge

Zwischensumme 1

B. Aufwendungen
8. Aufwendungen für Versicherungsfälle
9. Aufwendungen für Rückkäufe
10. Aufwendungen für Beitragsrückerstattung
11. Aufwendungen aus der Erhöhung versicherungstechnischer Rückstellungen (soweit nicht zu 3. gehörend)
12. Aufwendungen für rechnungsmäßig gedeckte Abschlußkosten
13. Aufwendungen für den Versicherungsbetrieb
14. Aufwendungen für Kapitalanlagen
15. Rückversicherungsbeiträge
16. sonstige versicherungstechnische Aufwendungen

Zwischensumme 2

C. Erträge (Sonstiges)
17. Erträge aus der Herabsetzung bzw. Auflösung von z.B. nichtversicherungstechnischen Rückst.
18. sonstige Erträge
19. Erträge aus Verlustübernahme

Zwischensumme 3

D. Aufwendungen (Sonstiges)
20. Aufwendungen für Altersversorgung und Unterstützung
21. sonstige Abschreibungen und Wertberichtigungen
22. Zinsen (soweit nicht zu 16. gehörend)
23. Steuern
24. Einstellung in Sonderposten mit Rücklagenanteil
25. sonstige Aufwendungen
26. abgeführte Gewinne wegen einer Gewinngemeinschaft

27. Jahresüberschuß

Es schließen sich noch die Positionen Gewinnvortrag, Änderung der offenen Rücklagen und Bilanzgewinn an.

Anhang 6:
Lösungen der Aufgaben

Aufgabe 2.1:

Es ist n = 1000. Der zum Alter 41 aufgezinste Beitrag beträgt 1,15 B. Dann muß für einen möglichen Verlust (wenn $\bar{\dagger}$ die Anzahl der Lebenden des Alters 41 von ursprünglich 1000 Lebenden darstellt) gelten

$$p\,(\bar{\dagger} \cdot 10.000 \geqslant 1000 \cdot 1{,}15\,B) \leqslant 0{,}50.$$

Es ist

$$p\,(\bar{\dagger} \cdot 10.000 \geqslant 1000 \cdot 1{,}15\,B) = p\,(\bar{\dagger} \geqslant 0{,}115\,B)$$
$$= p\,(1000 - \dagger \geqslant 0{,}115\,B) = p\,(\dagger \leqslant 1000 - 0{,}115\,B)$$
$$= B\,(1000 - 0{,}115\,B;\, n,\, q_{40}) \leqslant 0{,}50.$$

Aus der Tabelle auf S. 17 folgt

$$1000 - 0{,}115\,B = 2$$

oder

$$0{,}115\,B = 998$$
$$B = 8678{,}26.$$

Bei dieser natürlich irrealen Versicherungsform (sie ist mehr eine Wette) ergibt sich aus Verzinsung und Vererbung bei einer Sicherheit von 50% ein „effektiver" Zins von

$$\left(\frac{10000}{8678{,}26} - 1\right) 100 = 15{,}23\,\%.$$

Aufgabe 2.2:

Ende des Jahres	Jahresgewinn DM	Anzahl der Versicherten	Gewinn des Einzelnen DM	Aufzinsungsfaktor
1	133 233	988	134,85	1,065 · 1,055
2	124 703	974	128,03	1,055
3	71 861	956	75,17	1

Verzinsliches Ansammlungsguthaben:	361,76 DM
Jahresbeitrag:	199,18 DM
Guthaben in % des Beitrags:	181,62 %

Aufgabe 2.3:

a) $6.615,54 = B^{(1/2)} + \frac{1}{1,0296} B^{(1/2)} = 1,9713\, B^{(1/2)}$

$B^{(1/2)} = 3.355,93$ DM

b) $6.615,54 = B^{(1/2)} + \frac{1}{1,0296} \cdot 0,995\, B^{(1/2)} = 1,9664\, B^{(1/2)}$

$B^{(1/2)} = 3.364,29$ DM

Aufgabe 3.1:

a) $q'_{x+\nu} > q_{x+\nu} \rightarrow p'_{x+\nu} < p_{x+\nu}$

$$l'_{x+\nu} = l'_{x+\nu-1}\, p'_{x+\nu-1} = l'_{x+\nu-2}\, p'_{x+\nu-2}\, p'_{x+\nu-1}$$

$$= l'_x\, p'_x\, p'_{x+1} \cdots p'_{x+\nu-1} < l'_x\, p_x\, p_{x+1} \cdots p_{x+\nu-1} = l'_x \frac{l_{x+\nu}}{l_x}$$

$$\frac{l'_{x+\nu}}{l'_x} < \frac{l_{x+\nu}}{l_x} \rightarrow \frac{D'_{x+\nu}}{D'_x} < \frac{D_{x+\nu}}{D_x} \rightarrow \sum_{\nu=0}^{n-1} \frac{D'_{x+\nu}}{D'_x} < \sum_{\nu=0}^{n-1} \frac{D_{x+\nu}}{D_x} \Rightarrow \ddot{a}'_{x:\overline{n}|} < \ddot{a}_{x:\overline{n}|}.$$

b) $A'_{x:\overline{n}|} = 1 - d\ddot{a}'_{x:\overline{n}|} > 1 - d\ddot{a}_{x:\overline{n}|} = A_{x:\overline{n}|}.$

c) $\frac{A'_{x:\overline{n}|}}{\ddot{a}'_{x:\overline{n}|}} = \frac{1}{\ddot{a}'_{x:\overline{n}|}} - d > \frac{1}{\ddot{a}_{x:\overline{n}|}} - d = \frac{A_{x:\overline{n}|}}{\ddot{a}_{x:\overline{n}|}}.$

Aufgabe 3.2:

$$i' > i \Rightarrow v' = \frac{1}{1+i'} < \frac{1}{1+i} = v \rightarrow \frac{D'_{x+\nu}}{D'_x} = v'^{\nu} \frac{l_{x+\nu}}{l_x} < v^{\nu} \frac{l_{x+\nu}}{l_x} = \frac{D_{x+\nu}}{D_x}$$

$$\Rightarrow \sum_{\nu=0}^{n-1} \frac{D'_{x+\nu}}{D'_x} < \sum_{\nu=0}^{n-1} \frac{D_{x+\nu}}{D_x} \rightarrow \ddot{a}'_{x:\overline{n}|} < \ddot{a}_{x:\overline{n}|}.$$

Aufgabe 3.3:

$$\frac{A_{x:\overline{n}|}}{\ddot{a}_{x:\overline{n}|}} - \frac{A'_{x:\overline{n}|}}{\ddot{a}'_{x:\overline{n}|}} = \frac{1 - d\ddot{a}_{x:\overline{n}|}}{\ddot{a}_{x:\overline{n}|}} - \frac{1 - d'\ddot{a}'_{x:\overline{n}|}}{\ddot{a}'_{x:\overline{n}|}} = \frac{1}{\ddot{a}_{x:\overline{n}|}} - \frac{1}{\ddot{a}'_{x:\overline{n}|}} - (1 - v) + (1 - v')$$

$$= v - v' - \frac{\ddot{a}_{x:\overline{n}|} - \ddot{a}'_{x:\overline{n}|}}{\ddot{a}_{x:\overline{n}|} \cdot \ddot{a}'_{x:\overline{n}|}}.$$

Es ist

$$\ddot{a}_{x:\overline{n}|} - \ddot{a}'_{x:\overline{n}|} = \sum_{\nu=0}^{n-1} v^{\nu} \frac{l_{x+\nu}}{l_x} - \sum_{\nu=0}^{n-1} v'^{\nu} \frac{l_{x+\nu}}{l_x} = \sum_{\nu=0}^{n-1} (v^{\nu} - v'^{\nu}) \frac{l_{x+\nu}}{l_x}$$

$$= \sum_{\nu=1}^{n-1} (v^{\nu} - v'^{\nu}) \frac{l_{x+\nu}}{l_x} = (v - v') \sum_{\nu=1}^{n-1} \sum_{\mu=0}^{\nu-1} v^{\nu-1-\mu} v'^{\mu} \frac{l_{x+\nu}}{l_x}$$

$$= (v - v') \sum_{\substack{\nu=0 \\ \nu+\mu \leqslant n-2}}^{n-2} \sum_{\mu=0}^{n-2} v^{\nu} v'^{\mu} \frac{l_{x+\nu+\mu+1}}{l_x} > 0 \quad \text{für} \quad v > v', \text{d. h. für } i' > i.$$

Ferner ist

$$\ddot{a}_{x:\overline{n}|} \cdot \ddot{a}'_{x:\overline{n}|} = \sum_{\nu=0}^{n-1} v^{\nu} \frac{l_{x+\nu}}{l_x} \cdot \sum_{\mu=0}^{n-1} v'^{\mu} \frac{l_{x+\mu}}{l_x} = \sum_{\nu=0}^{n-1} \sum_{\mu=0}^{n-1} v^{\nu} v'^{\mu} \frac{l_{x+\nu} \cdot l_{x+\mu}}{l_x l_x}$$

$$= \sum_{\substack{\nu=0 \\ \nu+\mu \leqslant n-2}}^{n-1} \sum_{\mu=0}^{n-1} v^{\nu} v'^{\mu} \frac{l_{x+\nu} l_{x+\mu}}{l_x l_x} + R$$

mit $R > 0$. Der erste Term enthält genau so viele Glieder wie der Ausdruck für $\ddot{a}_{x:\overline{n}|} - \ddot{a}'_{x:\overline{n}|}$ und es ist

$$\frac{l_{x+\nu} l_{x+\mu}}{l_x l_x} \cdot \frac{l_x}{l_{x+\nu+\mu+1}} = \frac{p_x p_{x+1} \cdots p_{x+\nu-1} p_x p_{x+1} \cdots p_{x+\mu-1}}{p_x p_{x+1} \cdots p_{x+\nu+\mu}}$$

$$= \frac{p_x \cdots p_{x+\mu-1}}{p_{x+\nu} \cdots p_{x+\nu+\mu-1} p_{x+\nu+\mu}}.$$

Gilt für $x' > x''$ $p_{x'} < p_{x''}$, so ist mit $p_{x+\nu+\mu} < 1$

$$p_{x+\nu} \cdots p_{x+\nu+\mu-1} \cdot p_{x+\nu+\mu} < p_x \cdots p_{x+\mu-1} \cdot p_{x+\nu+\mu} < p_x \cdots p_{x+\mu-1} \quad \text{für } x \geqslant x_0.$$

Also ist

$$\frac{l_{x+\nu} l_{x+\mu}}{l_x l_x} \cdot \frac{l_x}{l_{x+\nu+\mu+1}} > 1$$

oder

$$\frac{l_{x+\nu} l_{x+\mu}}{l_x l_x} > \frac{l_{x+\nu+\mu+1}}{l_x}.$$

Hieraus folgt

$$\sum_{\nu=0}^{n-1}\sum_{\mu=0}^{n-1} v^{\nu} v'^{\mu} \frac{l_{x+\nu}\, l_{x+\mu}}{l_x\, l_x} > \sum_{\substack{\nu=0\\ \nu+\mu\leqslant n-2}}^{n-1}\sum_{\mu=0}^{n-1} v^{\nu} v'^{\mu} \frac{l_{x+\nu}\, l_{x+\mu}}{l_x\, l_x} > \sum_{\substack{\nu=0\\ \nu+\mu\leqslant n-2}}^{n-1}\sum_{\mu=0}^{n-1} \frac{l_{x+\nu+\mu+1}}{l_x}$$

oder

$$\frac{\ddot{a}_{x:\overline{n}|} - \ddot{a}'_{x:\overline{n}|}}{(v-v')} < \ddot{a}_{x:\overline{n}|} \cdot \ddot{a}'_{x:\overline{n}|}.$$

Dann ist schließlich

$$\frac{A_{x:\overline{n}|}}{\ddot{a}_{x:\overline{n}|}} - \frac{A'_{x:\overline{n}|}}{\ddot{a}'_{x:\overline{n}|}} = v - v' - \frac{\ddot{a}_{x:\overline{n}|} - \ddot{a}'_{x:\overline{n}|}}{\ddot{a}_{x:\overline{n}|} \cdot \ddot{a}'_{x:\overline{n}|}} > v - v' - (v - v') = 0.$$

Aufgabe 3.4:

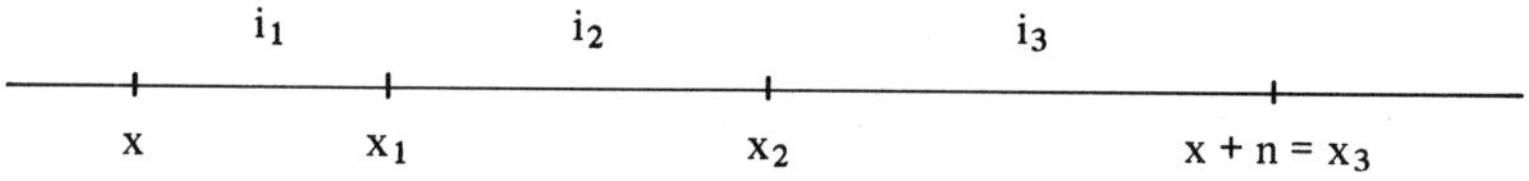

$$v_k = \frac{1}{1+i_k}$$

Bezeichnen wir den Barwert mit $\overset{>}{\ddot{a}}_{x:n}$, so gilt:

$$\overset{>}{\ddot{a}}_{x:\overline{n}|} = \frac{1}{l_x} [l_x + v_1\, l_{x+1} + \ldots + v_1^{x_1-x}\, l_{x+(x_1-x)}$$

$$+ v_1^{x_1-x} (v_2\, l_{x_1+1} + \ldots + v_2^{x_2-x_1}\, l_{x_1+(x_2-x_1)})$$

$$+ v_1^{x_1-x}\, v_2^{x_2-x_1} (v_3\, l_{x_2+1} + \ldots + v_3^{x_3-x_2-1}\, l_{x_2+(x_3-x_2-1)})]$$

$$= 1 + \frac{v_1^{x+1}\, l_{x+1}}{v_1^x\, l_x} + \ldots + \frac{v_1^{x_1}\, l_{x_1}}{v_1^x\, l_x}$$

$$+ \frac{v_1^{x_1-x}}{l_x} v_2\, l_{x_1+1} \left(1 + \frac{v_2\, l_{x_1+2}}{l_{x_1+1}} + \ldots + \frac{v_2^{x_2-x_1-1}\, l_{x_1+x_2-x_1}}{l_{x_1+1}}\right)$$

$$+ \frac{v_1^{x_1-x}\, v_2^{x_2-x_1}}{l_x} v_3\, l_{x_2+1} \left(1 + \frac{v_3\, l_{x_2+2}}{l_{x_2+1}} + \ldots + \frac{v_3^{x_3-x_2-2}\, l_{x_3-1}}{l_{x_2+1}}\right)$$

$$= 1 + \frac{D^{(1)}_{x+1}}{D^{(1)}_x} + \ldots + \frac{D^{(1)}_{x_1}}{D^{(1)}_x} + v_1^{x_1-x}\, v_2^{x-x_1} \frac{D^{(2)}_{x_1+1}}{D^{(2)}_x} \left(1 + \frac{D^{(2)}_{x_1+2}}{D^{(2)}_{x_1+1}} + \ldots + \frac{D^{(2)}_{x_2}}{D^{(2)}_{x_1+1}}\right)$$

$$+ v_1^{x_1-x} v_2^{x_2-x_1} v_3^{-x_2+x} \frac{D^{(3)}_{x_2+1}}{D^{(3)}_x}\left(1+\frac{D^{(3)}_{x_3+2}}{D^{(3)}_{x_2+1}}+\ldots+\frac{D^{(3)}_{x_3-1}}{D^{(3)}_{x_2+1}}\right)$$

$$= \frac{N^{(1)}_x - N^{(1)}_{x_1+1}}{D^{(1)}_x} + \left(\frac{v_1}{v_2}\right)^{x_1-x} \frac{D^{(2)}_{x_1+1}}{D^{(2)}_x} \frac{N^{(2)}_{x_1+1} - N^{(2)}_{x_2+1}}{D^{(2)}_{x_1+1}}$$

$$+ \left(\frac{v_1}{v_2}\right)^{x_1-x} \left(\frac{v_2}{v_3}\right)^{x_2-x} \frac{D^{(3)}_{x_3+1}}{D^{(3)}_x} \frac{N^{(3)}_{x_2+1} - N^{(3)}_{x_3}}{D^{(3)}_{x_2+1}}$$

$$\overset{>}{\ddot{a}}_{x:\overline{n}|} = \ddot{a}^{(1)}_{x:\overline{x_1-x+1}|} + \left(\frac{v_1}{v_2}\right)^{x_1-x} \frac{D^{(2)}_{x_1+1}}{D^{(2)}_x} \ddot{a}^{(2)}_{x_1+1:\overline{x_2-x_1}|}$$

$$+ \left(\frac{v_1}{v_2}\right)^{x_1-x} \left(\frac{v_2}{v_3}\right)^{x_2-x} \frac{D^{(3)}_{x+n+1}}{D^{(3)}_x} \ddot{a}^{(3)}_{x_2+1:\overline{x+n-x_2-1}|}.$$

Aufgabe 4.1:

Es ist

$$\ddot{a}_{x:\overline{n_0}|}(b_t/t=0,\ldots,n_0-1) = \ddot{a}_{x:\overline{n_0}|}((1+r)^t/t=0,\ldots,n_0-1)$$

$$= \frac{1}{D_x}\sum_{t=0}^{n_0-1}(1+r)^t D_{x+t} = \sum_{t=0}^{n_0-1}\frac{(1+r)^{x+t}\cdot v^{x+t}\, l_{x+t}}{(1+r)^x \cdot v^x\, l_x}.$$

Mit

$$(1+r)\,v = \overline{v} = \frac{1}{1+\overline{i}} = \frac{1+r}{1+i}$$

folgt

$$\ddot{a}_{x:\overline{n_0}|}(b_t/=0,\ldots,n_0-1) = \sum_{t=0}^{n_0-1}\frac{\overline{v}^{x+t}\, l_{x+t}}{\overline{v}^x\, l_x} = \sum_{t=0}^{n_0-1}\frac{\overline{D}_{x+t}}{\overline{D}_x} = \overline{\ddot{a}}_{x:\overline{n_0}|}.$$

Aus

$$\overline{i} = \frac{1+i}{1+r} - 1 = \frac{i-r}{1+r}$$

erhält man die Werte

i%	r%	$\overline{i}$%
3,5	0	3,5
	2	1,4706
	3	0,4854
	3,5	0
	4	– 0,4808
	5	– 1,4286

Aufgabe 4.2:

Für die Bestandteile der Formel B1 für den Beitrag gilt mit den angegebenen Daten

$$A(x, x+n; s^{(i)}_{x+t}) = \frac{1}{D_x} \sum_{t=w+1}^{\omega-x+1} C_{x+t-1} S = S \cdot \frac{1}{D_x} (M_{x+w} - M_{\omega+1}) = S \cdot \frac{M_{x+w}}{D_x},$$

$$a_{x:\overline{n|}}(r_{x+t}) = E_{x:\overline{n|}}(s^E_{x+n}) = 0,$$

$$\ddot{a}_{x:\overline{n|}}(\Gamma_t) = \frac{1}{D_x} \sum_{t=w}^{\omega-x} \Gamma_t D_{x+t} = \gamma \cdot S \cdot \frac{1}{D_x} \sum_{t=w}^{\omega-x} D_{x+t} = \gamma S \frac{N_{x+w} - N_{\omega+1}}{D_x}$$

$$= \gamma S \cdot \frac{N_{x+w}}{D_x},$$

$$\ddot{a}_{x:\overline{n_0|}}(b_t) = \frac{1}{D_x} \sum_{t=0}^{n_0-1} D_{x+t} = \frac{N_x - N_{x+n_0}}{D_x}.$$

Für den zu zahlenden Beitrag erhalten wir daher

$$B = \frac{\frac{M_{x+w}}{D_x} + \gamma \frac{N_{x+w}}{D_x} + \alpha}{(1-\beta) \frac{N_x - N_{x+n_0}}{D_x}} S$$

oder

$$B = \frac{M_{x+w} + \gamma N_{x+w} + \alpha D_x}{(1-\beta)(N_x - N_{x+n_0})} \cdot S.$$

Für die Deckungsrückstellungen folgt für

$\mathbf{0 \leqslant t \leqslant n_0 - 1}$ $\quad (\mathrm{Max}(w+1, t+1) = w+1)$

$$V(x, t, n) = A(x, t, n; VU \to VN) - a(x, t, n_0; VN \to VU)$$

$$= \frac{M_{x+w}}{D_{x+t}} S + \gamma S \frac{N_{x+w}}{D_{x+t}} + \beta B \frac{N_{x+t} - N_{x+n_0}}{D_{x+t}} - \frac{N_{x+t} - N_{x+n_0}}{D_{x+t}} B$$

$$= \frac{1}{D_{x+t}} \left(M_{x+w} + \gamma N_{x+w} - (1-\beta)(N_{x+t} - N_{x+n_0}) \frac{B}{S} \right) S$$

$\mathbf{n_0 \leqslant t \leqslant w}$ $\quad V(x, t, n) = \frac{1}{D_{x+t}} (M_{x+w} + \gamma N_{x+w}) S$

$\mathbf{t \geqslant w + 1}$ $\quad V(x, t, n) = \frac{1}{D_{x+t}} (M_{x+t} + \gamma N_{x+t}) S$

Aufgabe 4.3:

Mit $M_{x+t} = v N_{x+t} - N_{x+t+1}$ erhalten wir die folgenden Werte:

30 + t	M_{30+t}	$M_{30+t} + 0{,}00225\, N_{30+t}$	$0{,}97\,(N_{30+t} - N_{35})\,\frac{3421}{50.000}$	V (x, t, n)
		(1)	(2)	$\{(1)_{40} - (2)_{30+t}\}\,\frac{50.000}{D_{30+t}}$
30	–	–	10.715	– 1.752
32	–	–	6.194	+ 5.126
34	–	–	1.990	+ 12.524
				$(1)_{40} \cdot \frac{50.000}{D_{30+t}}$
35	–	–	–	+ 16.430
38	–	–	–	+ 18.343
40	8.463	9.500	–	+ 19.760
				$(1)_{30+t}\,\frac{50.000}{D_{30+t}}$
41	8.389	9.371	–	+ 20.239
50	7.546	8.124	–	+ 25.012
60	6.040	6.317	–	+ 30.966
70	3.840	3.939	–	+ 37.014
80	1.361	1.380	–	+ 41.818
90	148	149	–	+ 44.611
100	3,865	3,874	–	+ 48.425
101	0	0		

Die Deckungsrückstellung strebt gegen den Wert der Versicherungssumme; da nach dem Alter 100 im letzten Versicherungsjahr rechnungsmäßig alle Versicherten sterben, muß am Ende dieses Jahres die Versicherungssumme ausgezahlt werden können. Es muß also

$$V(30, 70, 71) \cdot 1{,}035 - 0{,}00225 \cdot S \cdot 1{,}035$$

$$= 48.425 \cdot 1{,}035 - 0{,}002329 \cdot 50.000 = 50.119{,}88 - 116{,}45 = 50.003$$

mit der Versicherungssumme übereinstimmen.

Aufgabe 4.4:

Für die Bestandteile der Formel B1 für den Beitrag gilt für die gemischte Versicherung

$$A(x, x+n, s^{(i)}_{x+t}) = \frac{1}{D_x} \sum_{t=1}^{n} C_{x+t-1}\, s^{(1)}_{x+t} = \frac{M_x - M_{x+n}}{D_x}$$

$$a_{x:\overline{n|}}\,(r_{x+t}) = 0$$

$$E_{x:\overline{n|}}\,(s^E_{x+n}) = \frac{D_{x+n}}{D_x}$$

$$\ddot{a}_{x:\overline{n|}}\,(\Gamma_t) = \gamma\, \ddot{a}_{x:\overline{n|}}$$

$$\ddot{a}_{x:\overline{n|}}\,(b_t) = \ddot{a}_{x:\overline{n|}}.$$

Daher gilt

$$B_{x:\overline{n}|} = \frac{\frac{1}{D_x}(M_x - M_{x+n} + D_{x+n}) + \alpha + \gamma\, \ddot{a}_{x:\overline{n}|}}{(1-\beta)\, \ddot{a}_{x:\overline{n}|}} = \frac{A_{x:\overline{n}|} + \alpha + \gamma\, \ddot{a}_{x:\overline{n}|}}{(1-\beta)\, \ddot{a}_{x:\overline{n}|}} \quad \text{nach 3.3}$$

$$= \frac{1 + \alpha + (\gamma - d)\, \ddot{a}_{x:\overline{n}|}}{(1-\beta)\, \ddot{a}_{x:\overline{n}|}} = \frac{1+\alpha}{1-\beta}\,\frac{1}{\ddot{a}_{x:\overline{n}|}} - \frac{d-\gamma}{1-\beta}.$$

Ferner ist nach der Formel D1

$$\begin{aligned}
{}_tV_{x:\overline{n}|} &= A(x, t, n; VU \to VN) - a(x, t, n; VN \to VU) \\
&= A_{x+t:\overline{n-t}|} + \gamma\, \ddot{a}_{x+t:\overline{n-t}|} - (1-\beta)\, B_{x:\overline{n}|}\, \ddot{a}_{x+t:\overline{n-t}|} \\
&= 1 - (d-\gamma)\, \ddot{a}_{x+t:\overline{n-t}|} - (1+\alpha)\, \frac{\ddot{a}_{x+t:\overline{n-t}|}}{\ddot{a}_{x:\overline{n}|}} + (d-\gamma)\, \ddot{a}_{x+t:\overline{n-t}|} \\
&= 1 - (1+\alpha)\, \frac{\ddot{a}_{x+t:\overline{n-t}|}}{\ddot{a}_{x:\overline{n}|}}.
\end{aligned}$$

Aufgabe 4.5:

Es ist für $t = 1, \ldots, n-1$

$$\begin{aligned}
{}_{t+1}V_{x:\overline{n}|} - {}_tV_{x:\overline{n}|} &= 1 - (1+\alpha)\, \frac{\ddot{a}_{x+t+1:\overline{n-t-1}|}}{\ddot{a}_{x:\overline{n}|}} - \left(1 - (1+\alpha)\, \frac{\ddot{a}_{x+t:\overline{n-t}|}}{\ddot{a}_{x:\overline{n}|}}\right) \\
&= \frac{1+\alpha}{\ddot{a}_{x:\overline{n}|}}\, (\ddot{a}_{x+t:\overline{n-t}|} - \ddot{a}_{x+t+1:\overline{n-t-1}|})
\end{aligned}$$

Weiter ist

$$\ddot{a}_{x+t:\overline{n-t}|} - \ddot{a}_{x+t+1:\overline{n-t-1}|} = \sum_{\mu=t}^{n-1} \frac{D_{x+\mu}}{D_{x+t}} - \sum_{\mu=t+1}^{n-1} \frac{D_{x+\mu}}{D_{x+t+1}}$$

$$= \sum_{\mu=t}^{n-1} v^{\mu-t}\, \frac{l_{x+\mu}}{l_{x+t}} - \sum_{\mu=t+1}^{n-1} v^{\mu-t-1}\, \frac{l_{x+\mu}}{l_{x+t+1}}$$

$$= \sum_{\mu=t}^{n-1} v^{\mu-t}\, \frac{l_{x+\mu}}{l_{x+t}} - \sum_{\mu=t}^{n-2} v^{\mu-t}\, \frac{l_{x+\mu+1}}{l_{x+t+1}}$$

$$= \sum_{\mu=t}^{n-1} v^{\mu-t}\, \frac{l_{x+\mu}}{l_{x+t}} - \sum_{\mu=t}^{n-2} v^{\mu-t} \cdot \frac{1-q_{x+\mu}}{1-q_{x+t}}\, \frac{l_{x+\mu}}{l_{x+t}}$$

$$= \sum_{\mu=t}^{n-2} v^{\mu-t} \frac{l_{x+\mu}}{l_{x+t}} \underbrace{\frac{q_{x+\mu} - q_{x+t}}{1 - q_{x+t}}}_{\geqslant 0} + v^{n-t-1} \underbrace{\frac{l_{x+n-1}}{l_{x+t}}}_{\geqslant 0}$$

wegen $q_{x+\mu} \geqslant q_{x+t}$ für $\mu = t, \ldots, n-2$.

Also ist $\ddot{a}_{x+t:\overline{n-t}|} - \ddot{a}_{x+t+1:\overline{n-t-1}|} \geqslant 0$ für $t = 1, \ldots, n-1$. Folglich gilt auch

${}_tV_{x:\overline{n}|} \leqslant {}_{t+1}V_{x:\overline{n}|}$.

Aufgabe 5.1:

Für den Nettobeitrag des Beispiels der Aufgabe 4.3 gilt mit den Formeln aus Aufgabe 4.2

$$B = \frac{M_{x+w}}{N_x - N_{x+n_0}} S = \frac{vN_{x+w} - N_{x+w+1}}{N_x - N_{x+n_0}} S.$$

Mit den Grundlagen der Todesfallversicherung (Anhang 1) folgt

$$B = \frac{v N_{40} - N_{41}}{N_{30} - N_{35}} S = \frac{0{,}966184 \cdot 460563 - 436525}{756517 - 595066} 50.000 = 2.621 \text{ DM}.$$

Mit den Grundlagen der Erlebensfallversicherung (Anhang 3) folgt für einen männlichen Versicherten bei einer Altersverschiebung um 0 Jahre (Geburtsjahr 1956)

$$B' = \frac{v N_{40} - N_{41}}{N_{30} - N_{35}} S = \frac{0{,}966184 \cdot 490412 - 466000}{789858 - 626721} \cdot 50.000 = 2.399 \text{ DM}.$$

Also ist $B > B'$, und daher hat die betrachtete Versicherung Todesfallcharakter. Die Anwendung der Grundlagen aus Anhang 1 war somit gerechtfertigt.

Aufgabe 5.2:

Wendet man die Formel aus Aufgabe 5.1 hier an, so folgt mit den Grundlagen der Todesfallversicherung (Anhang 1)

$$B = \frac{v N_{70} - N_{71}}{N_{60} - N_{65}} S = \frac{0{,}966184 \cdot 43793 - 38472}{123020 - 77258} 50.000 = 4.197 \text{ DM}.$$

Mit den Grundlagen der Erlebensfallversicherung (Anhang 3) gilt bei einer Altersehöhung um 1 Jahr (Geburtsjahr 1926)

$$B' = \frac{v N_{71} - N_{72}}{N_{61} - N_{66}} S = \frac{0{,}966184 \cdot 51309 - 45640}{132786 - 86210} 50.000 = 4.223 \text{ DM}.$$

Wegen $B < B'$ hat die Versicherungskombination jetzt Erlebensfallcharakter. Sie muß daher im Gegensatz zum Beispiel der Aufgabe 5.1, obgleich es sich um ein und dieselbe Versicherungsform handelt, mit den Rechnungsgrundlagen der Erlebensfallversicherungen gerechnet werden.

Aufgabe 5.3:

Es ist mit $d_{x+t} = l_{x+t}\, q_{x+t}$

$$\frac{1}{D_{x+t}} \sum_{\nu=0}^{n-t-2} C_{x+t+\nu}\, \ddot{a}_{\overline{n-t-(\nu+1)}|}$$

$$= \frac{1}{l_{x+t}} \sum_{\nu=0}^{n-t-2} v^{\nu+1}\, l_{x+t+\nu}\, q_{x+t+\nu}\, \ddot{a}_{\overline{n-t-(\nu+1)}|}$$

$$= \frac{1}{l_{x+t}} \sum_{\nu=0}^{n-t-2} v^{\nu+1}\, d_{x+t+\nu} \sum_{\mu=0}^{n-t-\nu-2} v^{\mu}$$

$$= \frac{1}{l_{x+t}} \sum_{\nu=0}^{n-t-2} \sum_{\mu=0}^{n-t-\nu-2} v^{\nu+1}\, d_{x+t+\nu}\, v^{\mu}$$

$$= \frac{1}{l_{x+t}} \{v\, d_{x+t}\,(1+v+\ldots+v^{n-t-2}) + v^2\, d_{x+t+1}\,(1+v+\ldots+v^{n-t-3}) + \ldots + v^{n-t-2}\, d_{x+n-3}\,(1+v) + v^{n-t-1}\, d_{x+n-2}\}$$

$$= \frac{1}{l_{x+t}} \{v\, d_{x+t} + v^2\,(d_{x+t}+d_{x+t+1}) + \ldots + v^{n-t-2}\,(d_{x+t}+d_{x+t+1}+\ldots+d_{x+n-3}) + v^{n-t-1}\,(d_{x+t}+d_{x+t+1}+\ldots+d_{x+n-2})\}$$

$$= \frac{1}{l_{x+t}} \{v(l_{x+t}-l_{x+t+1}) + v^2\,(l_{x+t}-l_{x+t+2}) + \ldots + v^{n-t-2}\,(l_{x+t}-l_{x+n-2}) + v^{n-t-1}\,(l_{x+t}-l_{x+n-1})\}$$

$$= \frac{1}{l_{x+t}} \{v\, l_{x+t} + v^2\, l_{x+t} + \ldots + v^{n-t-1}\, l_{x+t}\} - \frac{1}{l_{x+t}} \{v\, l_{x+t+1} + v^2\, l_{x+t+2} + \ldots + v^{n-t-1}\, l_{x+n-1}\}$$

$$= (1+v+\ldots+v^{n-t-1}-1) - \frac{1}{l_{x+t}}\,(l_{x+t} + v\, l_{x+t+1} + \ldots + v^{n-t-1}\, l_{x+n-1} - l_{x+t})$$

$$= \frac{1-v^{n-t}}{1-v} - 1 + 1 - \frac{D_{x+t}+D_{x+t+1}+\ldots+D_{x+n-1}}{D_{x+t}} = \ddot{a}_{\overline{n-t}|} - \ddot{a}_{x+t:\overline{n-t}|}\,.$$

Also gilt

$$_{|n-t}A^{ZR}_{x+t} = \ddot{a}_{\overline{n-t|}} - \ddot{a}_{x+t:\overline{n-t|}}.$$

Diese Bezeichnung besagt, daß im Alter $x + t$ ein Barwert besteht, der eine Zeitrente enthält, die über $n - t$ Jahre gezahlt wird. Dabei ist vereinbart, daß die versicherte Person die Zeitrente solange zurückgibt, wie sie lebt. Der Barwert dieser Rückzahlung ist aber gerade $\ddot{a}_{x+t:\overline{n-t|}}$.

Aufgabe 5.4:

Aus $q^{(i)}_{[x]+t} = (1 + c_i)\, q_{x+t}$ folgt

$$p^{(i)}_{[x]+t} = 1 - q^{(i)}_{[x]+t} = 1 - (1 + c_i)\, q_{x+t} = 1 + (1 + c_i)(1 - q_{x+t}) - 1 - c_i$$
$$= (1 + c_i)\, p_{x+t} - c_i.$$

Aus $p^{(i)}_{[x]+t} = (1 - d_i)\, p_{x+t}$ folgt

$$l^{(i)}_{[x]+t+1} = l^{(i)}_{[x]+t}\, p^{(i)}_{[x]+t} = (1 - d_i)\, l^{(i)}_{[x]+t}\, p_{x+t}$$

oder

$$\frac{D^{(i)}_{[x]+t+1}}{D^{(i)}_{[x]+t}} = \frac{v^{x+t+1}\, l^{(i)}_{[x]+t+1}}{v^{x+t}\, l^{(i)}_{[x]+t}} = \frac{(1 - d_i)^{x+t+1}\, v^{x+t+1}\, l_{x+t+1}}{(1 - d_i)^{x+t}\, v^{x+t}\, l_{x+t}}$$

Mit

$$(1 - d_j)\, v = v_j$$

ist

$$1 + i_j = \frac{1 + i}{1 - d_j},$$

d. h.

$$i_j = \frac{i + d_j}{1 - d_j}.$$

Setzen wir nun

$$D_{x+t,j} = v_j^{x+t}\, l_{x+t},$$

so ergibt die obige Rekursion $D^{(i)}_{[x]+t} = D_{x+t,j}$.

Ferner ist

$$\frac{q^{(i)}_{[x]+t}}{q_{x+t}} = \frac{1-(1-d_i)(1-q_{x+t})}{q_{x+t}} = 1 - d_i + \frac{d_i}{q_{x+t}}.$$

Die konstante multiplikative Erlebensminderung wirkt daher ähnlich wie eine konstante additive Sterblichkeitserhöhung. Die durch sie hervorgerufene Sterblichkeitserhöhung nimmt mit dem Alter ab. Vermutlich verhindert diese Abnahme eine Einführung dieses Ansatzes in die Praxis, obgleich die Rechenvorteile nicht zu übersehen sind.

Aufgabe 5.5:

a) Es ist

$$\overline{B}_{x:\overline{n|}}\, S\ddot{a}_{x:\overline{n|}} = (3 \cdot {}_{|5}A_x + 2\; {}_{5/5}A_x + {}_{10/n-10}A_x + E_x)\, S + \alpha S + \beta \overline{B}_{x:\overline{n|}}\, S\ddot{a}_{x:\overline{n|}}$$

$$+ \gamma_1\, S\ddot{a}_{x:\overline{n|}} + \gamma_2^{(1)}\, S\ddot{a}_{x:\overline{5|}} + \gamma_2^{(2)}\, S \cdot {}_{5/5}\ddot{a}_x$$

$$\overline{B}_{x:\overline{n|}}\, S = \frac{3(M_x - M_{x+5}) + 2(M_{x+5} - M_{x+10}) + (M_{x+10} - M_{x+n}) + D_{x+n}}{D_x\,(1-\beta)\,\ddot{a}_{x:\overline{n|}}}\, S$$

$$+ \frac{0{,}035 + (0{,}001 + 0{,}0031)\,\ddot{a}_{x:\overline{n|}} + 0{,}0031\,\ddot{a}_{x:\overline{5|}} + 0{,}0031\,\ddot{a}_{x:\overline{10|}}}{(1-\beta)\,\ddot{a}_{x:\overline{n|}}}\, S.$$

Im einzelnen ist mit den Werten aus Anhang 1

$$M_{30} = \frac{1}{1{,}035}\; 756517 - 721835 = 9.099$$

$$M_{35} = \frac{1}{1{,}035}\; 595066 - 566155 = 8.788$$

$$M_{40} = \frac{1}{1{,}035}\; 460563 - 436525 = 8.463$$

$$M_{60} = \frac{1}{1{,}035}\; 123020 - 112820 = 6.040$$

$$\ddot{a}_{30:\overline{30|}} = \frac{1}{34682}\,(756517 - 123020) = 18{,}2659$$

$$\ddot{a}_{30:\overline{10|}} = \frac{1}{34682}\,(756517 - 460563) = 8{,}5334$$

$$\ddot{a}_{30:\overline{5|}} = \frac{1}{34682}\,(756517 - 595066) = 4{,}6552.$$

Also ist

$$\bar{B}_{x:\overline{n}|} = \frac{3 \cdot 311 + 2 \cdot 325 + 2423 + 10200}{34682 \cdot 0{,}97 \cdot 18{,}2659} +$$

$$+ \frac{0{,}035 + 0{,}0032 \cdot 18{,}2659 + 0{,}0031 \cdot 4{,}6552 + 0{,}0031 \cdot 8{,}5334}{0{,}97 \cdot 18{,}2659}$$

$$= \frac{14206}{614.493{,}01} + \frac{0{,}13434}{17{,}7179} = 0{,}02312 + 0{,}00758 = 0{,}03070$$

Somit beträgt der zu zahlende Beitrag

$$B = 0{,}03070 \cdot 100000 - 0{,}002 \cdot 100000 = 2.870{,}00 \text{ DM.}$$

Für den Zillmerbeitrag $\bar{B}^Z$ gilt

$$\bar{B}^Z = \bar{B}_{x:\overline{n}|} - 0{,}001 \cdot \frac{\ddot{a}_{x:\overline{n}|}}{0{,}97\, \ddot{a}_{x:\overline{n}|}} = 0{,}03070 - 0{,}00103 = 0{,}02967$$

Für die Deckungsrückstellung nach zehn Versicherungsjahren gilt

$$_{10}\bar{V}_{30:\overline{30}|} \cdot S = \frac{M_{40} - M_{60} + D_{60}}{D_{40}} S + 0{,}0031\, S\, \ddot{a}_{40:\overline{20}|} - 0{,}97\, \bar{B}^Z_{x:\overline{n}|}\, S\, \ddot{a}_{40:\overline{20}|}\,.$$

Mit

$$\ddot{a}_{40:\overline{20}|} = \frac{1}{24038}(460563 - 123020) = 14{,}0421$$

ist

$$_{10}\bar{V}_{30:\overline{30}|} \cdot S = \left(\frac{8463 - 6040 + 10200}{24038} + 0{,}0031 \cdot 14{,}0421 - 0{,}97 \cdot 0{,}02967 \cdot 14{,}0421\right).$$

$$= 0{,}16453 \cdot 100000 = 16.453 \text{ DM}$$

b) Für die gemischte Versicherung gilt

$$B_{x:\overline{n}|} = \frac{A_{x:\overline{n}|} + \alpha + \gamma_1\, \ddot{a}_{x:\overline{n}|}}{(1-\beta)\, \ddot{a}_{x:\overline{n}|}}\,.$$

Es besteht wegen

$$A_{x:\overline{n}|} < \frac{3(M_x - M_{x+5}) + 2(M_{x+5} - M_{x+10}) + (M_{x+10} - M_{x+n}) + D_{x+n}}{D_x}$$

und

$\gamma_1 \ddot{a}_{x:\overline{n}|} < \gamma_1 \ddot{a}_{x:\overline{n}|} + 0{,}0031\, \ddot{a}_{x:\overline{5}|} + 0{,}0031\, \ddot{a}_{x:\overline{10}|}$

die Ungleichung

$B_{x:\overline{n}|} < \overline{B}_{x:\overline{n}|}$.

Da sich nach 10 Versicherungsjahren Leistungen und Kosten beider Versicherungen nicht mehr unterscheiden, muß für $10 \leqslant t \leqslant n-1$

${}_t\overline{V}_{x:\overline{n}|} < {}_tV_{x:\overline{n}|}$ gelten.

Aufgabe 6.1:

Es muß der jährlich fällig werdende Überschußanteil bis zum Alter x + n verzinst und vererbt werden. Dies geschieht durch Multiplikation mit dem Faktor D_{x+t}/D_{x+n}. Die zusätzliche Erlebensfalleistung beträgt dann

$$\sum_{t=w}^{n} \frac{D_{x+t}}{D_{x+n}} S\,\ddot{U}_{x+t}.$$

Für das genannte Beispiel ergibt sich mit Anhang 1 die folgende Berechnung:

Alter x + t	$\frac{D_{x+t}}{D_{60}}$	$\frac{D_{x+t}}{D_{60}} S\,\ddot{U}_{x+t}$ DM	Alter x + t	$\frac{D_{x+t}}{D_{60}}$	$\frac{D_{x+t}}{D_{60}} S\,\ddot{U}_{x+t}$ DM
33	3,0485	97,49	50	1,5922	284,02
34	2,9395	113,32	51	1,5263	289,49
			52	1,4621	294,38
35	2,8344	128,60	53	1,3994	298,69
36	2,7327	143,33	54	1,3384	302,45
37	2,6342	157,39			
38	2,5388	170,81	55	1,2789	305,67
39	2,4464	183,60	56	1,2208	308,34
			57	1,1639	310,40
40	2,3567	195,72	58	1,1082	311,88
41	2,2697	207,22	59	1,0536	312,75
42	2,1855	218,13			
43	2,1037	228,44	60	1,0000	1.800,00
44	2,0244	238,15			
45	1,9475	247,31			
46	1,8726	255,87			
47	1,7999	263,85			
48	1,7289	271,20			
49	1,6597	277,92			

$$\sum_{t=w}^{30} \frac{D_{x+t}}{D_{60}} \ddot{U}_{x+t} = 8.216{,}42$$

Die gesamte Erlebensfalleistung beträgt daher

aus Überschuß:	8.216,42
aus Versicherungsvertrag:	10.000,00
Gesamtleistung	18.216,42

Zu diesem Betrag würden – wenn in der Praxis so verfahren würde – noch Überschußanteile aus der zusätzlichen Deckungsrückstellung kommen, die aus den verzinsten und vererbten Überschüssen entstanden ist. Diese würden wegen der Zinsanteile die Erlebensfalleistung nochmals anheben, so daß sie größer als die Schlußzahlung bei verzinslicher Ansammlung wird.

Zu beachten ist, daß bei Tod vor dem Alter 60 nur die vertraglich festgelegte Todesfalleistung gezahlt wird.

Aufgabe 6.2:

Die vorgenannte Versicherung hat das Leistungsbild:

Todesfalleistung: $S^T = 10.000,00$ DM

Erlebensfalleistung: $S^E = 18.216,42$ DM.

Der konstante Nettobeitrag für diese Versicherungsform berechnet sich nach der Formel:

$$P_{x:\overline{n|}} = S^T \frac{M_x - M_{x+n}}{D_x \, \ddot{a}_{x:\overline{n|}}} + S^E \cdot \frac{D_{x+n}}{D_x \, \ddot{a}_{x:\overline{n|}}} = S^T \frac{{}_{|n}A_x}{\ddot{a}_{x:\overline{n|}}} + S^E \frac{D_{x+n}}{D_x \, \ddot{a}_{x:\overline{n|}}}$$

$$= S^T \frac{M_x - M_{x+n}}{N_x - N_{x+n}} + S^E \frac{D_{x+n}}{N_x - N_{x+n}} .$$

Wir berechnen diese Prämie einmal mit Todesfallgrundlagen (Anhang 1) und zum anderen mit Erlebensfallgrundlagen (Anhang 3; Geburtsjahr 1956, Berechnungsjahr 1986: $\Delta\tau_x = 0$).

Todesfallgrundlagen:

$$P^T_{30:\overline{30|}} = 10.000 \frac{0,08821}{18,2659} + 18.216,42 \frac{0,29410}{18,2659} = 48,29 + 293,30 = 341,59 \text{ DM}$$

Erlebensfallgrundlagen:

$$P^E_{30:\overline{30|}} = S^T \frac{M_{30} - M_{60}}{N_{30} - N_{60}} + S^E \frac{D_{60}}{N_{30} - N_{60}} = 10.000 \frac{8.292,826 - 5.966,657}{642.249}$$

$$+ 18.216,42 \frac{10.823}{642.249} = 36,22 + 306,98 = 343,20 \text{ DM.}$$

Orientieren wir uns an den Prämien, so sehen wir, daß der Todesfallteil natürlich Todesfallcharakter, der Erlebensfall genauso natürlich Erlebensfallcharakter hat. Insgesamt gesehen hat die Versicherung aber geringfügig Erlebensfallcharakter. Das sich in Aufgabe 6.1 ergebende Leistungsbild darf also, wenn man gleichbleibende Prämien voraussetzt, nicht auf der Basis von Todesfallgrundlagen abgeschlossen werden, da sonst dem Versicherungsunternehmen Verluste entstehen würden. Sieht man von einer Berechnung der gesamten Versicherung auf der Basis der Erlebensfallgrundlagen ab – was wegen der Unverbindlichkeit der Überschußleistungen problematisch werden könnte –, so verbleibt nur die Anwendung der Todesfallgrundlagen innerhalb der Grundversicherung, während für die geschilderte Überschußverwendung Erlebensfallgrundlagen zu verwenden sind. Unser Prüfverfahren würde dann eine gleichbleibende Prämie in Höhe von

$$\bar{P}_{30:\overline{30|}} = 10.000 \cdot \left(\frac{A_{30:\overline{60|}}}{\ddot{a}_{30:\overline{60|}}}\right)_T + 8.216{,}42 \left(\frac{D_{60}}{D_{30}\,\ddot{a}_{30:\overline{60|}}}\right)_E$$

$$= 10.000 \cdot \frac{0{,}38231}{18{,}2659} + 8.216{,}42 \cdot \frac{10823}{35003 \cdot 18{,}4627} = 209{,}30 + 137{,}60$$

$$= 346{,}90 \text{ DM}$$

ergeben. Das erhaltene Ergebnis fordert zu weiteren Überlegungen auf, bei denen zu berücksichtigen sein wird, daß hier eine Zahlung wachsender Prämien vorliegt.

Aufgabe 6.3:

1. Der Sollzins bestimmt sich aus der Gleichung

$$V_T + (P_T - A_T) + (P_{T+1} - A_{T+1})\, v_j + (P_{T+2} - A_{T+2})\, v_j^2 = 0$$

oder aus

$$-260 - 500 + 1750\, v_j - 1000\, v_j^2 = 0$$

bzw.

$$v_j^2 - 1{,}75\, v_j = -0{,}760$$

$$(v_j - 0{,}875)^2 = 0{,}765625 - 0{,}760 = 0{,}005625$$

$$= 0{,}075^2$$

Also gilt

$$v_j = 0{,}875 \pm 0{,}075 = \begin{cases} 0{,}95 \\ 0{,}8 \end{cases}.$$

Für den Sollzins j erhält man also zwei Lösungen

$$j = \frac{1}{v_j} - 1 = \begin{cases} 0{,}052632 \\ 0{,}25 \end{cases}.$$

Wir entwickeln die Kontenstände mit beiden Zinssätzen:

Zeit		Kontostand beim Sollzins von 5,2632 %	25 %
$\nu = 0$		– 760	– 760
$\nu = 1$		– 800	– 950
	P-A:	+ 1750	+ 1750
		+ 950	+ 800
$\nu = 2$		+ 1000	+ 1000
	P-A:	– 1000	– 1000
		0	0

Der größere Sollzins ergibt zwar nach einem Jahr ein geringeres Guthaben, das aber durch den höheren Zinsertrag im zweiten Jahr ebenfalls zum Ausgleich gebracht wird.

2. Berechnet man den Kontostand mit anderen Zinssätzen, die als Istzinsen interpretiert werden können, so erhält man bei einem Ansatz von

$i_T = 0{,}08$ bzw. $i_T = 0{,}3$

die folgenden Entwicklungen:

Zeit		Kontostand beim Istzins von 8 %	30 %
$\nu = 0$		– 760	– 760
$\nu = 1$		– 820,80	– 988,00
	P-A:	+ 1750,00	+ 1750,00
		+ 929,20	+ 762,00
$\nu = 2$		+ 1003,54	+ 990,60
	P-A:	– 1000,00	– 1000,00
		+ 3,54	– 9,40

Bei einem Istzins von 8 % ist die Äquivalenz zwischen Sollzins/Istzins und erforderlichem Vermögen/vorhandenem Vermögen gegeben, beim Istzins von 30 % jedoch nicht.

Aufgabe 7.1:

Das Gleichungssystem nimmt mit den getroffenen Festlegungen die Gestalt

$$V(x, n-1, n) = e_n$$

$$V(x, t-1, n) = e_t + d_t\, V(x, t, n) \qquad (t = 2, \ldots, n-1)$$

$$B = e_1 + d_1\, V(x, 1, n)$$

an.

Die Rekursion ergibt

$V(x, n-1, n) > 0$

$V(x, n-2, n) = e_{n-1} + d_{n-1} V(x, n-1, n) > 0$

...

$V(x, 1, n) \quad = e_2 + d_2 V(x, 2, n) > 0$

$B \quad = e_1 + d_1 V(x, 1, n) > 0.$

Es handelt sich um eine Versicherung mit einem sehr allgemeinen Leistungssystem. Es galt ja

$$e_1 = \left[\gamma_0 + v_0 p_x g_0 + v_0 \sum_{i=1}^{m} q_x^{(i)} h_0^{(i)} + \alpha \right] S$$

$$e_t = \left[\gamma_{t-1} + v_{t-1} p_{x+t-1} g_{t-1} + v_{t-1} \sum_{i=1}^{m} q_{x+t-1}^{(i)} h_{t-1}^{(i)} \right] S$$

$$e_n = \left[\gamma_{n-1} + v_{n-1} p_{x+n-1} g_{n-1} + v_{n-1} \sum_{i=1}^{m} q_{x+n-1}^{(i)} h_{n-1}^{(i)} + v_{n-1} p_{x+n-1} h_n \right] S$$

Da γ_t, α, p_{x+t}, v_t positive Zahlen sind, genügen positive Zahlen g_t, $h_t^{(i)}$, S um die Forderung $e_t > 0$ zu erfüllen. In aller Regel liegt jedoch eine solche Situation vor.

Für die Versicherung wird ein einmaliger Beitrag gezahlt.

Aufgabe 7.2:

Jetzt lautet das Gleichungssystem

$B - d_1 V(x, 1, n) = 1$

$B + V(x, t-1, n) - d_t V(x, t, n) = 1$

$B + V(x, n-1, n) = 1$

Aus ihm erhalten wir

$V(x, n-1, n) = 1 - B$

$V(x, n-2, n) = 1 - B + d_{n-1} V(x, n-1, n) = (1 - B)(1 + d_{n-1})$

$V(x, n-3, n) = 1 - B + d_{n-2} V(x, n-2, n) = (1 - B)(1 + d_{n-2} + d_{n-2} d_{n-1})$

...

$V(x, 1, n) \quad = 1 - B + d_2 V(x, 2, t) = (1 - B)(1 + d_2 + d_2 d_3 + \ldots + d_2 \ldots d_{n-1})$

Schließlich folgt

$$B - d_1 V(x, 1, n) = B - (1 - B)(d_1 + d_1 d_2 + \ldots + d_1 \ldots d_{n-1}) = 1$$

oder

$$(1 - B)(1 + d_1 + d_1 d_2 + \ldots + d_1 \ldots d_{n-1}) = 0$$

Da der rechte Faktor positiv ist, folgt für den jährlichen Beitrag

$$B = 1$$

und für alle Deckungsrückstellungen

$$V(x, t, n) = 0.$$

Dieses Resultat ist plausibel, da die jährlich erwartete Versicherungsleistung den Wert 1 hat. Wird auch der Beitrag in dieser Höhe erhoben, braucht keine Deckungsrückstellung gebildet werden.

Aufgabe 7.3:

Wir betrachten ein Teilstück einer Leistungsverteilungsfunktion $H^{(n)}(z)$ der angegebenen Art:

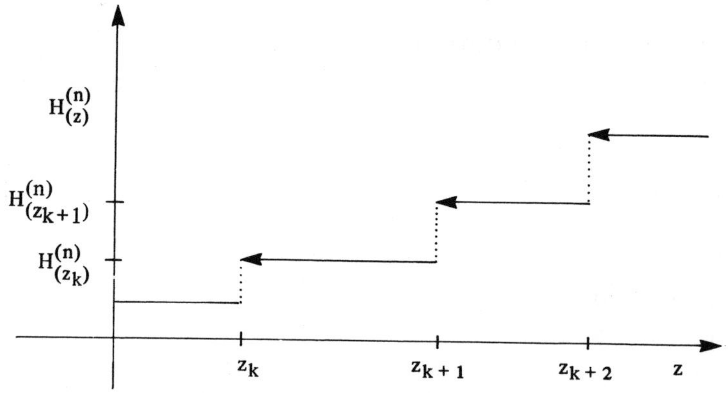

Für den Wert $1 - \rho$ gibt es zwei Möglichkeiten: Entweder fällt $1 - \rho$ mit dem Wert von $H^{(n)}(z)$ an einer Sprungstelle z_j zusammen oder $1 - \rho$ liegt in einem offenen Intervall $(H^{(n)}(z_j), H^{(n)}(z_{j+1}))$.

Im ersten Fall erhalten wir mit

$$1 - \rho = H^{(n)}(z_{k+1})$$

$$B^{(n)} = \underset{B}{\mathrm{Min}}\,(H^{(n)}(B) \geqslant H^{(n)}(z_{k+1})) = z_{k+1}.$$

Im zweiten Fall gilt mit

$$H^{(n)}(z_k) < 1 - \rho < H^{(n)}(z_{k+1})$$

$$B^{(n)} = \underset{B}{\text{Min}}\,(H^{(n)}(B) \geqslant 1 - \rho) = z_{k+1}.$$

Es ist weiter mit $\epsilon > 0$ im ersten Fall

$$\underset{B}{\text{Min}}\,(H^{(n)}(B) \geqslant 1 - \rho - \epsilon) = \underset{B}{\text{Min}}\,(H^{(n)}(B) \geqslant H^{(n)}(z_{k+1}) - \epsilon) = z_{k+1}$$
$$= \underset{B}{\text{Min}}\,(H^{(n)}(B) \geqslant 1 - \rho).$$

Also gilt

$$\lim_{\epsilon \downarrow 0} B^{(n)}(1 - \rho - \epsilon) = B^{(n)}(1 - \rho).$$

Man sieht sofort, daß dagegen

$$\lim_{\epsilon \downarrow 0} B^{(n)}(1 - \rho + \epsilon) = z_{k+2} \neq B^{(n)}(1 - \rho)$$

ist.

Im zweiten Fall liegt, wie man sofort bestätigt, Stetigkeit vor:

$$\lim_{\epsilon \downarrow 0} B^{(n)}(1 - \rho + \epsilon) = \lim_{\epsilon \downarrow 0} B^{(n)}(1 - \rho - \epsilon) = B^{(n)}(1 - \rho).$$

Aufgabe 7.4:

Wir greifen auf das Beispiel einer hinzuzufügenden Versicherung über 1.000.000 DM zurück. Soll die neue Versicherung nur 30.000 DM betragen, so ergibt sich eine andere Zusammensetzung der fällig werdenden Summen. Die folgende Tabelle enthält alle Möglichkeiten, soweit die zugehörigen Wahrscheinlichkeiten größer als 10^{-6} sind. Die Wahrscheinlichkeiten sind dem genannten Beispiel entnommen. Sie brauchen nur noch addiert werden. Die Leistungsverteilungsfunktion $H^{(1001)}_{(z)}$ hat dann die folgende Gestalt:

z in Tsd. DM	Todesfälle im Altbestand	Zugang	Wahrscheinlichkeiten p (z)	Verteilungsfunktion $H^{(1001)}_{(z)}$
0	0	0	0,068124	0,068124
10	1	0	0,183089	0,251213
20	2	0	0,245753	0,496966
30	3	0	0,219689	
	0	1	0,000183	0,716838
40	4	0	0,147144	
	1	1	0,000492	0,864474
50	5	0	0,078765	
	2	1	0,000660	0,943899
60	6	0	0,035100	
	3	1	0,000590	0,979589
70	7	0	0,013394	
	4	1	0,000395	0,993378
80	8	0	0,004467	
	5	1	0,000212	0,998057
90	9	0	0,001323	
	6	1	0,000094	0,999474
100	10	0	0,000352	
	7	1	0,000036	0,999862
110	11	0	0,000085	
	8	1	0,000012	0,999959
120	12	0	0,000019	
	9	1	0,000004	0,999982
130	13	0	0,000004	
	10	1	0,000001	0,999987
140	14	0	0,000001	
	11	1	0,000000	0,999988
...				

Wenn wir für den neuen Bestand die gleiche Ruinwahrscheinlichkeit

$$\rho = 0{,}001$$

verlangen, wie sie im Altbestand galt und dort zum Einzelbeitrag von 100 DM führte, so gilt nun für den Gesamtbeitrag

$$B^{(1001)} = \underset{B}{\mathrm{Min}} \left(H^{(1001)}(B) \geqslant 0{,}999\right) = 90.000 \text{ DM}.$$

Setzen wir den Einzelbeitrag mit

$$B = S \cdot \lambda\, q_{40}$$

an, so muß gelten

$$1000 \cdot 10.000 \cdot \lambda\, q_{40} + 1 \cdot 30.000\, \lambda\, q_{40} = 10.030.000\, \lambda\, q_{40} = 90.000$$

Hieraus folgt

$$\lambda\, q_{40} = \frac{90.000}{10.030.000} = 0{,}008973.$$

Es gelten jetzt die folgenden Einzelbeiträge:

Altbestand: 10.000 · 0,008973 = 89,73 DM

Neuzugang: 30.000 · 0,008973 = 269,19 DM

Also hat der Neuzugang wegen der Anzahlvergrößerung und trotz der dreifachen bisherigen Durchschnittssumme zu einer Verringerung des zu zahlenden Einzelbeitrags geführt – und dies bei gleichbleibender Ruinwahrscheinlichkeit. Daher kann auf eine Rückversicherung verzichtet werden.